最新

夏秋トマト ミニトマト 栽培マニュアル

後藤敏美 著

だれでもできる 生育の見方・つくり方

農文協

まえがき

本書の旧版『新版　夏秋トマト栽培マニュアル』(2015)の発行から6年、夏秋トマトの栽培を取り巻く環境は大きく変わりました。

一番は温暖化の進行です。最近は、猛暑や集中豪雨等の異常気象が増え、高温障害による収量・品質の低下が各地で発生、トマトが「以前に比べるとつくりづらくなった」という声を多く聞くようになりました。高温耐性品種などの開発が待たれるところですが、すでに産地によっては大玉からミニトマトの栽培に切り替える農家も増えています。

この本は元もと青森県のトマト生産者を対象に作成した「マニュアル」を、『夏秋トマト栽培マニュアル』として農文協から発行し(2011年)、その後上記の新版も含め、版を重ねてきました。

6年ぶりの改訂となる本書では、近年の気候変動への対応を踏まえた栽培管理を1から見直すとともに、茎葉・果実の各種障害、病害虫対策の充実、高温対策、簡易雨除け栽培について新しく章を設けたほか、温暖化が進むなかで面積、生産量とも増えているミニトマトもコーナーを新しくつくり、詳しく解説しました。トマトとミニトマトは一般管理がよく似ており、ミニトマトの生産者の方にはトマトのつくり方も参考に読んでいただけたらと思います。

またこの版では、これまでと異なる形式の記述スタイル——現地講習会や研修会などで著者が使用している横長スマホサイズのフレームに1項目を納め、そこに写真や図とともに簡潔な解説を入れて構成する様式を採用(本書では1ページで3項目収録)、必要な項目をスマホで撮影して、現場で確認・活用できるようにしました。著者としての新しい試みですが、机に座って読むだけでなく、実際のほ場で比較・参照しながら使える本としても活用して頂けたら幸いです。

なお、本書の栽培条件は青森県を中心に記載したものです。記載の内容は主にベテラン農家の実践から評価の得られたものであり、必ずしも試験データに基づいた技術ばかりではありません。また、肥料や農薬など資材も代表的なものを掲載していますが、この限りではないことを併せてお伝えしておきます。

2021年3月　　　　産地育成会　後藤敏美

4　定植と定植後の管理

5　かん水と追肥

6　生育診断

7　誘引方法

Ⅱ ミニトマト …117

◎本書の構成について

本書では前半で夏秋トマトを、後半（117ページ以降）でミニトマトを解説しています。

本文解説は１項目を横長のフレームに写真・図とともに納め、１ページで３項目（章タイトルのあるページは２項目）ずつ掲載しています。それぞれの項目は独立した内容で、前後に関連する作業、生育などは置いていますが、ワンテーマで完結させています。解説もできるだけ文章を短く、写真・図を多くして見てすぐ判断できるようにしています。ですので、必要な項目、情報をスマホなどでフレームごと撮影して、それを現場で確認・活用することもできます（ただし個人利用に限ります）。机に座って読むだけでなく、実際のほ場で参照して使える本としても活用して頂ければ幸いです。

巻末には、本書で紹介している農薬を除く資材、主には肥料などの販売元一覧を収めました。

トマト

1 栽培の前に押さえて おきたい基本事項

夏秋トマトの生理生態

- 促成や抑制栽培に比べて生育ｽﾋﾟｰﾄﾞが早く、定植後は、葉が3枚と1花房が8~12日間で形成。栄養成長と生殖成長が同時進行で生育。
- 地域の気象や土壌条件の影響を受けやすい。基本的な技術は変わらないが、地域によって作型や栽培方法が変わる。
- 夏季冷涼な気候で、昼夜の温度差の大きい地域が栽培の適地。関東以南は標高が高い地域で、以北は平地で産地が形成。
- 生育適温は、茎葉部が14~25℃、根部が15~22℃。
- 近年7~8月の異常高温で、各種障害が発生し、収量や品質の低下を招いている。今後は、ﾊｳｽ内の温度や地温上昇防止の対策が重要。

葉と果実の役割

①葉は成長に必要な栄養分を製造。

- 光合成を行い、茎葉や果実の成長を促進。
  葉からの蒸散作用で、根から養水分を吸い上げ。

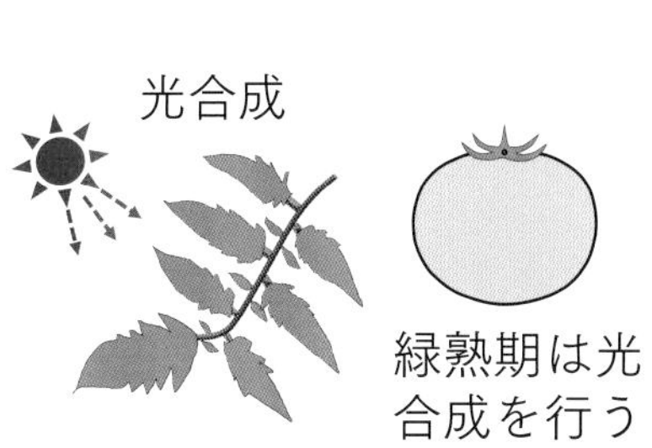

②葉は養分の貯蔵庫。

- 成長する過程で、根からの養分の吸収が悪いと、蓄えておいた養分を葉から果実に移行。

③果実も葉が変異した部位、光合成を行う。

- 特にｾﾞﾘｰ部の発育を促進させる。

④花房の果実同士で養水分を競合。

- 種子が多い果実は、少ない果実から養水分を収奪。
  特に茎葉からの移行が遅いｶﾙｼｳﾑなど。

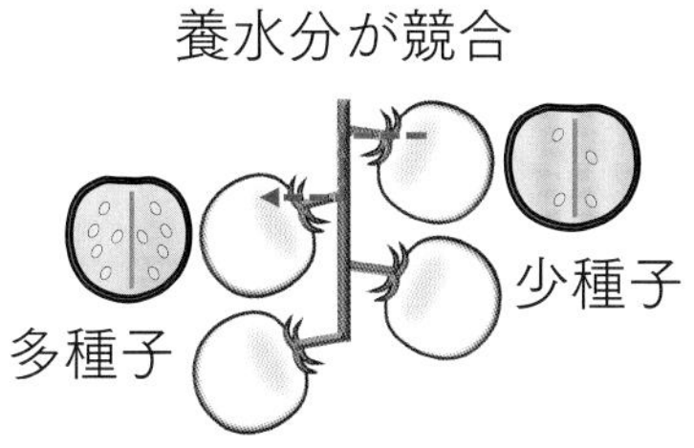

茎葉と根の生育適温

- 茎葉部の適温は、根部に比べてやや低い。
- 生育初期の過剰な保温は、茎葉量と根量のﾊﾞﾗﾝｽを悪くして、5段花房以降に萎れが発生。

茎葉/ﾊｳｽの温度	温度.℃	根/15cm下の地温
花粉枯死・落花	30以上	養水分吸収低下
徒長・萎れ	26以上	活性停滞
生育適温	14~25	
	15~22	生育適温
花粉機能低下 花芽分化異常	12以下	伸張緩慢
生育停滞	8以下	伸張停止

※生育観察の結果より。

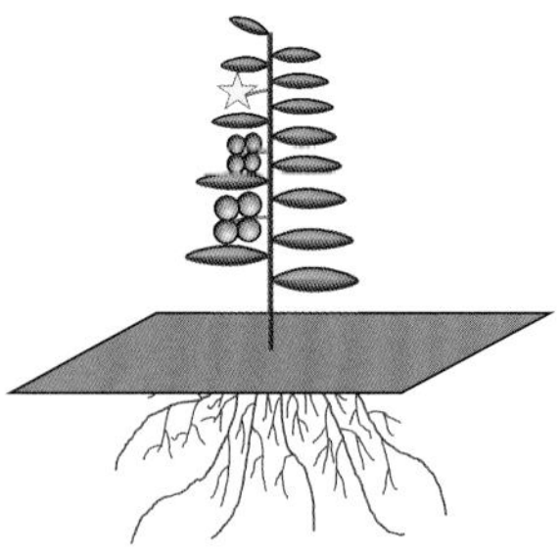

茎葉部と根部の適温は違う

低温による主な障害

- 定植時期が早いほど、低温の影響を受け、活着不良や生育障害が発生。
- 特に果実の障害が発生しやすい12℃以下にしない。

気温.℃	影響時期	症　状
12以下	花芽分化期	乱形果・生育停滞
1~7	成長点付近	湾曲による生育停滞
0~4	開花4日前~開花	低温障害果・窓あき果・ﾁｬｯｸ果
-1~0	生育期間	成長点枯死
-1以下	〃	全身枯死

照度と落花の関係

- 日照不足で、照度が低いと落花が多い。
- 生育に適正な照度は、3~7万ﾙｯｸｽ 。

照度6~7万ﾙｯｸｽ	落花率.%	青森県平均.ﾙｯｸｽ	月
100%	15.2	5~6万	5~7
75	38.6	3~4万	8~10
50	62.9		
25	77.8		3~4
15	91.1	1~2万	11~2

※落花率:ﾄﾏﾄの落花に及ぼす光の強さの影響(1946藤井ら)より。
　ﾙｯｸｽ:1㎡を照らす光の強さ。PO系ﾌｨﾙﾑの光透過率は、新品約90%、
　3年後70~80%。

稔性花粉重量と着果の関係

- 品種や花房の段数によって花粉量が違う。
- りんか409は、花粉量が少なくても着果が良いのは、単為結果性が強いためと思われる。

花房段／品種名	稔性花粉量.μg/葯			着果率.%	
	1~6	7~12	平均	1~6	7~12
桃太郎8	24.3	8.0	16.2	86.9	35.1
桃太郎ｻﾆｰ	34.1	10.1	22.1	87.7	38.5
桃太郎ｷﾞﾌﾄ	9.5	2.3	5.9	80.7	21.6
りんか409	9.2	2.1	5.7	76.7	48.8

※岡山県農業研究所/2009～2011年試験成績より。

↑ﾊﾟﾙﾄ/受精しなくても
結実する単為結果性品種↓

生育ステージと草勢

- 3段花房開花まで(草勢おう盛期)
  茎葉や根の伸長が早く、養水分を過剰に吸収。
- 4~6段花房開花(草勢維持期)
  果実の肥大が進み、茎葉への負担が大きく、養水分の吸収が高い。
- 7段花房開花以降(草勢安定期)
  1段花房が収穫終了。養水分の吸収が安定。

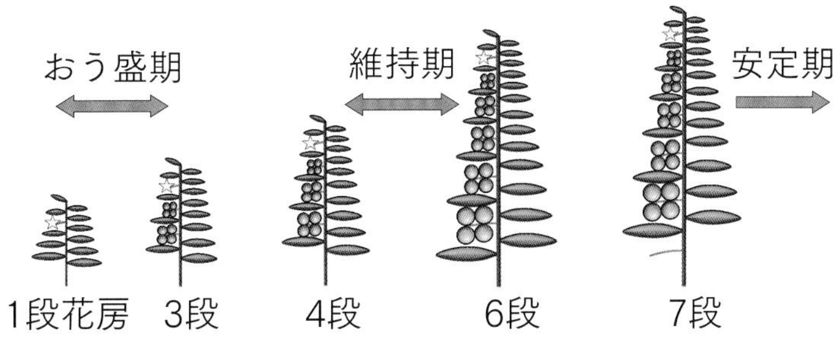

作型と吸水力の関係

- 吸水力は、栽培日数が長いほど弱くなる。①草丈が長くなること、②8月以降は日照時間が短くなることが主な原因。
- 5月定植は、高温期の8月に10段花房開花以上に達し、葉からの蒸散量に応じた吸水ができない。かん水量が適正でも水分不足で、高温障害が発生しやすい。

作型/月	2	3	4	5	6	7	8	9	10	11
5月上旬定植	●------△------○--------■■■■■■■■■■■■■									
開花花房段	①②③④⑤⑥⑦⑧⑨⑩⑪⑫⑬⑭									
6月上旬定植	●-----△-----○--------■■■■■■■■■■■									
開花花房段	①②③④⑤⑥⑦⑧⑨⑩⑪									
●は種 △移植 ○定植 ■収穫　吸水力→○強 ○中 ○弱										

※定植(1段開花始め)~9月上旬摘心。
5月上旬定植→例年13~14段/茎長310~340cm。2020年→15段/茎長約380cm。

花・果実の素質を決める花芽分化

- 現在開花している花房の素質は、約20日前の花芽分化期の気温や草勢の強弱によって決定。
  ※開花花房の2段上の花房が花芽分化。
- 1花房の花芽分化の期間は、平均5~7日間。
- 最低14℃~最高22℃が、花芽分化に適した温度。
  ※最低温度が高いと、花芽分化が弱い。

花芽分化の場所

現在の状況		20日後に開花する花房	
状態	発生原因	花の素質	果実の品質
生育状態	肥料不足	弱小花	着果不良
	水分不足	開花不揃い	肥大不揃い
強草勢	多水分・多ﾁｯｿ・低温	鬼花	乱形果
昼夜温度差小	過剰保温	花数減少	着果数減少

花芽分化に影響を及ぼす主な草勢管理

- 花の素質と果実の品質は、花芽分化で決まることが多い。草勢の変化を最小限に抑える管理が必要。
- 花芽分化に影響を及ぼす主な管理
  ①温度、②肥料、③水分、④着果数、⑤誘引、⑥花房直下のわき芽。

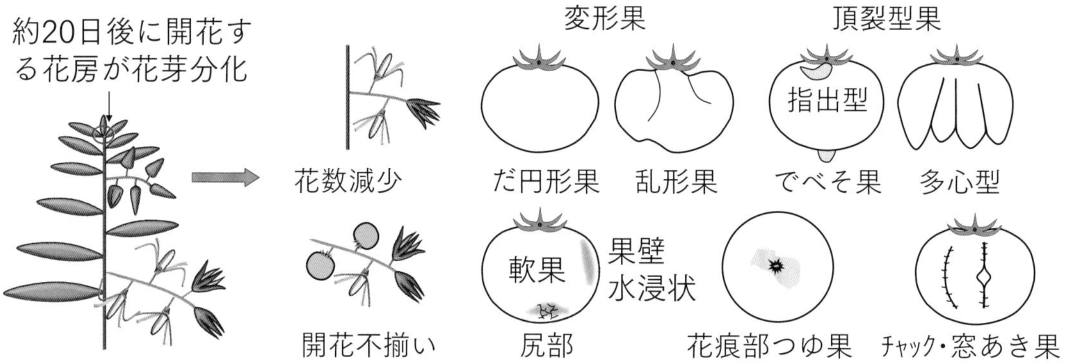

果実の子室とガク片の関係

- 子室は、品種の特性と花芽分化期の草勢や気温に影響されやすい。
- ｶﾞｸ片が多い果実は子室が多く、果形が乱れる傾向。少ないと子室が少なく、小玉や空洞果が多い。
- 5段花房以降は、ｶﾞｸ片と子室数の相関が薄れる。

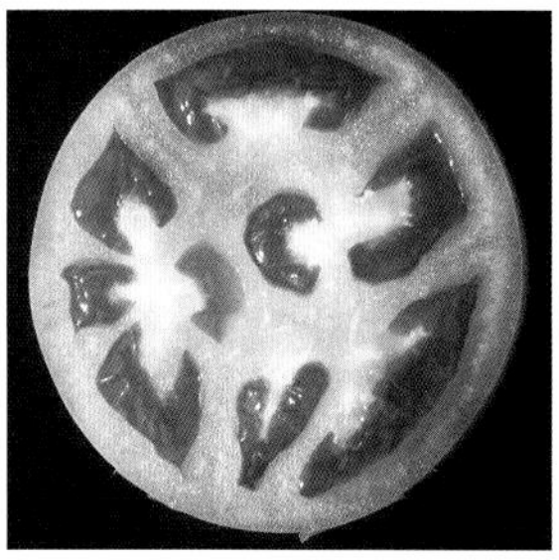

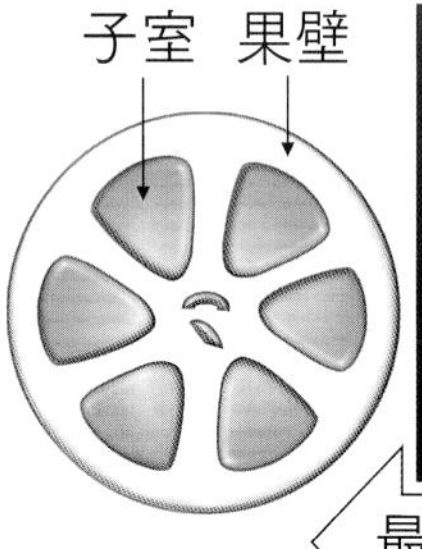

ｶﾞｸ片と子室数

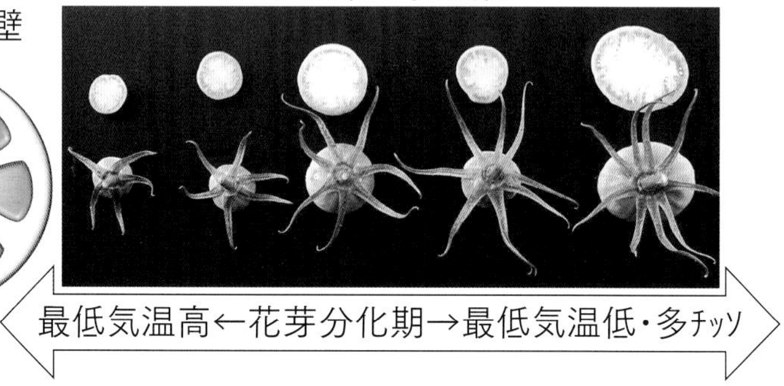

品質を構成する要素

- 大玉は変形果が多く、小玉は少ない。大きさと果形の良否は、相反する傾向。
- 糖度や食味(味・食感)は、品種の特性と気象条件や養水分の管理で変わる。
- 高温期はかん水量が多くなり、糖度が高くても食味が良いとは限らない。

項目	主な決定要因
外形	約70%は花芽分化期
糖度 食味	品種・多日照・昼夜の温度差大・低水分・カルシウムの低吸収 チッソ・カリの高吸収
日持ち	品種・収穫時期

シュウ酸カルシウム過剰果(銀粉症状)

蕾の発育が果実の品質に及ぼす影響

- 果実の品質は、花芽分化や蕾の発育が影響。
- 蕾の発育がおう盛な果実は、花痕部が大きくなる。短形蕾になると、コルク層が大きくなる。

蕾の形状	果実品質	発生時期
適正	正常果	花芽分化期
扁平	変形果	
長形	花痕部大果	蕾発育期
短形	コルク層大果	

適正蕾

扁平蕾

長形蕾

短形蕾

収量を構成する要素

項目	特 徴
果実肥大	子室数が多いほど肥大、乱形果が多い
着果数	収量に最も影響、確実に着果させる対策が必要
作型	長期収穫ほど収量は多いが、後半は草勢が弱り果実の肥大が悪い
栽植本数	密植により収量は多いが、果実の肥大が悪く、空洞果が多い

各花房段の収穫果数/2002年
(5月上旬定植・9月上旬摘心
品種/桃太郎8)

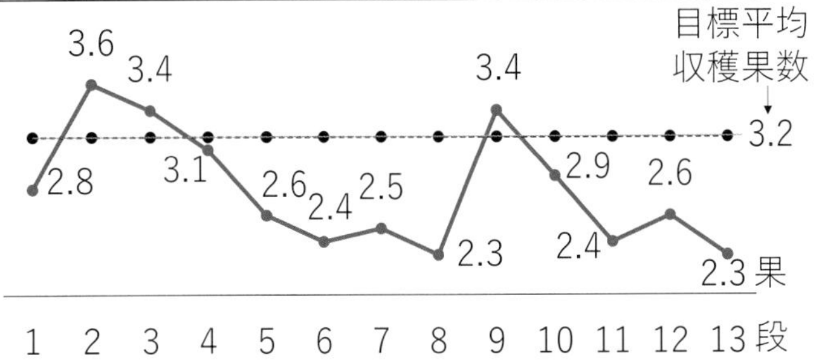

1段花房の目標平均収穫果数3.2果
×1果重200g×13段×2,000株
×出荷率85%=14.1t

主要品種の特性(2021年2月時)

• 品種の特性は、栽培や気象条件で変わるため、地域で試験を行い検討。

項目 品種名	草勢1弱→5強		節間長 1短→5長	葉の大小 1小→5大	葉先枯れ 1少→5多	耐病性×無~○有	
	~6段	7段~				葉かび病	青枯病
桃太郎8	3	3	3	3	3	×	△
ギフト	4	3	3	2	3	○	△
セレクト	3	3	3	2	3	○	△
ワンダー	4	4	2	3	3	○	△
りんか409	4	4	2	3	1	○	×
麗月	3	3	4	4	2	○	×

※①種苗ﾒｰｶｰのｶﾀﾛｸﾞ及び農家ほ場での生育観察の結果より。
②共通の耐病性:半身萎凋病・萎凋病ﾚｰｽ1、2・根腐れ萎凋病・ｻﾂﾏｲﾓﾈｺﾌﾞｾﾝﾁｭｳ。

品種選択の評価項目

• 収量やAB品率の他に、作り易さや作業性を考慮、農家の総意で選択。
• 食味は品種の特性が影響。多品種の作付けは、産地の評価を落とす原因。

項目	主な内容	産地の品種選択要件
食味	・実食による甘みと酸味のﾊﾞﾗﾝｽが良い	・食味重視の産地
AB品率	・上位等級規格が多い	・品質重視の産地
作り易さ	・生育診断が容易 ・生育期間中、草勢が安定 ・かん水・追肥で草勢のｺﾝﾄﾛｰﾙが容易	・安定生産重視の産地 ・新規生産者が多い産地
作業性	・収穫時の果実確認・もぎ取りが容易 ・茎が柔らかく誘引が容易 ・複合耐病性で防除が容易	・大規模な栽培に最適
収量性	・着果と肥大が良くL・M玉が中心	・収量重視の産地

品種の評価方法(例)

• 生産や販売に必要な項目について5段階の評価を行い、指数化して検討。

品種名	食味	AB品率	作り易さ	作業性	収量性	合計
A品種	4.0	3.5	3.5	3.0	3.5	17.5
B品種	2.5	3.0	3.0	4.0	3.0	15.5

※①数値化:悪い1→5良い、食味:実食、その他:聞き取り。

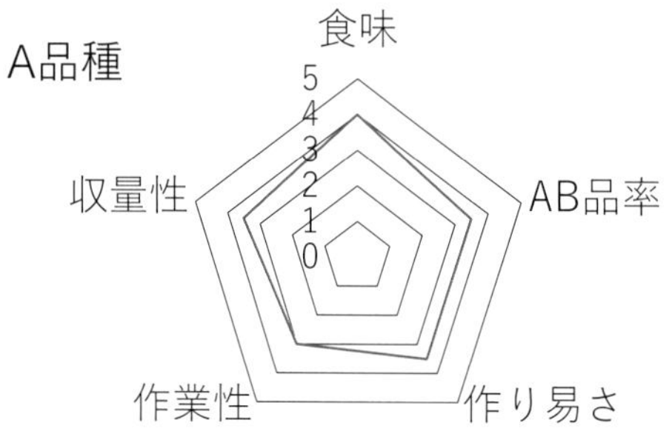

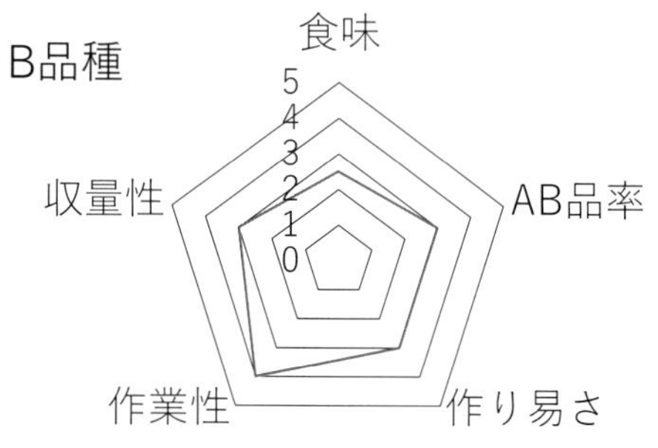

主要台木品種の特性(2021年2月時)

品種名	根のﾀｲﾌﾟ	草勢/弱1-5強		耐病性/弱1-5強			低温伸張
		~4段	5段~	青枯病	かいよう病	褐色根腐病	
Bﾊﾞﾘｱ	深根	3	2	4	×	1	良
ｷﾝｸﾞﾊﾞﾘｱ (TTM127)	やや深根	3.5	3.5	4	×	5	良
ｸﾞﾘｰﾝﾎｰｽ	浅根	4	4	3	×	4	やや良
ﾊﾞｯｸｱﾀｯｸ	やや深根	3	2	3	×	3	良
ｱｼｽﾄ	やや深根	3.5	3	3	4	1	良
ｸﾞﾗﾝｼｰﾙﾄﾞ (SC7-315)	やや浅根	2.5	3	未	4	5	やや悪

※①穂木品種：Bﾊﾞﾘｱ・ｷﾝｸﾞﾊﾞﾘｱ・ｸﾞﾗﾝｼｰﾙﾄﾞは桃太郎8。ﾊﾞｯｸｱﾀｯｸ・ｱｼｽﾄはりんか409。
②ｸﾞﾗﾝｼｰﾙﾄﾞの青枯病は、ｶﾀﾛｸﾞでは強いとなっているが未確認。
③評価は複数の栽培ほ場での観察、種苗会社のﾃﾞｰﾀとは違う。

根張りのタイプ

- 浅根ﾀｲﾌﾟは細根が多い。早めにかん水を行い、細根の発生を促す。
- やや深根ﾀｲﾌﾟは中太根と細根がやや多い。初期はかん水を控え、細根が多くなる5段花房以降は、定期的にかん水。
- 深根ﾀｲﾌﾟは中太根が多い。初期はかん水を控え、根を深く張らせる。乾燥に強く、7段花房以降は草勢が安定。

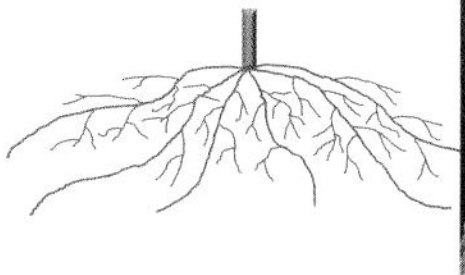
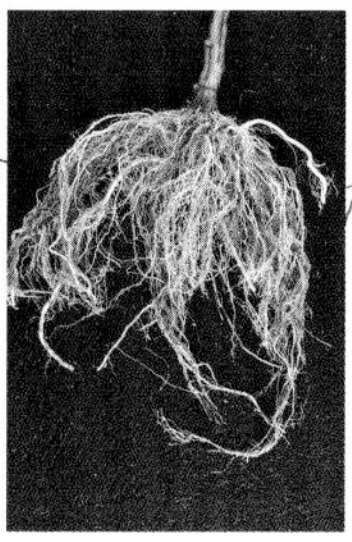
浅根ﾀｲﾌﾟ

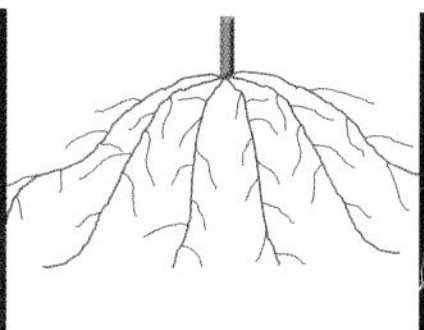
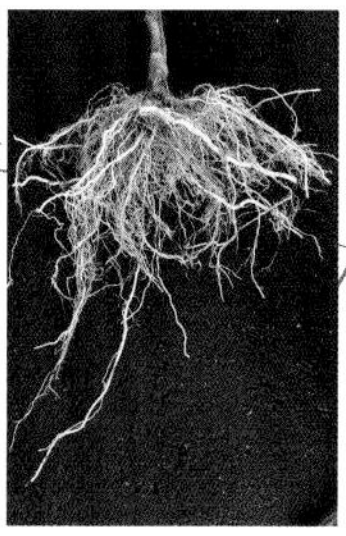
やや深根ﾀｲﾌﾟ

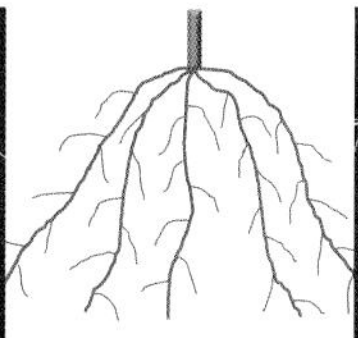

深根ﾀｲﾌﾟ

主要台木品種の発根特性(2019、2020年/同一ほ場)

Bﾊﾞﾘｱ

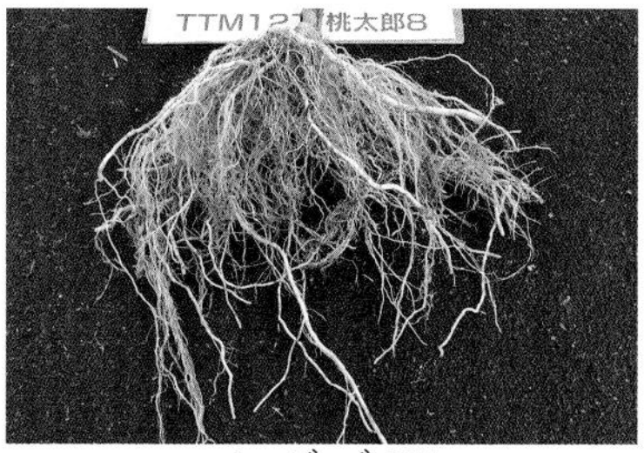
ｷﾝｸﾞﾊﾞﾘｱ

ｸﾞﾘｰﾝﾎｰｽ

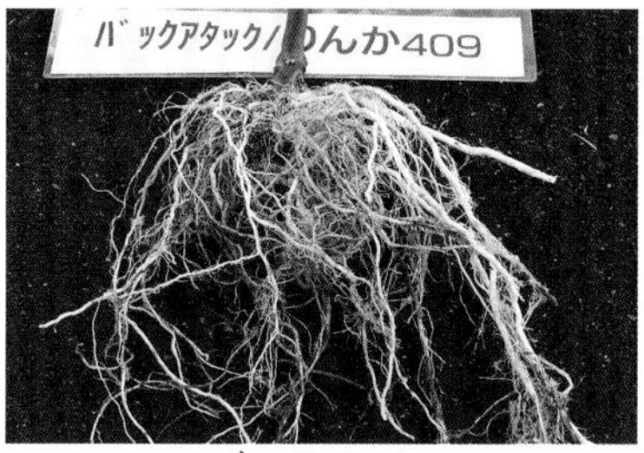
ﾊﾞｯｸｱﾀｯｸ

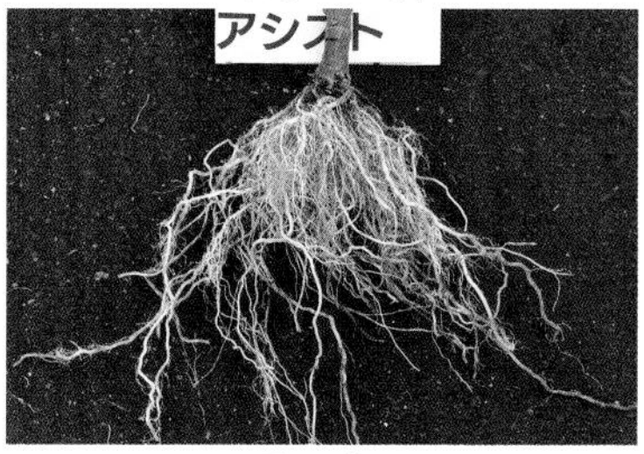
ｱｼｽﾄ

ｸﾞﾗﾝｼｰﾙﾄﾞ

主な作型

- 4月下旬~5月上旬定植(ﾊｳｽ雨除け栽培)
  長期栽培のため、生育後半は草勢が衰えて、落花や小玉が多く、栽培が難しい。
- 5月下旬~6月上旬定植(ﾊｳｽ雨除け栽培)
  夏秋栽培の代表的な作型。定植後の外気温が生育に適しており、栽培が容易。
- 6月上旬~6月中旬定植(簡易雨除け栽培)
  栽培期間が短く収量は少ないが、設置ｺｽﾄが低く所得は比較的高い。気象の影響を受けやすい。(107ﾍﾟｰｼﾞから参照)

定植月/旬	2	3	4	5	6	7	8	9	10	11	収穫段数
4/下~5/上	●●△△---○○-------■■■■■■■■■■■■■										13~14段
5/下~6/上	●●△△---○○------■■■■■■■■■■■										10~11段
6/上~6/中	※簡易雨除け　●●△△-○○--------■■■■■■										6 ~ 7段

※●は種 △移植 ○定植 ■収穫

適正な株間と条間

- 株間や条間が狭いと、根絡みが多く生育が不揃いになるので、適正な距離で定植。

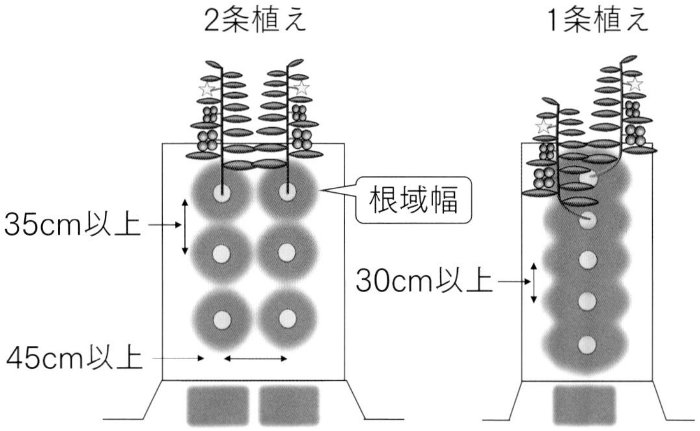

誘引方法のタイプ

- 自己の経営に適した方法を選択。

誘引方法	段数	長所	短所	特　徴
直立	7~ 9	果実の肥大良い	段数が限定	茎葉が揺れず草勢が安定
つる下げ	無制限	長期栽培が可能	つる下げに苦労	かん水・追肥量は定量施用
Uﾀｰﾝ	13~14	果実の肥大良い	通路が混む	Uﾀｰﾝ後主枝・側枝で高収量
斜め	13~14	作業性が良い	草勢管理難しい	収穫作業の効率が良い

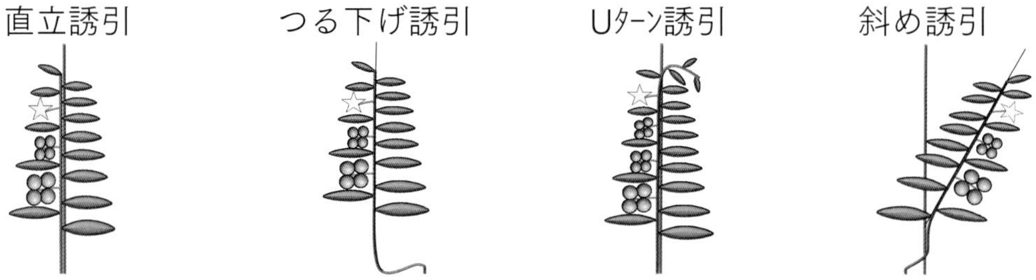

2 育苗①（一般管理）

葉数の数え方

• 育苗は生理生態を理解し、温度などはﾃﾞｰﾀに基づく管理が必要。

0.5葉

1.0葉

2.0葉

葉数と花芽分化

• 育苗の期間中に、3段花房までの花質と、果実の品質が決定。

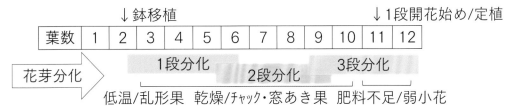

↓鉢移植（2葉）　↓1段開花始め/定植（11葉）

葉数	1	2	3	4	5	6	7	8	9	10	11	12

花芽分化 ⇒ 1段分化　2段分化　3段分化

低温/乱形果　乾燥/ﾁｬｯｸ・窓あき果　肥料不足/弱小花

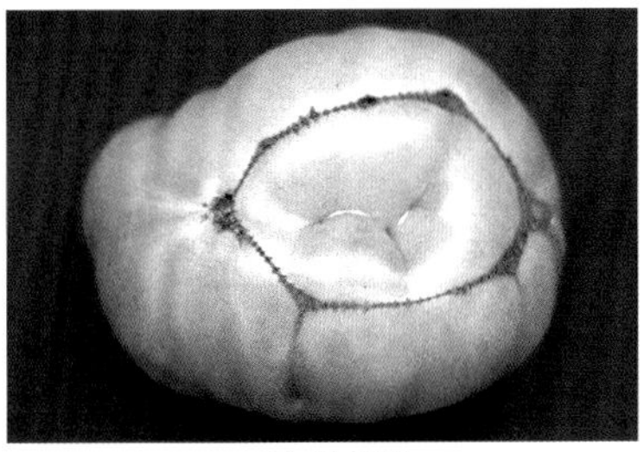
乱形果

ﾁｬｯｸ・窓あき果

弱小花

は種に必要な資材

- 移植株数2,200株(10a種子量2,560粒×発芽率90％×良苗率97％)

必要資材

資材名	数量・規格	資材名	数量・規格	資材名	数量・規格
セルトレー規格	30×60cm	スタイロフォーム	3枚=91×182cm	温床枠板	2枚=15cm×91cm 2枚=15cm×4.2m
〃 枚数	20枚/128穴	種子	2,560粒	下敷きポリ	幅95cm×0.03mm
水稲育苗箱	20枚	培土	60リットル	カラー鋼管	長さ210cm×8本
床面積	3.82㎡	電熱線	単相500w/62m	トンネルポリ	幅95cm×0.05mm

電熱線の種類(農電ケーブル)

相別	単相100v		三相200v		必要w数/1坪
線の長さ	500w→62m	1kw→120m	500w→60m	1kw→120m	250~300w

セル育苗培土の選定

- 適度な保水性と透水性があり、は種~移植前まで、肥効が持続する培土を選定。
- 3月中旬までのは種は、チッソ量が多いと着果節位が低下。
- 高温期の育苗は、多かん水で肥料の流亡が多いため、チッソ量の多い培土を使用。

は種~移植日数		20日	21~30日	トレー培土容量	肥効
必要チッソ成分量	3月中旬まで	150~200mg	200~250mg	128穴/3.0リットル 200穴/2.8	配合資材やかん水量で変化
	3月下旬以降	200	250~300		

培土名	1リットル/チッソ	容量	培土名	1リットル/チッソ	容量
良菜培土SP200(日本肥料)	200mg	25リットル	スミソイルロング(住化農材)	180mg	45リットル
FNー200(サカタのタネ)	200	40	含水セル培土(タキイ)	190	50
苗職人200(カネコ種苗)	200	40	たねまき培土(タキイ)	380	50
1リットル/チッソ増量の目安(200mg培土:たねまき培土) 1:0.5=260mg 1:1=290mg					

は種床配線図(例)

- 徒長防止のため、セルトレーの面から高さ50cm 以上確保。

①設置床均し→②スタイロフォーム設置→③ポリ敷き→④電熱線敷き→⑤ポリ敷き→⑥トンネル設置

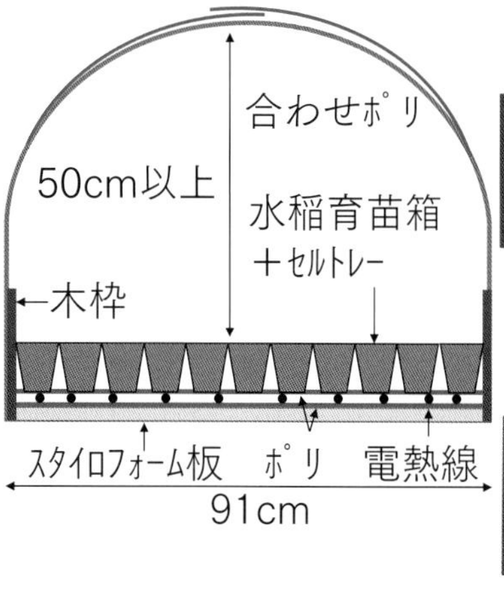

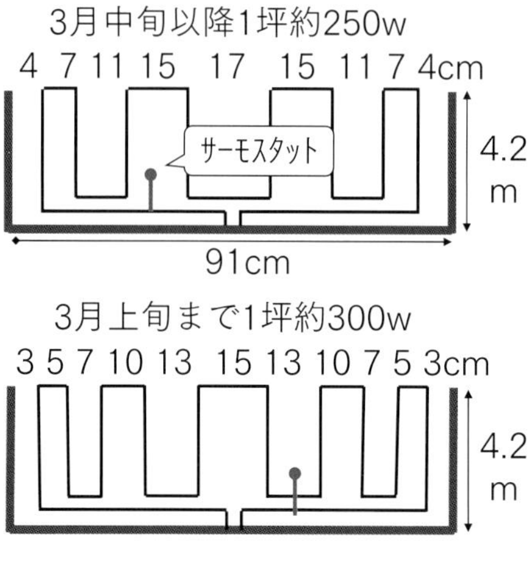

培土詰め

- 鎮圧して詰めると、発芽不良が多くなる。

①培土をｾﾙﾄﾚｰの仕切りまで軽く詰めて均す→②底面吸水または上から散水

培土は詰めすぎない

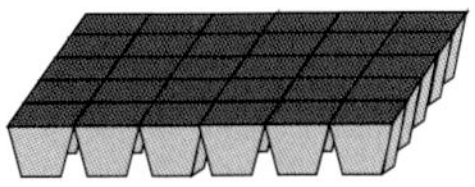

底面吸水の方法

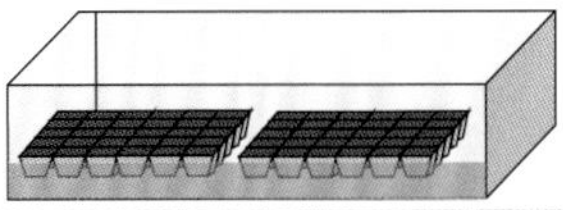

散水の方法

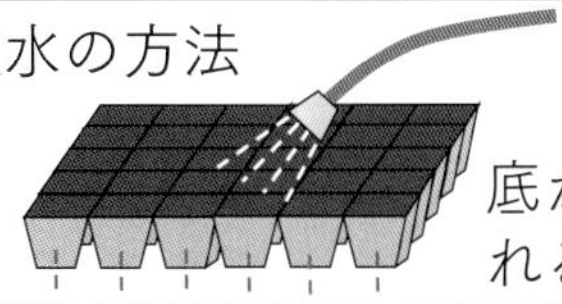

底から漏れるまで

仕切り板で均す

底面吸水

は種(裸種子)

- 覆土後、半日間は日陰に置いて、種子に吸水させてから加温。

①は種→②種子を指で押し込む→③覆土

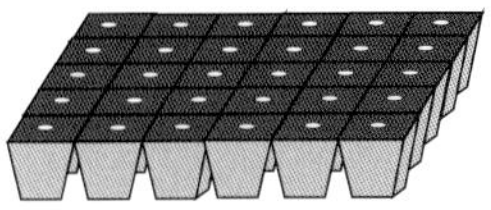

は種

指で押して埋める

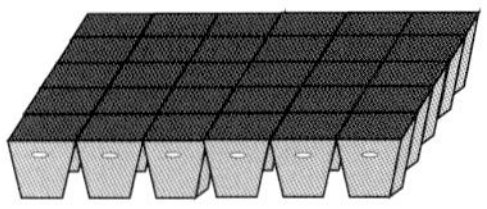

均一に覆土

は種(コート種子)

- は種後、半日間は日陰に置いて、種子に吸水させる。ｺｰﾄの割れ目が見えたら、覆土してかん水、加温。※夕方は種、朝に覆土後かん水、加温でも良い。
- ｺｰﾄ種子が割れにくい原因(発芽不良の発生)。
  ①培土を強く詰めた場合、水分を吸収すると膨張し、培土が締まり、割れにくい。
  ②覆土が厚すぎると(0.5cm以上)、割れにくい。
  ③一度吸水して乾燥すると、割れにくくなる。

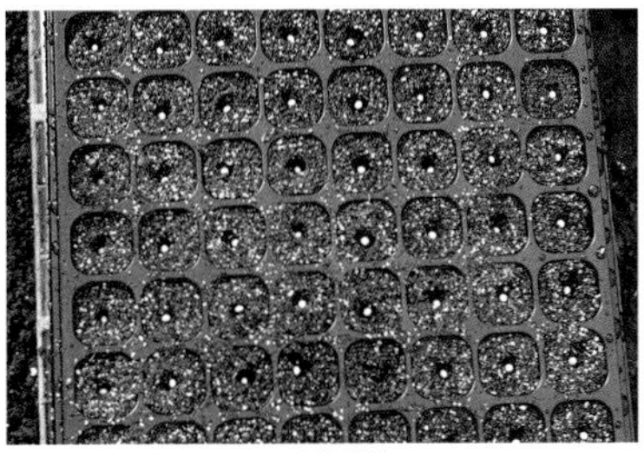

は種

半日間は日陰に置く

割れたら覆土

は種から移植までの管理

- 約8時間で90％吸水して発芽。薄暗いと良く発芽、過湿になると急激に低下。

日数		1	5	10	15	20
葉数		発芽率・30% →	・100%	・0.1葉	・1.0	・2.0
気温	昼	28℃	20~25℃			
気温	夜	25℃	18℃	16~18℃		
地温	昼	28℃	20℃	18~20℃		
地温	夜	25℃	20℃	18~20℃		
管理		は種	新聞紙除去　換気　かん水	←→ 子葉が捻れるまで乾燥	箱底上げ　かん水　←→ 乾燥させない	かん水　移植

トンネルの設置

- ｻｰﾓｽﾀｯﾄはｾﾙﾄﾚｰ内に設置、温度計と比較しながら調整。
- ﾄﾝﾈﾙの高さが低いと、空気の対流が悪く徒長。ｾﾙﾄﾚｰ面から50cm以上確保。

①温床に設置→②新聞紙で覆う→③新聞紙の上から散水→④ｻｰﾓｽﾀｯﾄ設置→
⑤合わせﾄﾝﾈﾙ→⑥保温資材で被覆→⑦ﾄﾝﾈﾙ内25~28℃
※33℃以上で発芽障害、発芽まで覆土が乾いたら新聞紙の上からぬるま湯散水

温床に設置

合わせﾄﾝﾈﾙ

被覆資材で保温

発芽後の管理

①30％の発芽で新聞紙を除去→②ﾄﾝﾈﾙの上部を開けて昼夜換気→③発芽揃い後に1葉まで子葉が捻れる程度乾燥

30％の発芽で新聞紙を除去

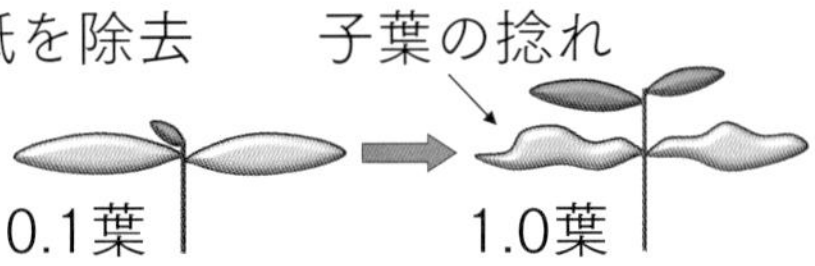

底上げ

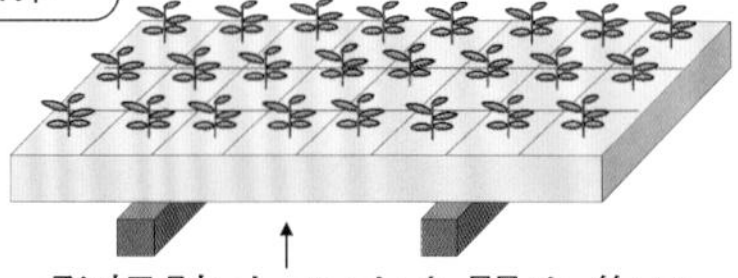

発根防止のすき間を作る

発芽揃い

子葉の捻れ

底上げ

着果節位の違いとその要因

- 1段花房は、1.5~2.5葉までに着果節位が決定。適正節位は7・8葉の上。
- ｾﾙﾄﾚｰ育苗は、温度や水分の変化が大きく、着果節位が不揃いになりやすい 。
- 着果節位の決定要因を十分理解して管理。

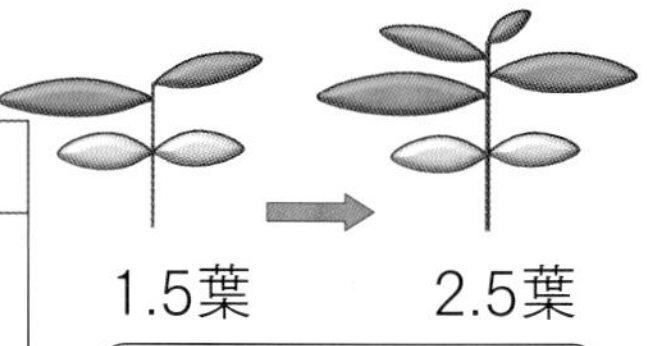

子葉は2.5葉まで成長を助ける

低節位(5・6葉の上)	高節位(9・10葉の上)
①最低気温が13~15℃以下 ②日照が強い ③日照時間が9時間以下	①最低気温が18~22℃以上 ②日照が弱い ③日照時間が9時間以上 ④肥料不足・徒長軟弱

月	2		3			4			5			6		
旬	中	下	上	中	下	上	中	下	上	中	下	上	中	下
原因	低温で下降						安定			高温・長日・徒長で上昇				
対策	最低気温13℃以上確保						適温管理			夜間ﾊｳｽを解放				

原土の消毒手順

- ﾊﾞｽｱﾐﾄﾞやｶﾞｽﾀｰﾄﾞ微粒剤は、ｼｰﾄの上に置いた床土に、約1ﾘｯﾄﾙの乾いた土と混ぜて散布。散布後床土と混合してｼｰﾄで被覆。
- ｸﾛﾋﾟｸﾃｰﾌﾟは、ｼｰﾄの上に置いた床土に、本剤を置いて土を被せ、ｼｰﾄで被覆。

①原土消毒→②ｶﾞｽ抜き→③苦土炭ｶﾙ→④堆肥＋過ﾘﾝ酸石灰＋肥料→⑤鉢土詰め

農薬名	床土1,000ﾘｯﾄﾙ	使用時期
ﾊﾞｽｱﾐﾄﾞ/ｶﾞｽﾀｰﾄﾞ微粒剤	300g	改良資材・肥料を混合する前
ｸﾛﾋﾟｸﾃｰﾌﾟ	2.2m	

※登録状況2021年2月9日調べ。

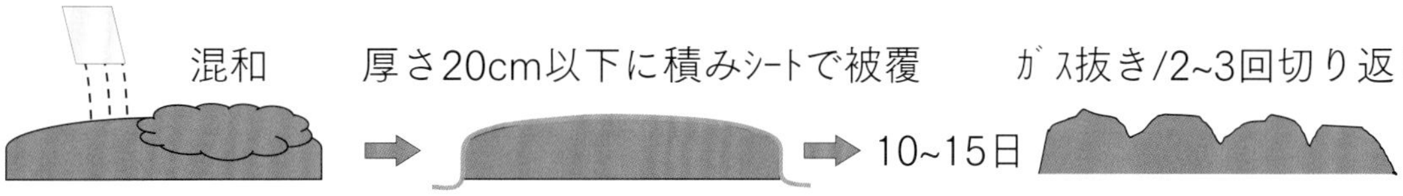

消毒の注意点

- 土が十分湿っていないとｶﾞｽ化しない。ｶﾞｽ抜きの効果を上げるため、土は厚さ20cm以下に積む。
- 施設内作業のため風通しを良くし、防除ﾏｽｸ、保護ﾒｶﾞﾈ、手袋、皮膚を覆う作業衣を着用。
- 被覆期間は、床土の温度が10℃以上で15日間、15℃以上で7~10日間。
- 被覆期間が過ぎたら2~3回切り返し。3~4日間置いて、ｶﾞｽ抜き後に使用。

ｸﾛﾋﾟｸﾃｰﾌﾟ

全面被覆

消毒後の発芽テストの方法

- ｶﾞｽ抜き後、対角線上の3箇所(深さ15cm)から土を採取、半分に切った2ﾘｯﾄﾙのﾍﾟｯﾄﾎﾞﾄﾙに入れる。
- ただちに二十日大根を10~20粒は種。かん水後ﾗｯﾌﾟ2枚で被覆。
- 室内に置き20~25℃で管理。は種後4~5日で30％以上発芽すると、は種可能。

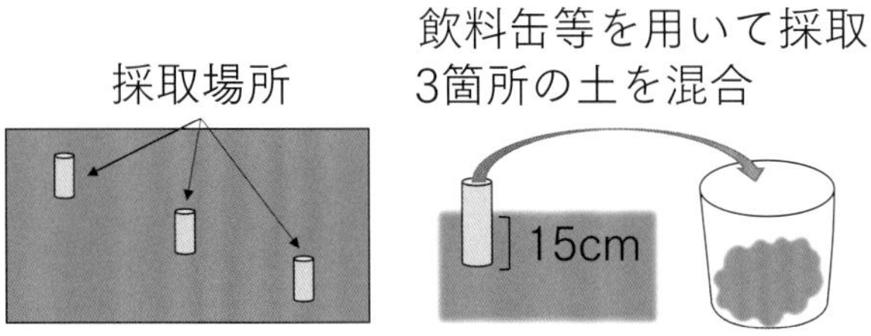

ﾍﾟｯﾄﾎﾞﾄﾙを利用した発芽ﾃｽﾄ

自家配合培土(12cm鉢)

- 鉢の大小に関わらずﾁｯｿは同量。小さい鉢はﾁｯｿが過剰で、ﾁｬｯｸ果や窓あき果が発生しやすい。
- 直根のため、満杯詰めより少量詰めのほうが、根の老化が早い。

鉢数	原土	堆肥	割合	粉炭	苦土炭ｶﾙ	過石	ﾏｲｸﾛﾛﾝｸﾞ ※
1鉢(0.7ﾘｯﾄﾙ)	0.49ﾘｯﾄﾙ	0.21ﾘｯﾄﾙ	土7:堆肥3	22g	2.7g	2.3g	2.5g
2,200鉢	1,078ﾘｯﾄﾙ	462ﾘｯﾄﾙ		50ﾘｯﾄﾙ	6.0kg	5.1kg	5.5kg

※ﾏｲｸﾛﾛﾝｸﾞﾄｰﾀﾙ280(12-8-10)70日ﾀｲﾌﾟ

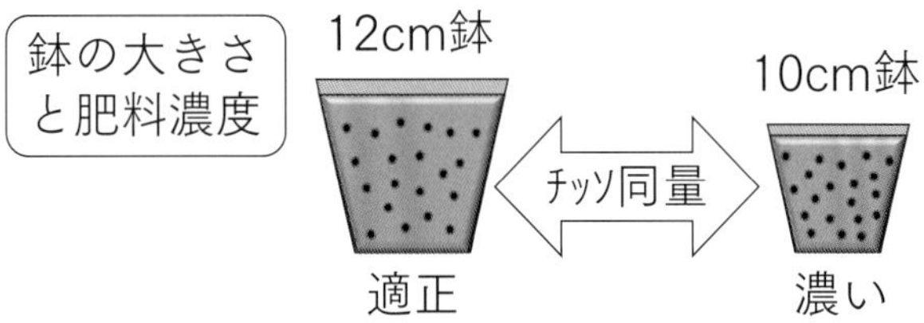

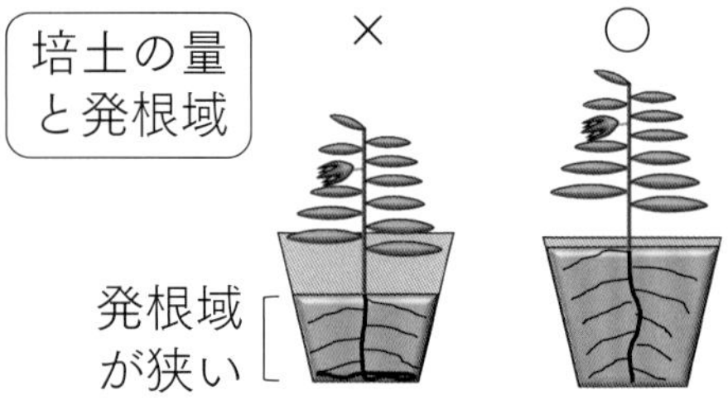

床土の作り方

- 平坦な場所に、地面の土が混入しないようｼｰﾄを敷く。
- あらかじめ用意した原土と、堆肥の容量を量っておく。
- 原土に苦土炭ｶﾙを混ぜた後、堆肥と過石、肥料を加えて混合。堆肥は、完熟したものを細かくして使用。
- 粉砕籾殻の堆肥は未熟でも使用可能。油かすや石灰窒素は、ｶﾞｽが発生するので使用できない。

焼き土　　籾殻堆肥

原土と稲わらを積み上げておいた床土

移植床の作り方

項目	必要量
床面積	幅1.3m×長さ/移植時21.4m、ずらし1回目42.8m・2回目80.7m
電熱線	1坪あたり約125wで配線(1kw/120m×5巻)/4月中旬までの移植
その他	被覆用ポリ/幅135cm、カラー鋼管/長さ270cm、下敷き/有孔ポリ、ラブシート

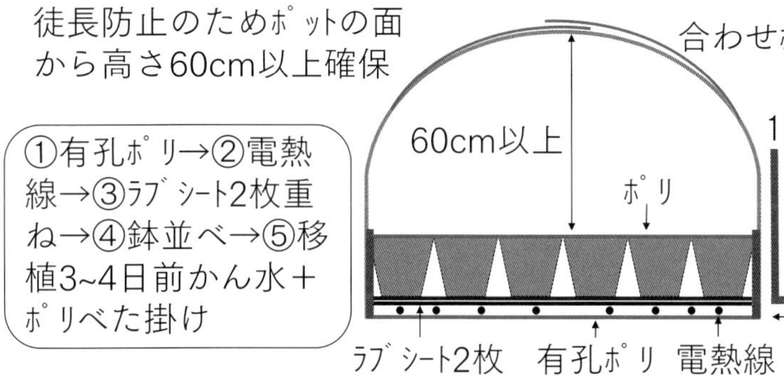

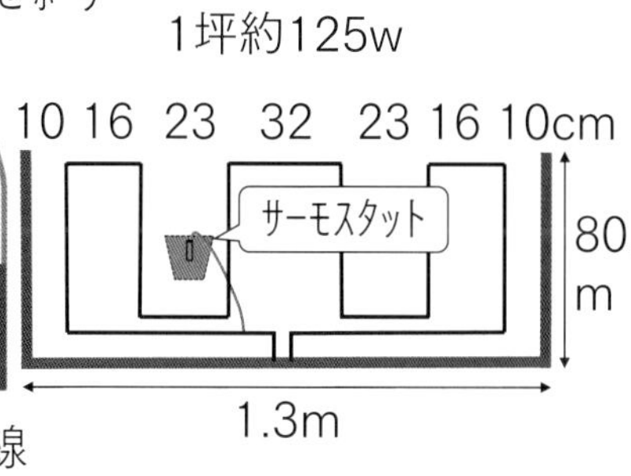

温床線の配置と鉢の並べ方(2,200鉢/12cm鉢)

- 床は水分が均一になるよう平らに整地。鉢のずらしを考慮して広く作る。
  ※12cm鉢は、隙間なく並べると直径は約11cm。

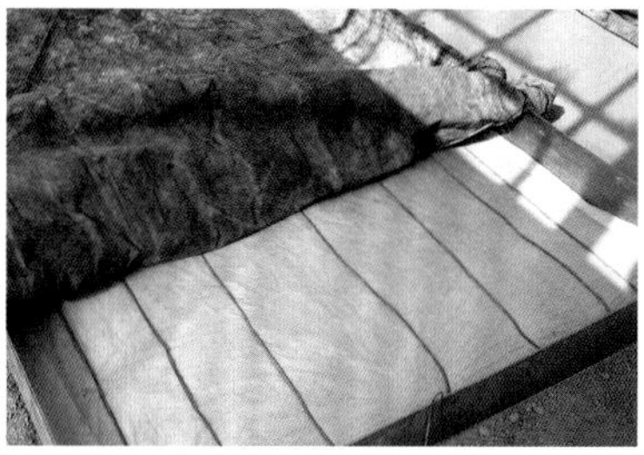

ラブシート2枚と配線

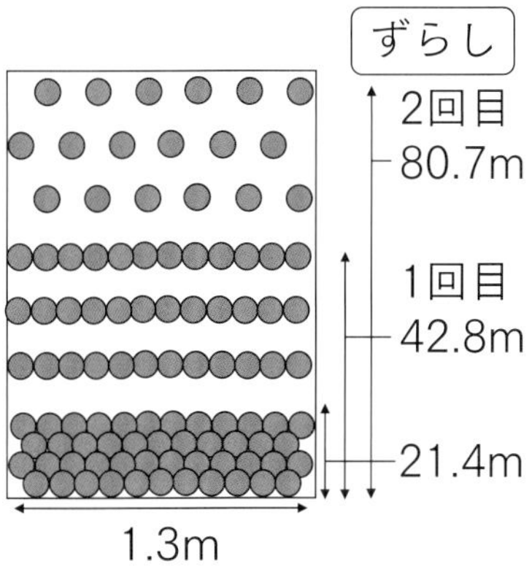

○隙間ない

×隙間あり

移植から定植までの管理

日数	1	5	10	15	20	25	30	35
葉数	・2葉	・3	・4	・5	・6	・7 ・8	・9	・10.5

気温	昼	20~25℃			保温なし
気温	夜	16~18℃	14~16℃	12~14℃	保温なし
地温	昼・夜	18~20℃	16~18℃	14~16℃	保温なし
ずらし			・1回目	・2回目	
管理		かん水 移植	かん水 ←下1葉萎れ少量→ ←下2~3葉萎れ少量→(急伸長) 下1葉萎れ鉢の底まで	かん水 ←萎れない程度→ 鉢の底まで	定植
水量リットル		0.1	0.8 ← 0.1 →	0.8 ← 0.2 →	

移植の方法

①早朝にトレーを底面吸水→②穴開け→③子葉下1.5cm残して移植→④日除け場所に設置

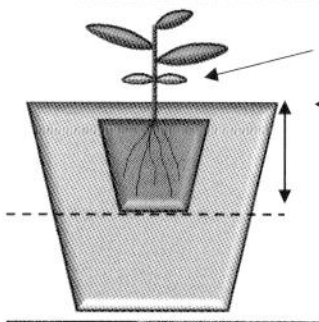

子葉下1.5cmまで埋める　深さ1/2が限界

セル穴数.穴	72	128	220
は種~鉢移植	25日	20日	15日

移植前に底面吸水

セルの口径と同じ穴を開けて移植

子葉下1.5cmまで埋める

セル苗移植は若苗で

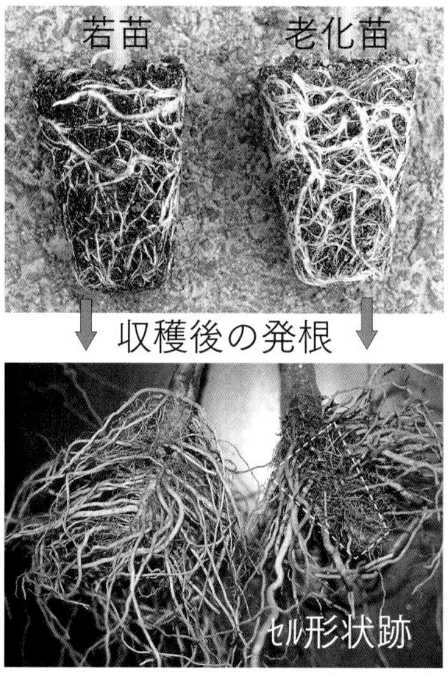

・セルトレーでの老化苗は、定植後も根量が少ない。

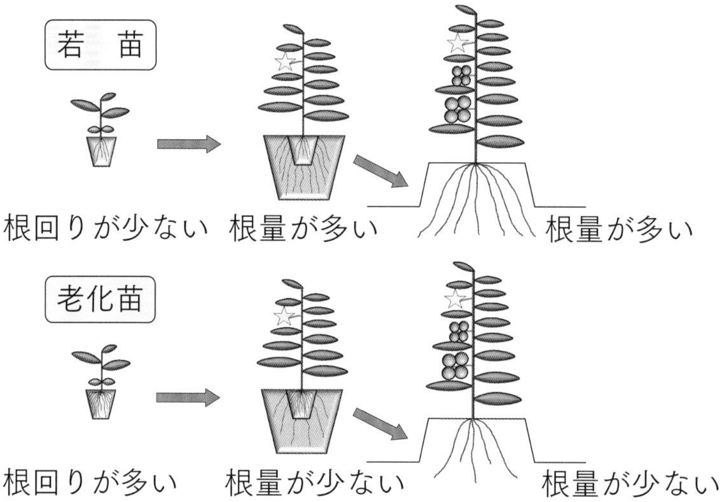

移植後のかん水と根回り

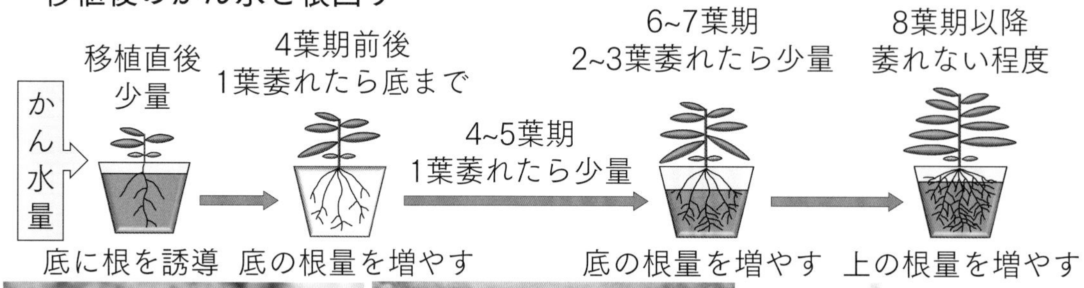

最初は底に根回り

4葉までの萎れ限界

6~7葉までの萎れ限界

鉢の並べ方とかん水方法

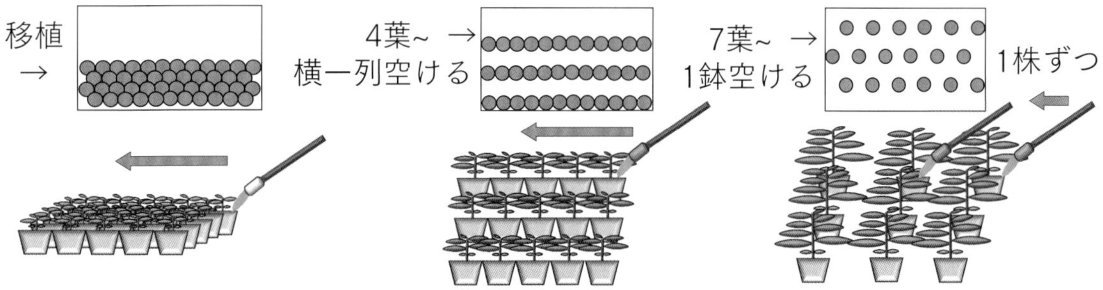

鉢の間隔とわき芽の出方

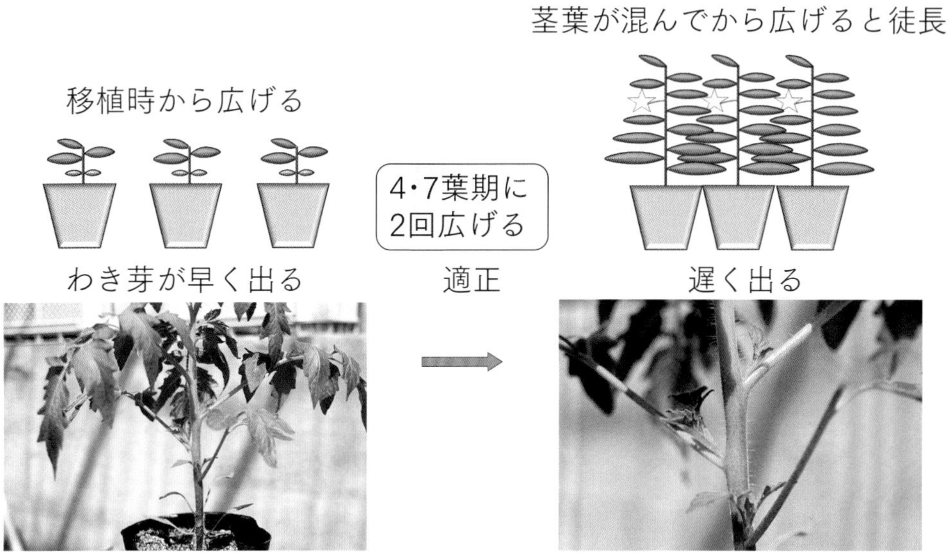

鉢の間隔と発根

- 最初から鉢を広げると、日あたり側の根は老化が早い。
- 鉢をずらさないと、根が偏って発根。かん水ﾁｭｰﾌﾞの向きが生育に影響。

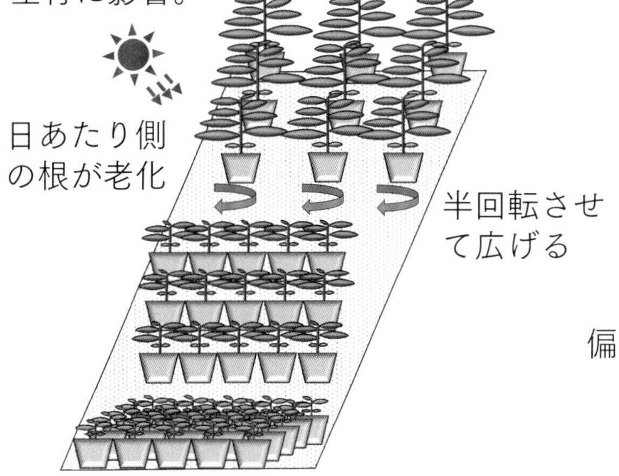

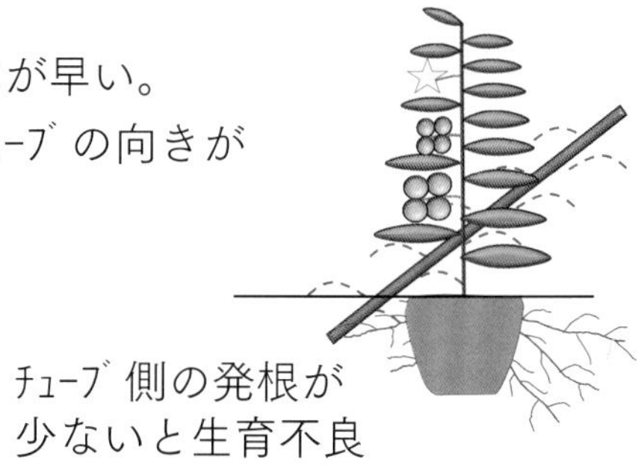

偏った発根

遮光管理と徒長

徒長の原因

- 鉢の間隔が狭い
- 最低気温が15℃以上
- 長時間の遮光
- 多肥・多かん水

遮光は11~14時まで
長いと徒長

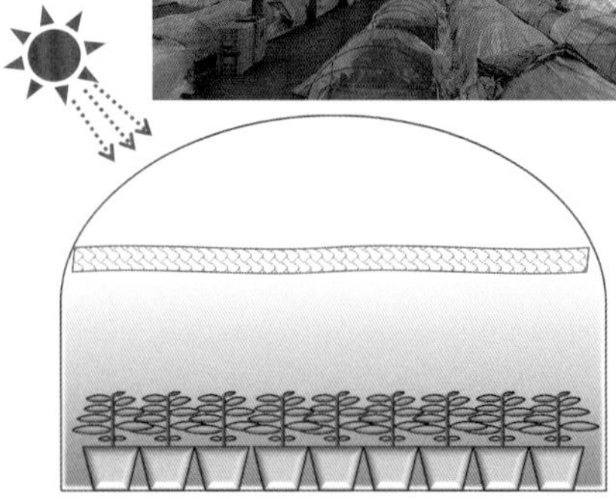

蕾が見えるまで
特に徒長しやすい

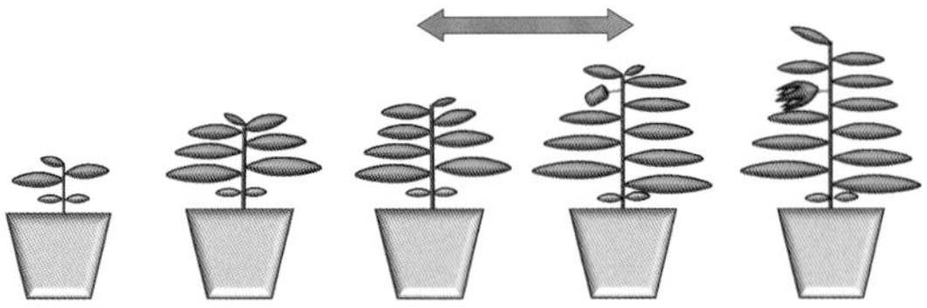

2葉　4　6　9　10

追肥の管理

- 早くからの肥料不足は固形肥料で、定植間近なら液肥を追肥。

追肥時期	肥料名	倍数	1鉢	必要量/10a	回数
8葉以前 移植~定植10日前	ﾎﾟｯﾄ錠ｼﾞｬﾝﾌﾟP7 (7-8-6)	−	1~2錠	2,200錠 (1袋5,000錠)	1回
8葉以降 定植9日前~定植	OATﾎﾟｯﾄ肥料 (15-8-17)	700	200cc	水440ﾘｯﾄﾙ 肥料625g	3~4日おき

育苗中の肥料不足の影響

- 生育遅れ
- 花芽分化が弱く1~3段花房は弱小花や花数が減少
- 定植後の活着遅れ

ﾎﾟｯﾄ錠ｼﾞｬﾝﾌﾟ
P7の追肥

よく見られる苗の障害(例)

過湿

覆土浅い・乾燥

10℃以下の低温

育苗培土のｶﾞｽ障害

深植え

2 育苗②（接ぎ木）

は種に必要な資材(穂木・台木)

- 移植株数2,200株(10a種子量3,000粒×発芽率90%×良苗率97%×活着率85%)
  ※種子量は穂木3,000粒、台木3,000粒ずつ。

は種・接ぎ木時期

は種方法	台木→穂木は種	接ぎ木
穂木・台木ｾﾙﾄﾚｰに直接は種	1~2日後	20日後(2.0葉)

台木は品種で
発芽勢が違う
説明書に従う

必要資材

資材名	数量・規格	資材名	数量・規格	資材名	数量・規格
ｾﾙﾄﾚｰ規格	30×60cm 128穴	ｽﾀｲﾛﾌｫｰﾑ	6枚=91×182cm	温床枠板	2枚=15cm×91cm 2枚=15cm×9.6m
〃 枚数	48枚	種子	3,000粒×2	下敷きﾎﾟﾘ	幅95cm×0.03mm
水稲育苗箱	48枚	培土	144ﾘｯﾄﾙ	ｶﾗｰ鋼管	長さ210cm×17本
床面積	8.74㎡	電熱線	単相1kw/120m	ﾄﾝﾈﾙﾎﾟﾘ	幅135cm×0.05mm

接ぎ木の手順①

- 穂木・台木とも2葉前後が接ぎ木の適期。
- 接ぎ木当日の朝に、台木と穂木にかん水。肥料不足は、活着が悪いので、接ぎ木3日前に追肥。
- 切断した台木に接ぎ木ﾎﾙﾀﾞｰを1/2差し込む。穂木を少し強めに差し込み、切断面を密着。
- 台木が2.5葉以上の場合は、子葉の上を接ぐ。

ﾌｪｻﾞｰ接ぎ木ｶﾞｲﾄﾞｶｯﾀｰ

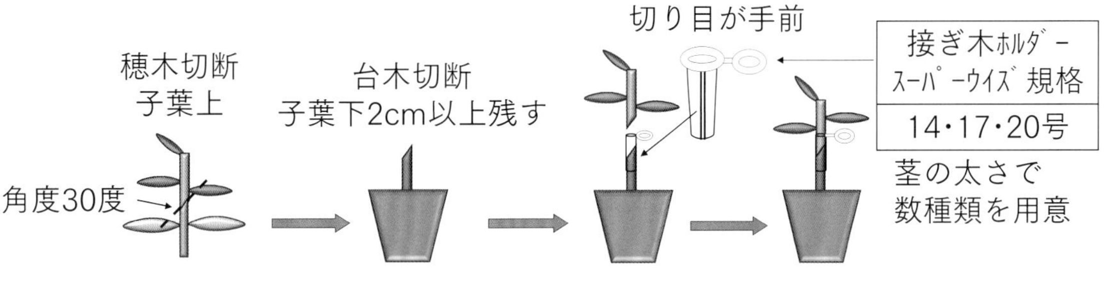

接ぎ木の手順②

穂木2葉

台木2葉

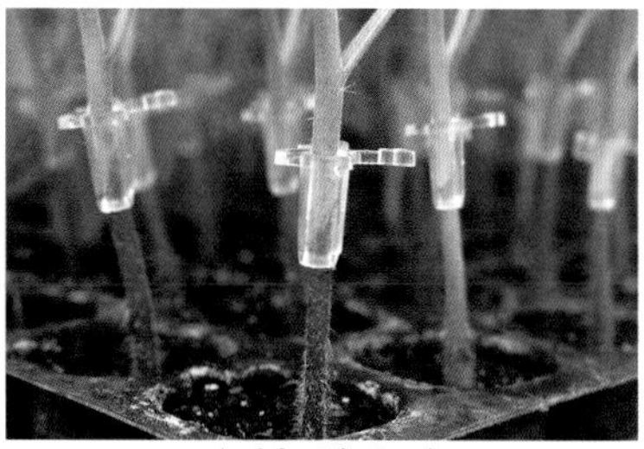

↑接ぎ木↓

穂木は切断後、濡れﾃｨｯｼｭﾍﾟｰﾊﾟｰの上に置く

穂木を強めに差し込む

育苗床への設置

- 一つのｾﾙﾄﾚｰの接ぎ木が終了したら、速やかに育苗床に運び、霧吹き。

①角木を等間隔に配置→②濡れ新聞紙を2~3枚敷く→③接ぎ木ﾄﾚｰを置く→④茎葉に霧吹き→⑤遮光率80~90％の被覆資材で遮光

約3cmの角木
新聞紙

10cmすき間を空け、水分の蒸散を多くして、湿度を保つ

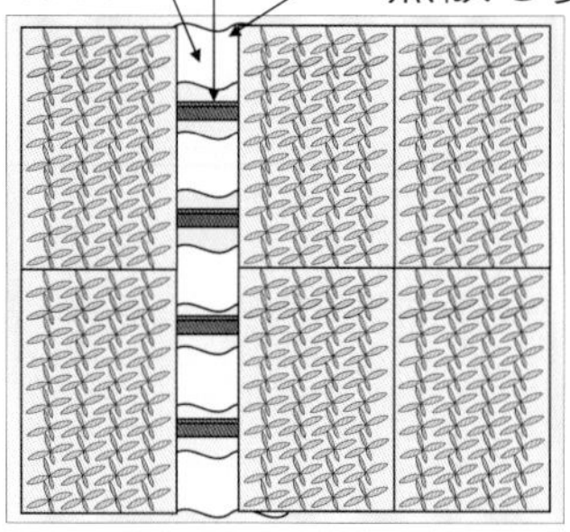

霧吹きは、水滴がしたたり落ちるほど噴霧すると腐りの原因

霧吹き

遮光

接ぎ木後の遮光管理

- 活着まで細やかな管理が必要。特に浴光は朝夕の日射量が弱い時間帯に。

日数	遮光の管理	その他の管理
接ぎ木1日後	終日遮光(遮光率80~90%) 湿度90％以上	トンネル密閉 霧吹き1~2回
2日後	浴光→夜明け~ 6時/17時~日暮れ	トンネル密閉/萎れたら霧吹き
3日後	浴光→夜明け~ 7時/16時~日暮れ	8時頃上部15cm空け10分間換気
4日後	浴光→夜明け~ 8時/16時~日暮れ	上部10cm空け終日換気
5日後	浴光→夜明け~10時/16時~日暮れ	上部20cm空け終日換気
6日後	終日光にあてる	上部50cm空け終日換気
7日~	終日光にあてる	終日全面開放
8日後	鉢へ移植(3葉までに)	

接ぎ木後の温度管理

- 活着には、25~27℃の温度と湿度90％以上が必要。
- 接ぎ木後4日間は、温度変化を少なく、湿度を下げない。
- 活着を早めるため、遮光期間中も短時間は遮光資材を外し、光を入れる。

移植前までの温度管理は育苗①の14㌻を参照

日数		1	5	10
葉数		・2.0葉	・2.5	・3.0
気温	昼	25~27℃	20~25℃	
気温	夜	24~26℃	18~20℃	14~16℃
地温	昼・夜	25~27℃	22~24℃	16~18℃
管理		接ぎ木 遮光 ←→	遮光	鉢移植

接ぎ木部位の活着良否

- は種後25日以内で接ぎ木。早いほど茎が若く活着が良い。
- 穂木と台木の太さが同じ苗を接ぐ。違うと活着が悪い。
- 肥料が効いていると、接ぎ木後の体力があり活着が早い。
- 接ぎ木後5日以上経過しても萎れる苗は、活着が不完全なので破棄。

肥効のある苗は活着が良い

太さが違うと活着が悪い

過湿で気根が発生

接ぎ木部位の活着と生育

- 定植前に草丈が極端に短い苗は、活着が不完全。定植後の生育が悪いので、破棄するか最後に定植。

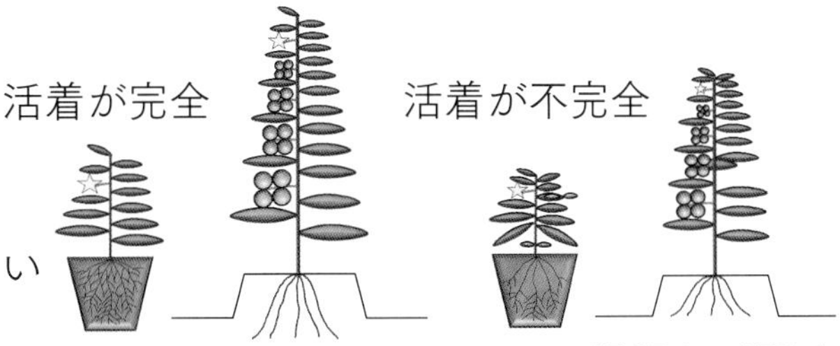

根張りが悪く草勢が低下

活着が完全　草丈が短く萎れやすい 活着が不完全

側枝2本仕立て育苗

- 育苗ｺｽﾄが1/2に抑えられるため、大規模な栽培に適している。
- 基本2・3葉の側枝を伸ばす。側枝が立性で12cmの鉢でも育苗が可能。
  ※1・2葉の側枝は、開帳幅が広く根回りが悪い。
- 移植後の育苗日数が、主枝1本栽培に比べて10~14日長い。ﾁｯｿ肥料を約10％増量。

2・3葉の側枝　1・2葉の側枝

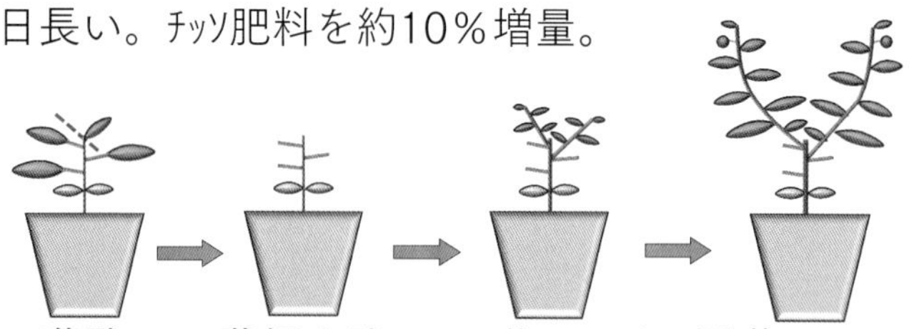

3葉残し摘心　葉柄を残し葉切り　2・3葉のわき芽を伸ばす　開花7~10日前に定植

側枝2本仕立て育苗の手順①

①摘心と葉切りの適期

②作業

③摘心と葉柄を残して葉切り

④摘心と葉切り後

⑤2・3葉のわき芽を伸ばす

⑥側枝が展葉

側枝2本仕立て育苗の手順②

側枝が立性で間隔は普通育苗と同じ

側枝5~6葉で定植

2本仕立ては根張りが良い

3 本畑の準備

土壌改良資材

- 本書ではﾁｯｿ入り肥料以外を、土壌改良資材の名称で記載。
- 堆肥
  土作りに欠かせない。完熟堆肥であっても多量な施用はｴﾁﾚﾝｶﾞｽが発生し、弱小蕾が多くなるので、10aあたり2t以内で施用。未熟な堆肥は、秋のうちに施用。
- 石灰類
  要求量が高く、欠乏すると尻腐れ果が発生。逆に過剰になると、苦土欠乏や軟果が発生。
- リン酸類
  要求量は高くないが、根の伸長などに関与。過剰で鉄欠乏が発生。過剰なほ場は、毎年施用する必要がない。
- 微量要素
  苦土(ﾏｸﾞﾈｼｳﾑ)やﾎｳ素、鉄の要求量が高い。特にﾎｳ素は、花芽分化に関与。欠乏すると芯止まりが多くなる。

発生しやすい要素過剰と欠乏症状

肥料要素		主な症状
過剰	ﾁｯｿ	生育過剰・乱形果・ﾎｳ素欠乏(芯止まり) ｶﾙｼｳﾑ欠乏(尻腐れ果)
	ﾘﾝ酸	鉄欠乏(成長点黄化)
	ｶﾘ	ｶﾙｼｳﾑ欠乏(尻腐れ果)
	ｶﾙｼｳﾑ	ｱﾐ入り軟果・小玉(早期着色)
欠乏	ﾁｯｿ	生育不良・落花・弱小花・小玉
	ｶﾘ	葉先枯れ・着色不良果
	ｶﾙｼｳﾑ	尻腐れ果
	鉄	草勢低下・乱形果
	ﾎｳ素	芯止まり
	苦土(ﾏｸﾞﾈｼｳﾑ)	葉の早期老化

施肥設計

- 冬期間に屋根のﾌｨﾙﾑを除覆した場合は、肥料が流亡。基準の施肥量で良い。
- ﾌｨﾙﾑを除覆しない場合は、肥料が残っている。必ず土壌のECを測定して施肥量を決める。
- 5~6段花房の開花頃が、肥料の要求量が最も高い。追肥だけでは供給できないため、基肥はﾁｯｿ成分で10aあたり、最低12kg以上必要。
- 初期の茎葉の過繁茂を防ぐため、緩効性の肥料を使用。ｽｰﾊﾟｰｴｺﾛﾝｸﾞ(ｼｸﾞﾓｲﾄﾞ型)肥料は、施用50日後頃から肥効が高まるため、基肥として適している。

基肥のﾁｯｿ量のみで肥料不足になる花房段

ﾁｯｿ成分.kg/10a	開花段.段
6	3~4
10	4~5
14	5~6

※ﾛﾝｸﾞ413 100日ﾀｲﾌﾟ(2004年)
桃太郎8の自根で生育を観察。

基肥の施肥例(高畦)/2,000株/10a

- 土壌診断に基づいて施肥量を決める。
- ﾘﾝ酸過剰なほ場は、ﾘﾝ酸資材を施用しない。
- 平畦は基肥のﾁｯｿ量を約10％増量。

肥料名(自根例)	現物 kg	成分.kg		
		ﾁｯｿ	ﾘﾝ酸	ｶﾘ
完熟堆肥	2t			
苦土炭ｶﾙ	140			
苦土重焼燐1号(0-35-0)	40		14.0	
CDU複合燐加安S555(15-15-15)	20	3.0	3.0	3.0
ｽｰﾊﾟｰｴｺﾛﾝｸﾞ(14-11-13)S100	70	9.8	7.7	9.1
小　計		12.8	24.7	12.1

EC値と台木の品種別チッソ減肥率/10a

- 施肥前にECを測定し、ﾁｯｿ肥料を調整 。EC値が0.05以下は基準量を施肥。
- 接ぎ木は台木品種によって初期の草勢が違うため、基肥量を調整。

EC	残存ﾁｯｿ成分.kg	現物.kg		ﾁｯｿ成分.kg
		CDU	ﾛﾝｸﾞ	
0.05	3.3	15	52	9.5
0.1	4.0	10	52	8.8
0.2	5.5	0	52	7.3
0.3	6.9	0	42	5.7
0.4	8.4	0	32	4.5
0.5	9.9	0	21	2.9
0.6~	無肥料			

使用台木	減肥率.%
ｸﾞﾗﾝｼｰﾙﾄﾞ	0
Bﾊﾞﾘｱ・ﾊﾞｯｸｱﾀｯｸ	5~10
ｷﾝｸﾞﾊﾞﾘｱ・ｱｼｽﾄ	10~15
ｸﾞﾘｰﾝﾎｰｽ	15~20

ECからの硝酸態ﾁｯｿ算出量（洪積埴壌土）
夏秋ﾄﾏﾄの数式　Y=(29.3×Z＋5.1)÷2
Y＝土壌中の硝酸態ﾁｯｿ　Z＝EC値
千葉県農業総合研究ｾﾝﾀｰの数式を参考に独自に試算。

畦の高さと基肥量の考え方

- 高畦は通路の土を畦に盛ることから、肥料の濃度は高くなる。
- 平畦は盛らないため、畦と通路は肥料の濃度が同じ。高畦に比べてﾁｯｿ肥料を約10％増量。

高畦　　　　平畦

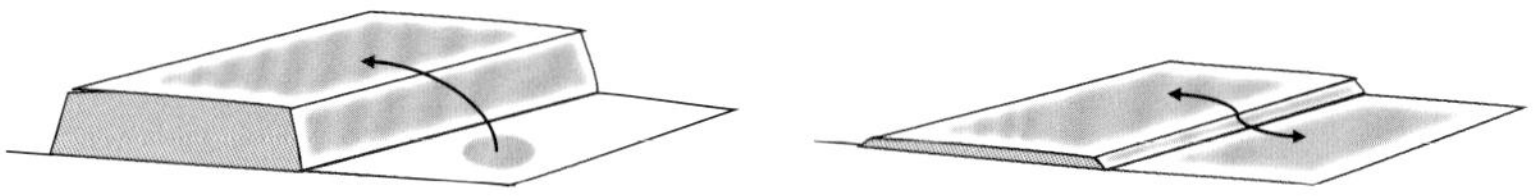

通路の肥料も畦に集中　　　　畦と通路は同量の肥料

肥料名	特　性
CDU複合燐加安S555	低温でも初期から肥効が安定、活着や生育の揃いが良い
ｽｰﾊﾟｰｴｺﾛﾝｸﾞ S100	初期の肥効は遅いが、生育ｽﾃｰｼﾞに応じた肥効が得られる

つる下げ誘引のほ場設計/10aと作型

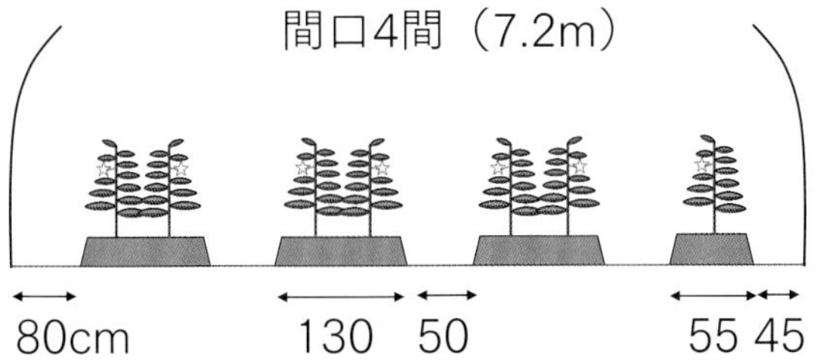

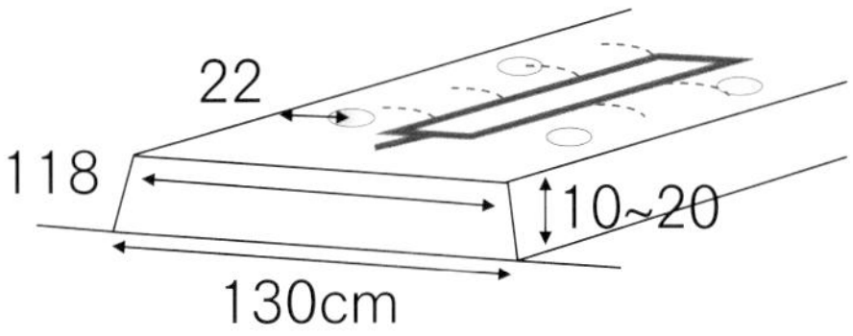

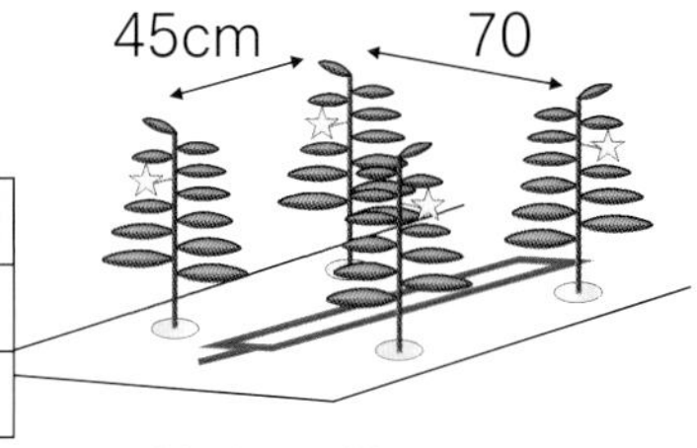

定植月/旬	株間.cm	条間.cm	条数×畦数	実株数.株
4/下~5/中	45	70	2×3 1×1	1,995
5/下~6/上	40			2,247

※実株数：間口4間の100坪ﾊｳｽで両ﾂﾏから1.5m/合計3mを除いた株数×3棟。

ハウスの土壌水分

- 土壌水分が根張りや初期の草勢に影響。
- 冬季間ﾌｨﾙﾑを除覆しない場合は、土壌が乾燥しているので、耕起前に散水。手で軽く握って崩れない程度で耕起。
- 土壌水分が多いと浅根。1段花房が大玉で、5段花房以降の草勢が弱くなる。

ﾁｭｰﾌﾞでの散水

ﾎｰｽでの散水

湿りは深さ約10cmまで

畦の作り方

- 平畦は高畦に比べて通路の根量が多くなるため、通路にもかん水ﾁｭｰﾌﾞを敷く。
- 畦の高さは地下水の高低によって調整。

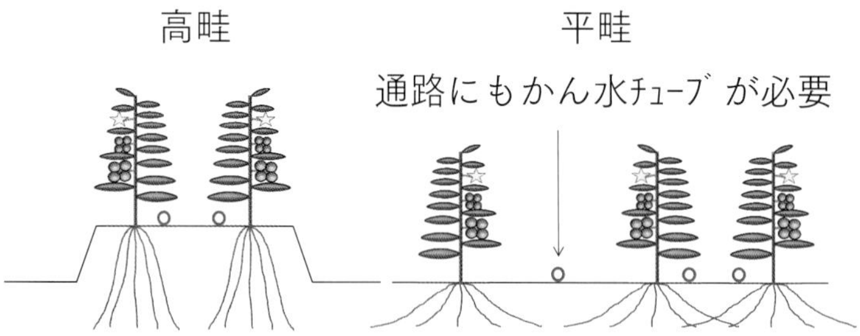

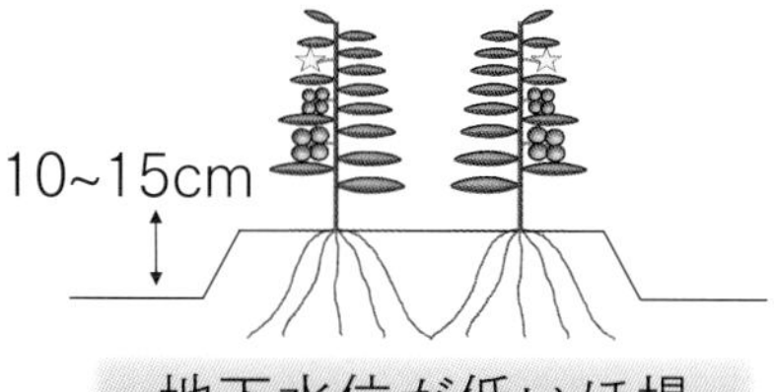

地下水位が低いほ場

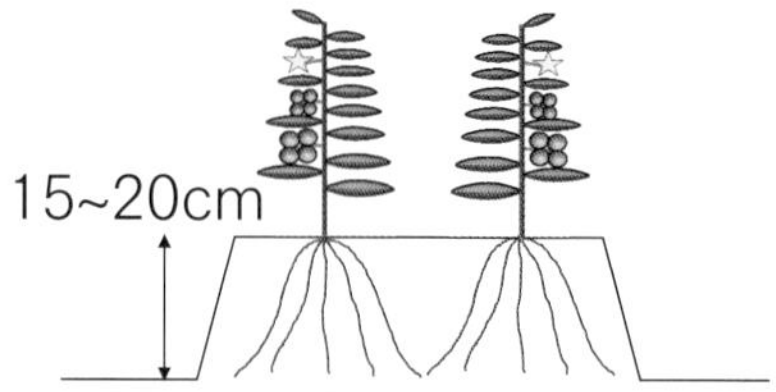

地下水位が高いほ場

溝施肥の効果

- 溝を掘って施肥すると、畦の中央に根が集まる。
- かん水や追肥の効果が高く、生育後半まで草勢が衰えにくい。

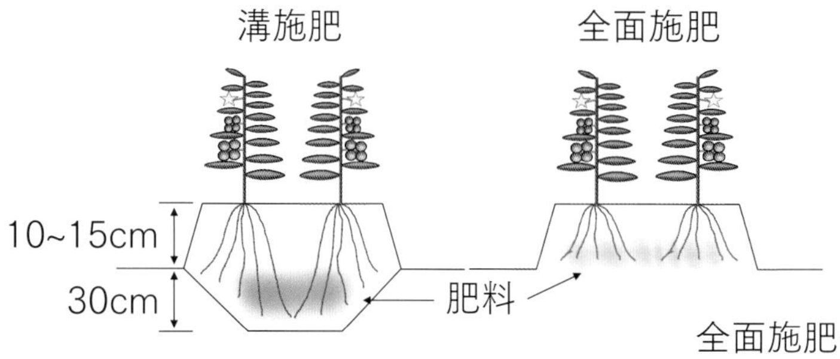

溝施肥→

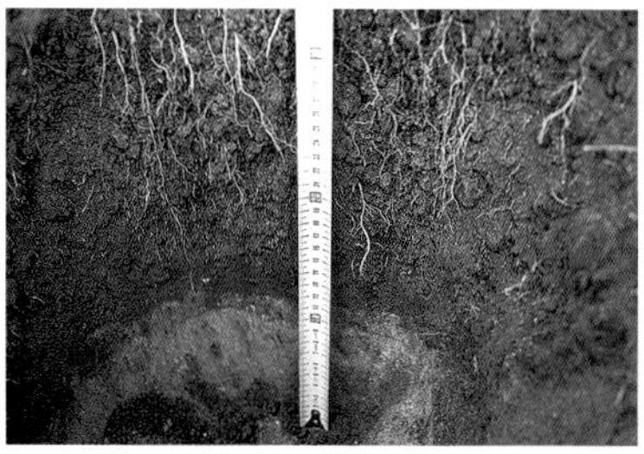

根の伸長/深さ50cm

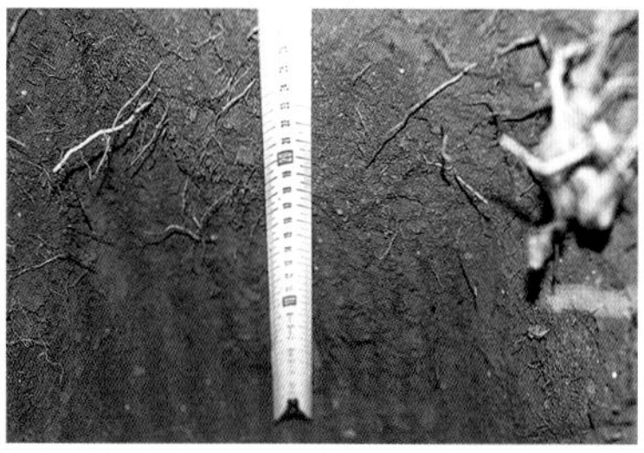

全面施肥→

溝施肥の方法

①溝切り2回

②基肥散布

③埋め戻し

④畦立て

⑤畦成形

⑥ﾁｭｰﾌﾞ設置

かん水チューブの種類と配置

- 離れすぎると初期のかん水効果が低く、生育が不揃い。

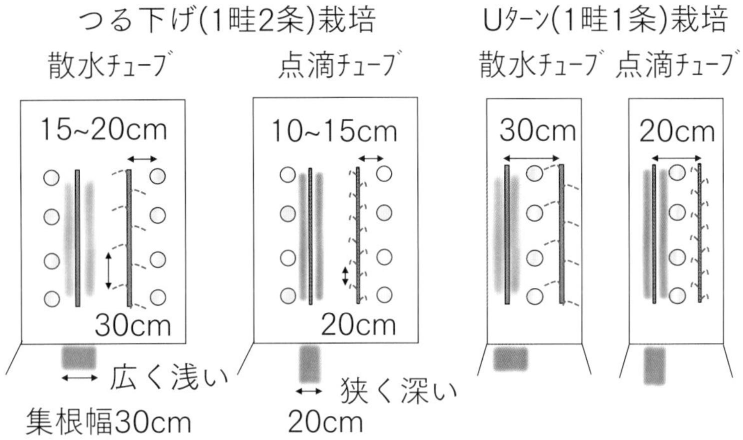

↑散水チューブ　↓点滴チューブ

畦マルチの種類

- マルチの種類は、定植の時期や畦の高さで決める。
- 平畦は地温の上昇が遅いため、早い定植はグリーンマルチ。
  ※雑草抑制のため、厚さ0.03mmを使用。
- 遅い作型は、地温が上昇しやすいので白黒マルチ。
- グリーンマルチや黒マルチの場合、定植後30日頃に地温上昇防止のため、通路や畦の肩まで白黒マルチ。

月/旬 種類	4	5			6		
	下	上	中	下	上	中	下
グリーンマルチ	●	●					
黒マルチ		●	●	●	●		
白黒マルチ					●	●	●

遅い作型は白黒マルチ

マルチの方法

- 定植7~10日前にマルチ、地温15℃以上確保(深さ10cm)。
- 水分が多い場合、畦作り後1~2日間放置後にマルチ。
- 畦が乾いている場合は、マルチ前にかん水チューブで1株あたり約1リットルかん水。
- 全面マルチは通路に根の伸張が多く、追肥の効果が悪い。

畝立て整形マルチャー

通路はマルチしない

全面マルチは追肥の効果が悪い

乾燥時はかん水後にマルチ

全面マルチの問題

- 全面ﾏﾙﾁは、日中に暖められた地熱が夜間に放出できず、ﾊｳｽ内の温度が低下。
- 植え穴の周囲に盛り土をしてﾏﾙﾁを押さえないと、熱風が吹き出て活着が悪い。

通路無ﾏﾙﾁ　　全面ﾏﾙﾁ

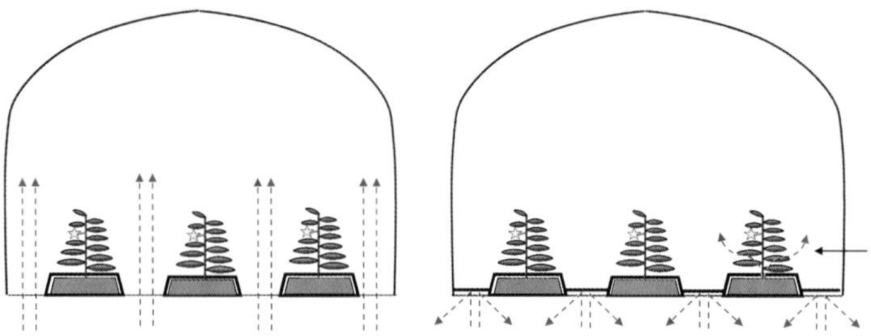

植え穴からの熱風で活着が悪い

通路からの放熱で夜間にﾊｳｽ内が保温

通路から熱が逃げず夜間にﾊｳｽ内の温度が低下

通路マルチと根張りの関係

定植約30日後に畦の肩まで白黒ﾏﾙﾁ

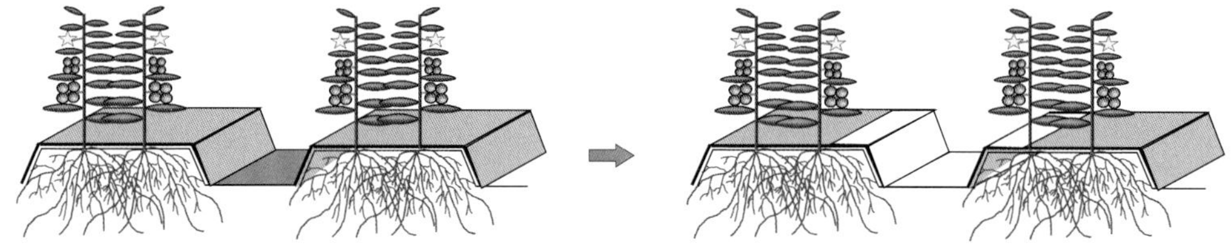

通路を乾燥させて根を張らせない　→　畦内の根量が多い

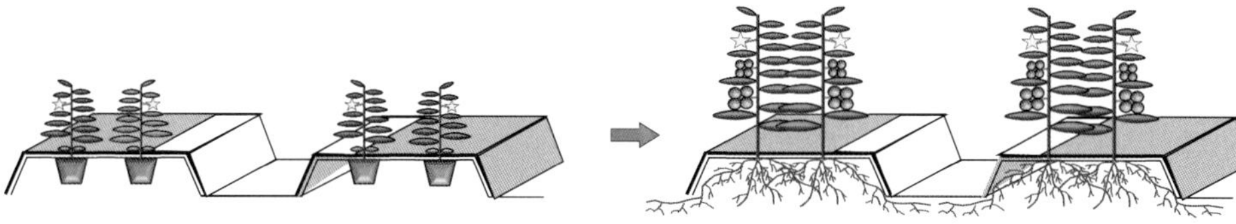

早くから通路にﾏﾙﾁすると通路に根が張るため、畦内の根量が少ない

つる下げ誘引の線張り

- 誘引線は、畦面から高さ160~170cmの位置に張る。
- 番線方式は、ﾊｳｽのﾂﾏに補強ﾊﾟｲﾌﾟを入れ、屋根のﾊﾟｲﾌﾟから吊す。
- 直管ﾊﾟｲﾌﾟ方式は、ﾊｳｽに負担が少ないため、ﾂﾏの補強ﾊﾟｲﾌﾟは不要。

↑19mmﾊﾟｲﾌﾟを利用↓

番線を利用

ﾂﾏの補強が必要

ﾂﾏの補強ﾊﾟｲﾌﾟは不要

4 定植と定植後の管理

定植(1本仕立て栽培)

- 早めにマルチを行い、深さ10cmの地温15℃以上を確保。
- 定植前日にかん水。肥料不足は追肥を兼ねて行う。
- 花房を通路側に向け、鉢の回りを両手で押して土と根鉢を密着させる。
- 掘った土は周囲に置き、1株0.2~0.5リットルかん水。

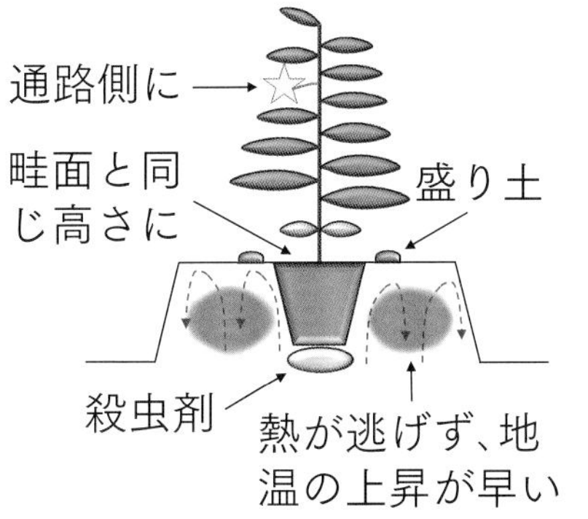

鉢直径	定植時期	地 温
12cm	開花3~5日前	深さ10cm15℃以上確保

定植(2本仕立て栽培)

- 定植の適期は開花7~10日前。※根回りが少ないので、根鉢が崩れるようであれば、定植3時間前にかん水。
- 定植の方法は、1本仕立てと同じ。

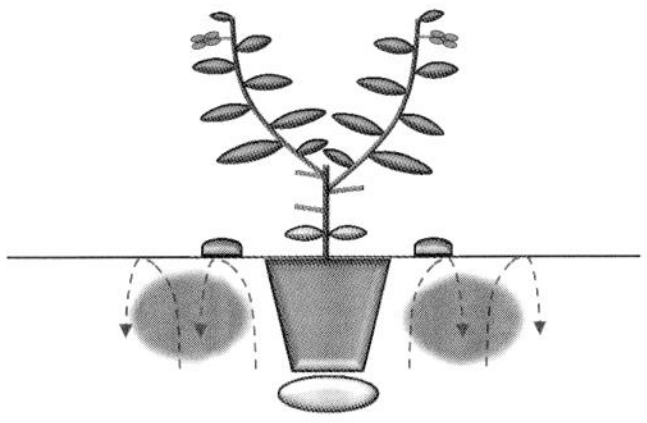

鉢直径	定植時期	地 温
12cm	開花7~10日前	深さ10cm15℃以上確保

定植適期の苗

中央に定植/並列植え

並列植えと中央植え(2本仕立て栽培)

- 畦に対して並列に定植する「並列植え」と、中央に一列定植する「中央植え」がある。
- 並列植えは、支柱誘引に適している。支柱と支柱の間に定植。
- 中央植えは、ひも誘引のつる下げ栽培に適している。つる下げを考慮し、畦の向きに対して斜めに定植。

並列植え

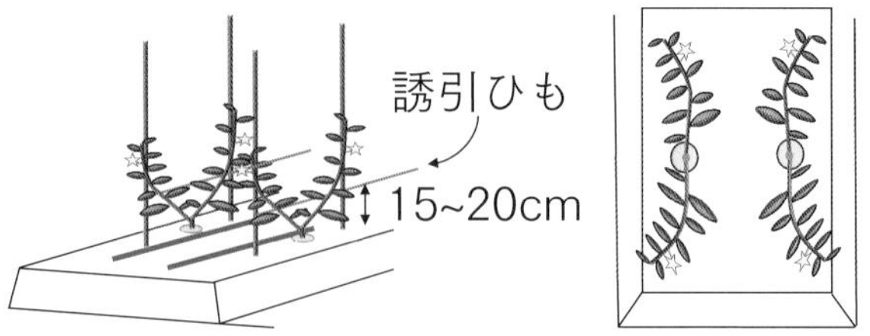

中央植え

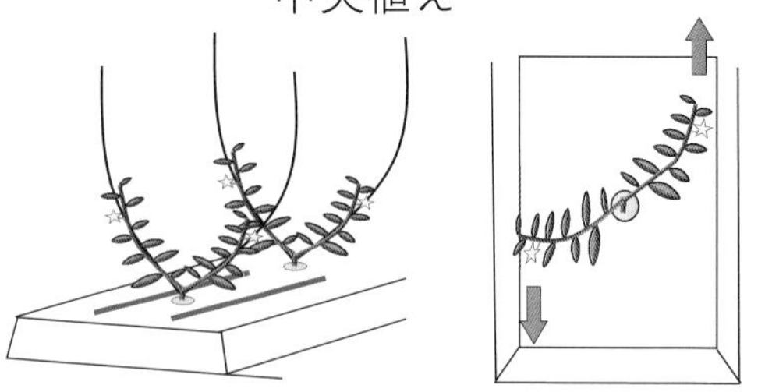

つる下げの方向

2本仕立て栽培の茎割れ対策

- ひも誘引は、茎葉を振り分けると、外側に引っ張られ、基部の主茎が割れやすい。つる下げの作業は慎重に。
- 子葉から発生させたわき芽より、本葉から発生させたわき芽のほうが割れにくい。
- 割れの軽微な株は、接ぎ木用のﾃｰﾌﾟで修復。

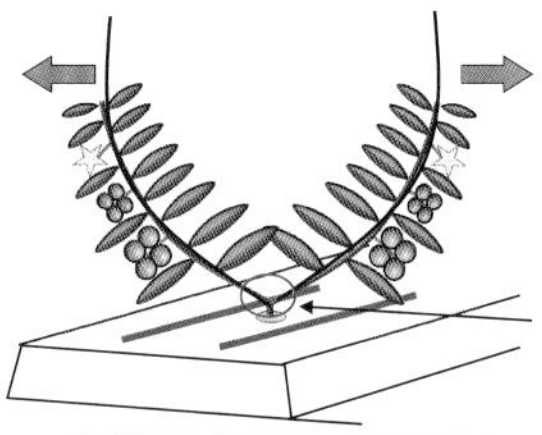

ひも誘引2本仕立て栽培

茎割れ

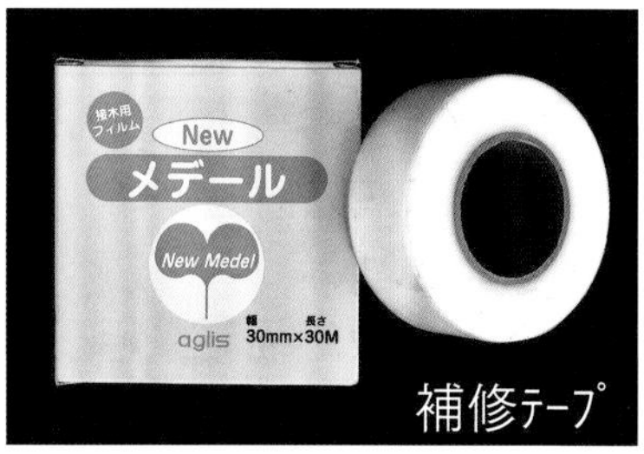

定植は深植えしない

- 畦面と同じ高さに植える。
- 接ぎ木は、深植えすると自根が発生、台木の効果がない。
- 穴掘り後、定植に時間を要する場合、ﾎﾟｯﾄごと植え穴に入れておき、後で定植。

↑ﾎﾟｯﾄごと入れておく↓

畦面と同じ高さに植える

接ぎ木/穂木から発根

植え穴周囲には盛り土

- 定植後は周囲に盛り土をする。株元手かん水でも水が周囲に漏れにくい。
- 盛り土しない場合は、熱が逃げ地温が上がらない。植え穴からの熱風や乾燥によって活着が悪い。

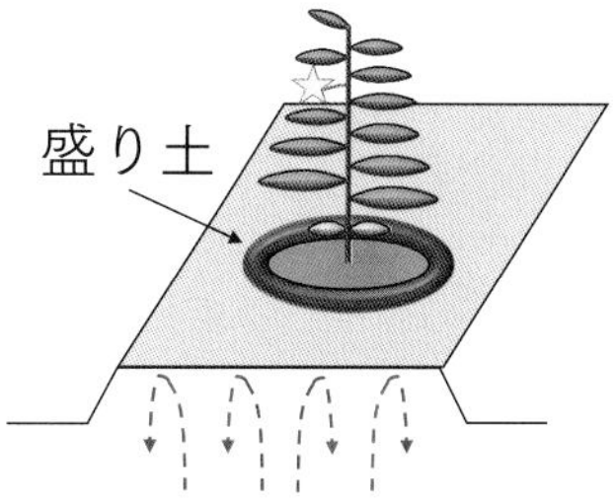

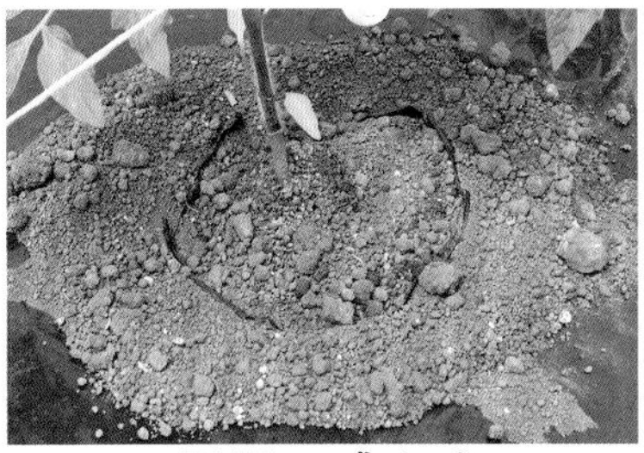
周囲に盛り土

熱風による下葉の萎れ

全面ﾏﾙﾁは特に活着が悪い

葉露の確認

- 活着の遅れは開花や生育が不揃いになり、その後のかん水や追肥の判断が難しい。
- ２段花房の開花まで葉露が付かない株は、手かん水で生育を揃える。

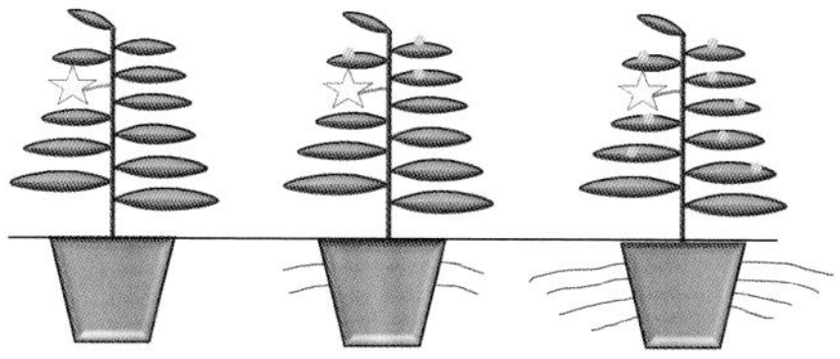

葉露の付着がない

適正に付着

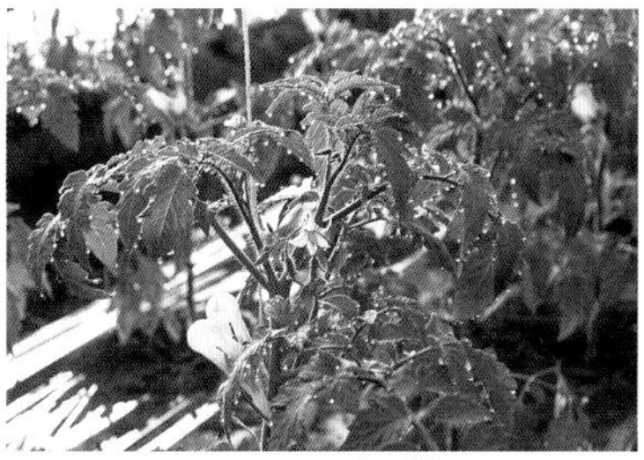
過剰に付着

手かん水の方法

- 株元手かん水は、葉露が付かない株にﾋﾟﾝﾎﾟｲﾝﾄで。
- 回数が多いと土や肥料が流亡、活着が遅れる。
- 株間手かん水は、土中に水分が行き渡り活着が早い。

株元かん水	1株0.4~0.7ﾘｯﾄﾙ
株間かん水	2株1.0~1.5ﾘｯﾄﾙ

かん水用ﾊﾟｲﾌﾟ(自作)

株間かん水

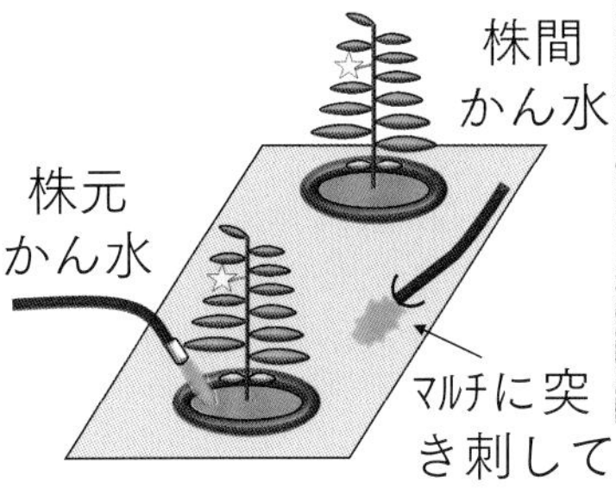

株元かん水

回数が多いと根が露出

活着不良時の培土散布

- 手かん水の回数が多いと、株元が洗われて根が露出したり、根鉢周辺にすき間ができやすい。
- 活着が遅れるので、株元に育苗培土を散布、根や根鉢周辺のすき間を埋める。

育苗培土	1株散布量	方 法
ﾀｷｲたねまき培土	150~200cc	散布後培土が流れないようｼｬﾜｰかん水

株元かん水で根が露出

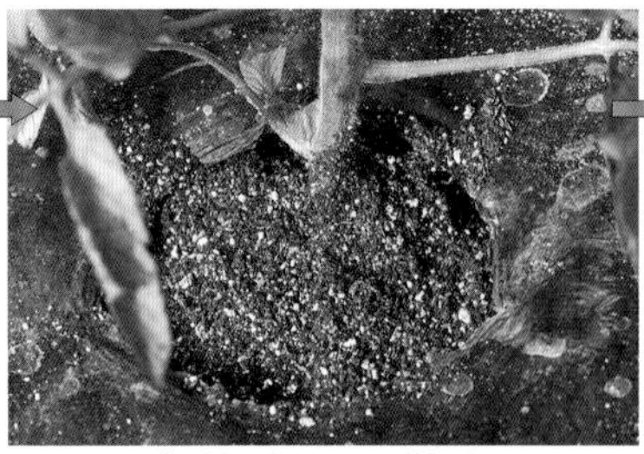
育苗培土を散布

ｼｬﾜｰかん水で均す

活着遅れ対策

- 活着遅れは1~4段花房に影響。活着が遅れた株は着果すると、草勢の回復が遅れるので、追肥を兼ねて手かん水。

活着不良による影響

生育状況	発生状況	発生する障害	発生花房段
開花中	受精不良	落花	1段
蕾	花粉形成が不良	落花・菊型空洞果	2段
花芽分化	花芽分化が停滞	花数の減少・弱小花	3~4段

かん水のみでよい

葉色が淡い株はかん水と追肥が必要

定植苗の発根

- 定植適期に達する前でも、根回りが多い場合は、速やかに定植。
- 遅くなるほど、定植後の発根が遅れて活着が悪い。
- 老化した苗は偏って発根するため、生育が不揃い。

老化苗

適正な根回り

全体から発根

発根が偏る

定植直後の誘引方法(つる下げ誘引の場合)

- 定植時は、ひもをずらして張り、最初から斜めに誘引すると後で下げやすい。
- 黒ボクなど、軽い土壌は後で斜めにすると、浮き根(断根)が発生しやすい。

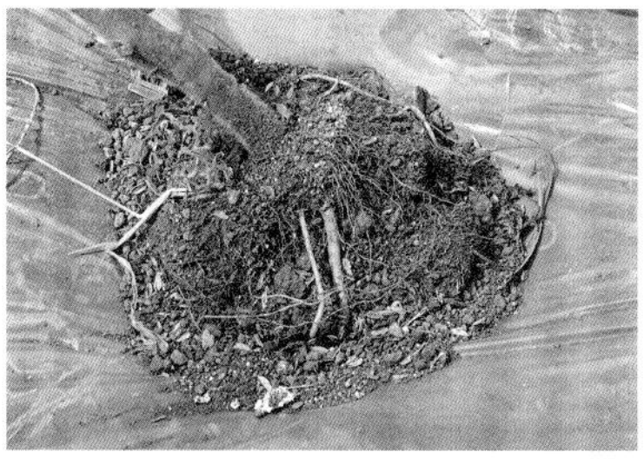

浮き根(断根)

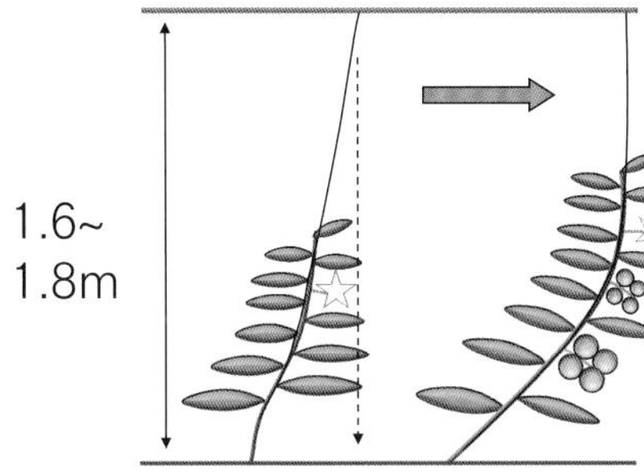

株間からひもを張る

最初は下げやすいように斜めに誘引

霜害防止の加温方法

- 霜害防止の熱量で良いが、気温によって熱量が変わるので、余裕を持って設置。

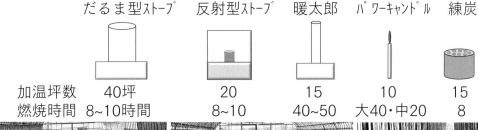

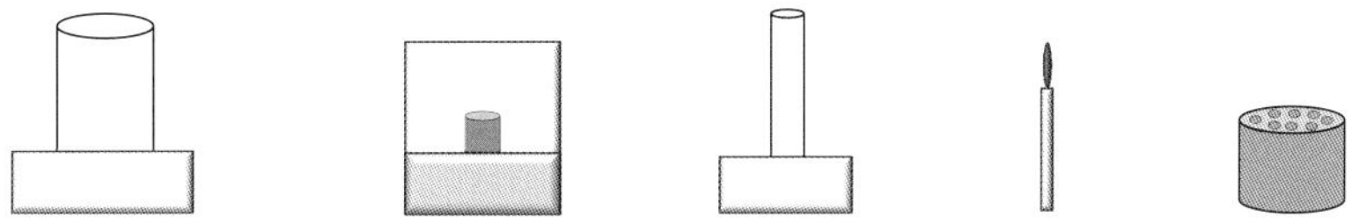

	だるま型ｽﾄｰﾌﾞ	反射型ｽﾄｰﾌﾞ	暖太郎	ﾊﾟﾜｰｷｬﾝﾄﾞﾙ	練炭
加温坪数	40坪	20	15	10	15
燃焼時間	8~10時間	8~10	40~50	大40・中20	8

わき芽取り

- 着果や草勢に影響があるので早めに取る。切り口が乾きやすい晴天日に。

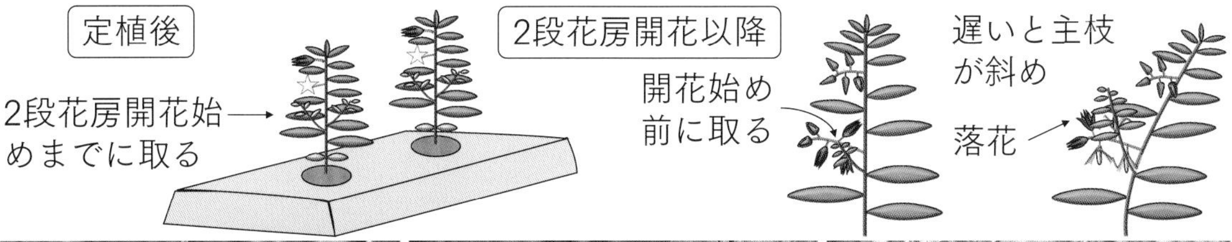

わき芽取りの限界

遅いと主枝が斜めに

草勢が弱くなって落花

5段花房以降のわき芽と花芽分化

- 5段花房の開花以降、花房直下のわき芽は、他のわき芽より伸長が早い。
- 草勢や花芽分化に影響を及ぼすため、できるだけ早く取る。

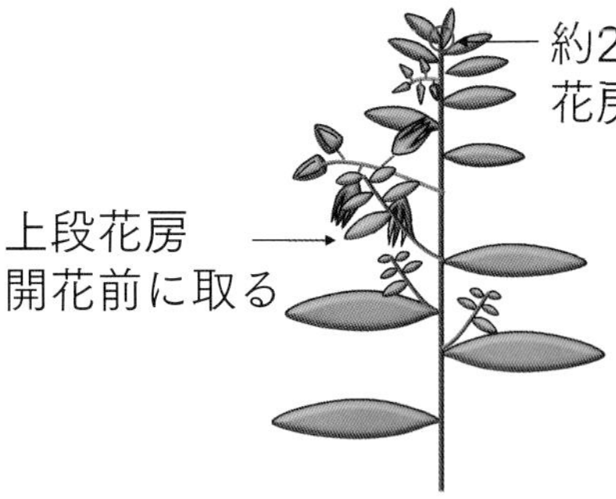

5段花房以降は、わき芽の伸長が早い

摘果と成り果数

- 1段花房は草勢を考慮して、摘果時期は着果節位で変える。2段花房以降、開花始めを目安に、その2段花房下を一斉に摘果。

段数／着果節位	1段花房		2段花房		3段花房以降(草勢確認)	
	着果数	摘果時期	着果数	摘果時期	着果数	摘果時期
7･8葉上	3	3段開花直前	3	4段開花始めに	弱い株/3果 適正~ 強い株/4果	摘果する花房の2段上が開花始めに
5･6葉上	2	2段開花始め	3			
9･10葉上	4	3段開花最盛期	3~4			

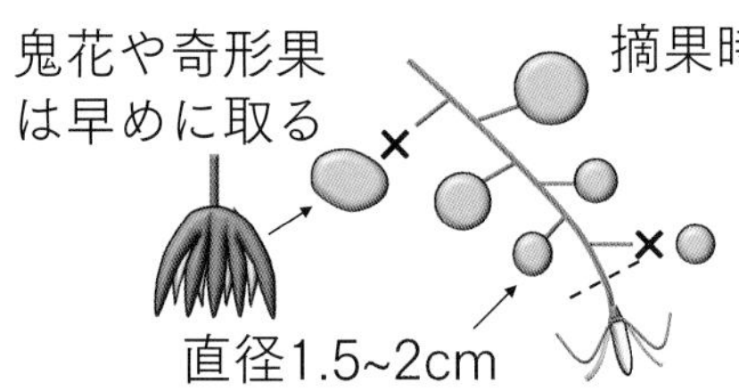

通路マルチの方法

- 定植後30日前までは、通路に根を張らせないため無ﾏﾙﾁ。
- 定植後30日以降、地温上昇防止のため、畦の肩まで白黒ﾏﾙﾁ。
- 前年に葉かび病やすすかび病が多発したほ場は、土壌から菌の飛散を防ぐため、早めにﾏﾙﾁ。

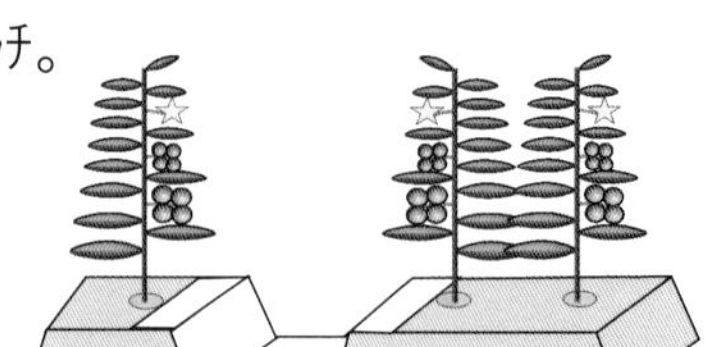

定植後30日前までは無ﾏﾙﾁ

定植後30日以降、畦の肩まで白黒ﾏﾙﾁ

温度管理のポイント

- 成長点から上を換気。
- 8月中旬まで花芽分化を重点に管理。最低気温14℃以上で、積極的に換気。
- 9月中旬以降は、果実の肥大を重点に管理。16℃以上で保温。※14℃以下で裂果が多い。
- 雨天時は、ｻｲﾄﾞ換気を行い徒長を防ぐ。

成長点から上を換気

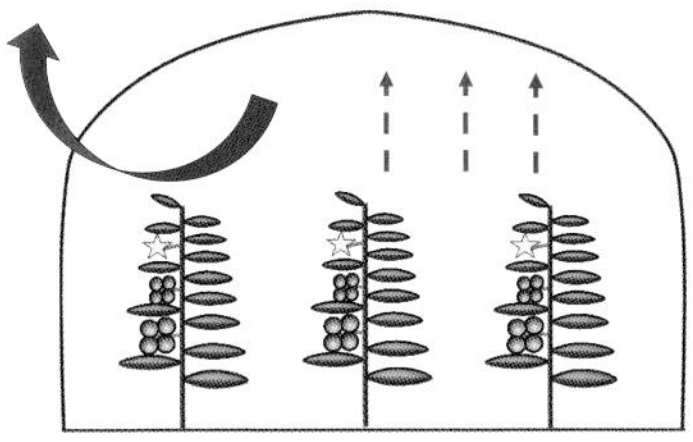

月	5			6			7			8			9			10
旬	上	中	下	上	中	下	上	中	下	上	中	下	上	中	下	上~
温度	14↔22℃					外気温								16↔25℃		
管理	花芽分化を重点												果実肥大を重点			

常に成長点付近を測定

トマトトーンとジベレリン処理(5月上旬定植)

花房段	倍数	備考
1段	80~ 90	・効果→開花2日前~3日後 ・噴霧量は1花房1.0~1.5cc ・草勢が強い→10~20倍濃く ・草勢が弱い→10倍薄く ・ｼﾞﾍﾞﾚﾘﾝ 空洞果防止→5~7ppm
2段	90~100	
3段	100~110	
4~6段	110~120＋ｼﾞﾍﾞﾚﾘﾝ5~7ppm	
7段~8月下旬	130~150＋ｼﾞﾍﾞﾚﾘﾝ5~7ppm	
9月上旬以降	110~120	

ﾄﾏﾄﾄｰﾝ1本/20ccの倍数別の水量

倍数	80	90	100	110	120	130	140	150
水量.ﾘｯﾄﾙ	1.6	1.8	2.0	2.2	2.4	2.6	2.8	3.0

ｼﾞﾍﾞﾚﾘﾝの薬量/協和液剤(成分200mg)

水量.ﾘｯﾄﾙ	0.5	1.0	1.5
7ppm.cc	0.7	1.4	2.1
5ppm.cc	0.5	1.0	1.5

処理のタイミング

- 効果は開花2日前~3日後の5日間。
  ※気温が高いとさらに短い。
- 処理時間帯は、朝日が昇ってから沈む4時間前まで。
  ※処理後2時間以内の気温が25℃以下の時間帯に。
- 2花開花前の早い処理は、3花以降の着果が悪い。

適期処理のﾀｲﾐﾝｸﾞ

1~4段花房　5段花房以降　開花始め

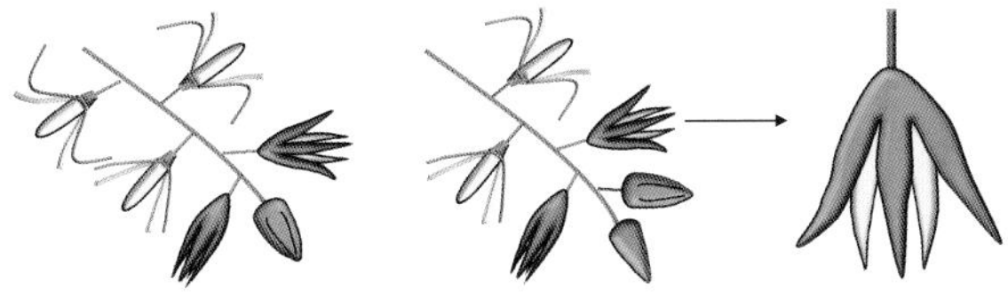

4番花開花始め　3~4番花開花始め　3分咲き

1~4段花房

5段花房以降

噴霧方法

- 加圧式の噴霧器は、噴霧角度が広く霧が粗いため、花を集めて噴霧。
- 蓄圧式の噴霧器は、噴霧角度が狭く霧が細かいため、花を集めないで花房全体に噴霧。
- 処理後4時間以内の薬剤散布は、洗い流されて効果が劣る。

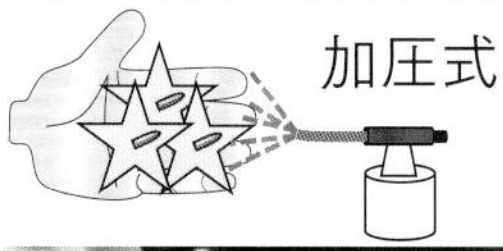

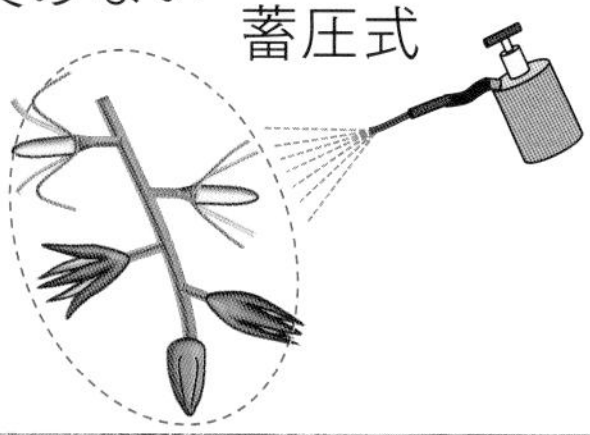

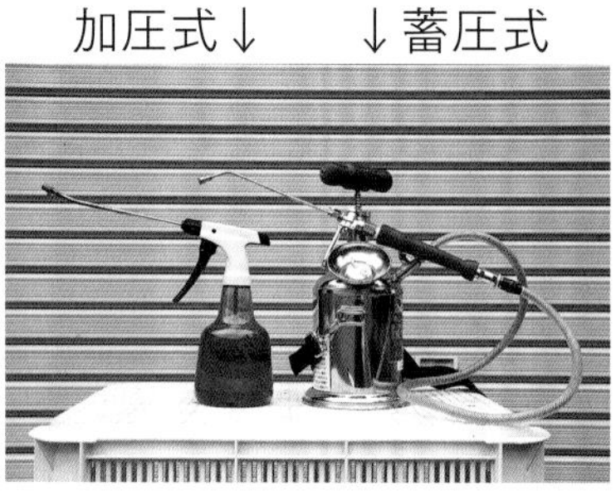

処理作業が早い噴霧方法を

- 果梗や離層、ｶﾞｸ片に噴霧する方法は、花を集めないで処理するため、作業が早い。
- 噴霧角度が狭い蓄圧式の噴霧器を使用。
- 付着ﾑﾗがないよう丁寧に噴霧。
- 処理済みの目印として食紅を加用。

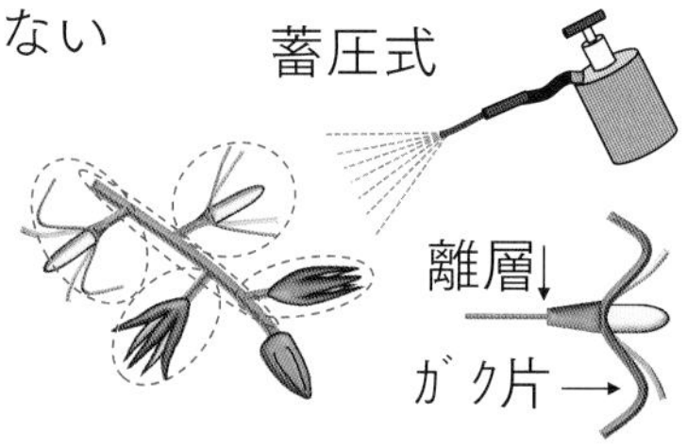

果梗や離層、ｶﾞｸ片に噴霧

成長点付近への飛散防止の工夫

- ﾄﾏﾄﾄｰﾝが成長点に飛散すると、糸葉が発生。草勢の低下や花芽分化が弱くなる。
- 特に高所処理の場合は、上向きの噴霧になるので注意。

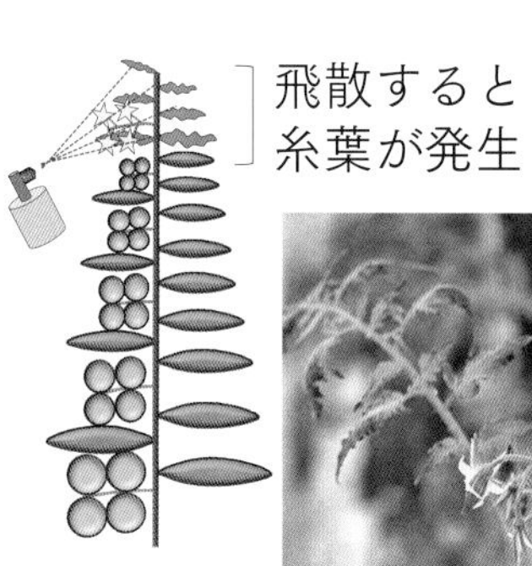

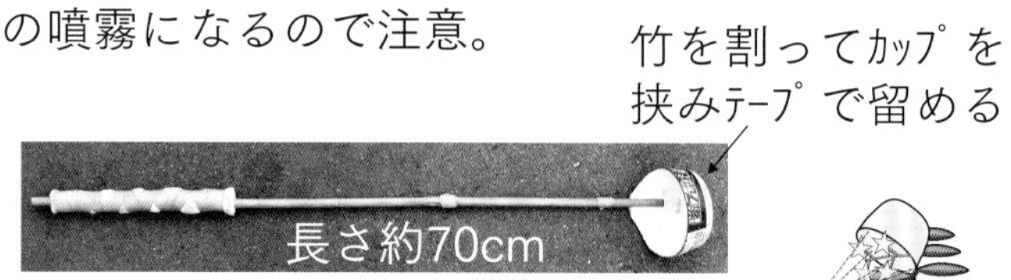

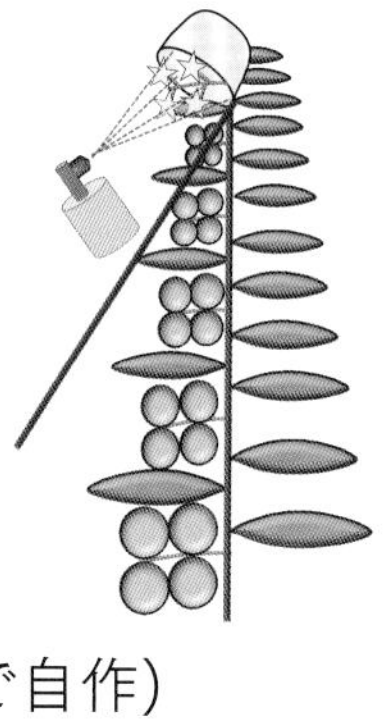

糸葉　　飛散防止の用具(ﾐﾆｶｯﾌﾟ麺の容器で自作)

低濃度多量噴霧で

- 低濃度の多量噴霧で、花房全体に均一に付着させる。
- 高濃度の少量噴霧は、肥大が不揃いに。
- 適期より早い処理は、1番果の肥大が早く、他は着果が悪い。

高濃度の少量噴霧/不揃い

低濃度の多量噴霧/揃いが良い

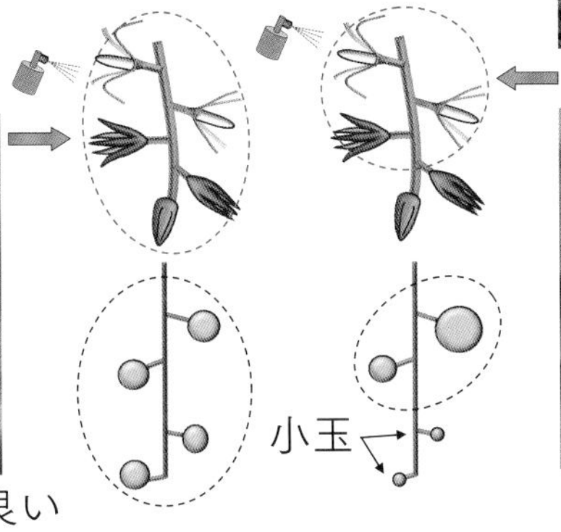

早い処理/着果が悪い

食紅の加用

- ﾄﾏﾄﾄｰﾝに食紅を加用すると確認が容易なため、作業時間が約28％短縮。※蓄圧式の噴霧器は噴口の穴が小さく、食紅の添加物で詰まりやすい。

市販の食紅と主な添加物

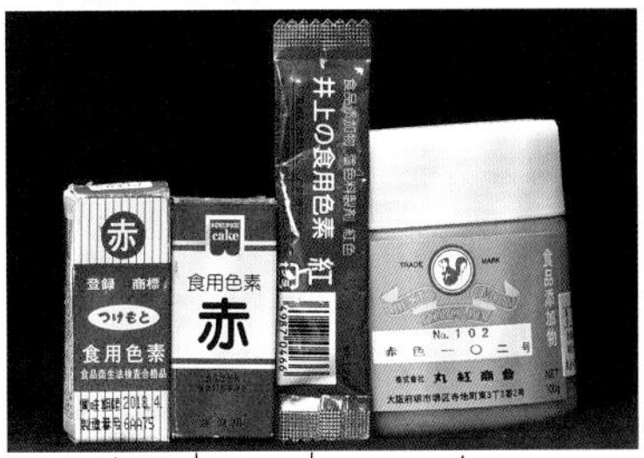

ﾄﾏﾄﾄｰﾝ処理の時間/加圧式ｽﾌﾟﾚｰ/10a1,980株

食紅有無	食紅なし	食紅あり	噴霧方法
処理時間	約60分	約43分	花を集めて

食紅の添加物と噴霧器の適合性

主な添加物	特　性	蓄圧式噴霧器	加圧式噴霧器
ﾃﾞｷｽﾄﾘﾝ	一部はつぶ状になり、溶かすのに時間を要する	△	○
ｺｰﾝｽﾀｰﾁ	溶けやすいが糊状の沈殿物が多い	×	○
塩化ﾅﾄﾘｳﾑ	すぐに溶け、沈殿物がない	○	○

ブロワー交配

- 1段花房は、ﾄﾏﾄﾄｰﾝで処理。2段以降は、花粉が出る気温12~20℃の午前中に。※午後は柱頭が乾いて着果が悪い。8月中旬以降は、ﾄﾏﾄﾄｰﾝに切り換える。
- 花が弱く揺れる程度の弱風。送風口から1~1.5m離し、1歩1秒の速度で処理。

月/旬	5/下~6/中	6/下~8/上
時間	8~11時	7~10時
間隔	2~3日おき	1~2日おき

花房段	処理方法
2~3段	開花花房をめがけて
4段以降	開花花房中心にﾀﾞｸﾄを上下に振る

2~3段は花房めがけて

4段以降はﾀﾞｸﾄを上下に振る

ブロワーとトマトトーン処理の着果率

- ﾌﾞﾛﾜｰ処理は、ﾄﾏﾄﾄｰﾝに比べ、果実の初期肥大が緩やかなため、着果率が高い。
- 弱小花やｶﾞｸ枯れが多い場合は、着果が悪いので、ﾄﾏﾄﾄｰﾝ処理に切り換える。
- ﾌﾞﾛﾜｰとﾄﾏﾄﾄｰﾝの併用処理は、ﾄﾏﾄﾄｰﾝが優先着果。着果率は向上しない。

ﾌﾞﾛﾜｰとﾄﾏﾄﾄｰﾝ処理の着果率(2005年)

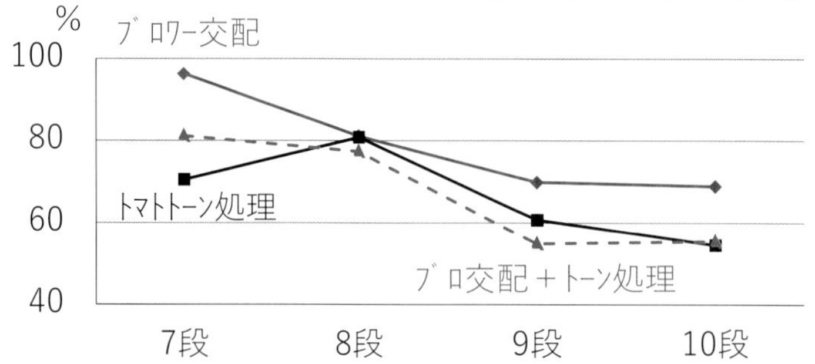

※20株調査
品種/桃太郎8

摘葉方法

- 摘葉は1段花房の着色始めに、花房下すべて摘葉。
- その後は1~2段花房が収穫終了するごとに、花房の下を2葉残して摘葉。
- 手折りは細胞と細胞が離れ、乾きが早い。※早朝に行うと折れやすい。
- ﾊｻﾐで根元から切ると、切り口が大きく乾きにくい。※灰色かび病が発生。

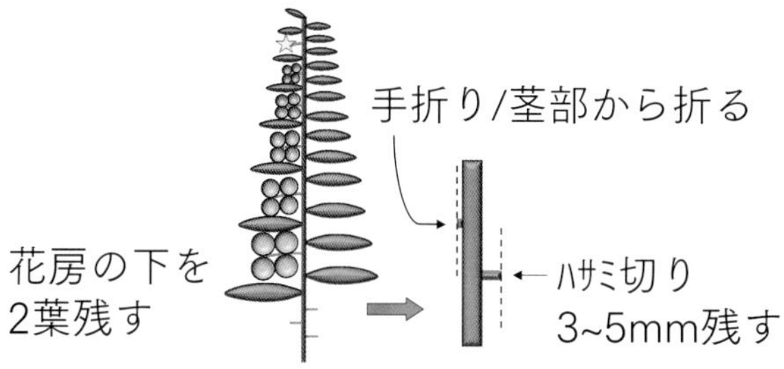

摘葉した葉は乾いたら片づける

8月の摘葉

- 地温の上昇防止と吸水促進のため、葉を多く残す。
- 摘葉する場合は、遮光して地温の上昇を防ぐ。

下葉で畦が日陰

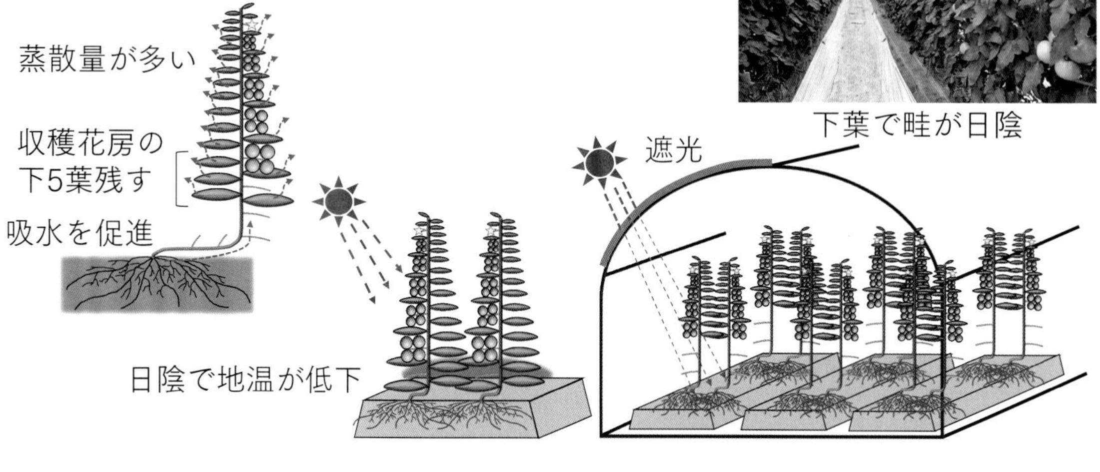

9月以降の摘葉

- 夜間ﾊｳｽを閉め切る時期までに、下葉を最低60cm以上摘葉。
- 地温上昇によるﾊｳｽ内の対流を促し、湿度を下げる。
- 灰色かび病(ｺﾞｰｽﾄｽﾎﾟｯﾄ含む)の発生低減に効果あり。

摘葉

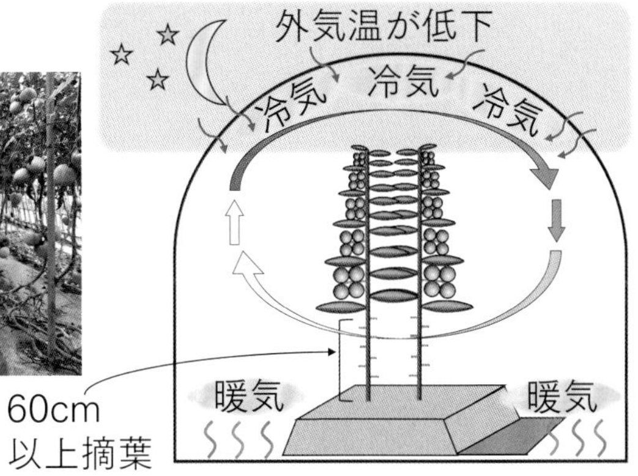

灰色かび病

ｺﾞｰｽﾄｽﾎﾟｯﾄ

摘心の方法

- 最終収穫50~60日前を目安に、1~2花開花している花房が、約50%に達したら上の2葉残し、一斉に摘心。
- 花房上1葉目のわき芽は取って、2葉目から発生したわき芽を放任。混んだら適宜途中から切る。
- 最終のﾄﾏﾄﾄｰﾝ処理後、尻腐れ果の発生を防ぐため、ｶﾙｼｳﾑ剤を3~4日おきに2回散布。

開花月日	9月5日	9月10日
収穫月日	10月下旬~11月上旬	11月上旬~中旬

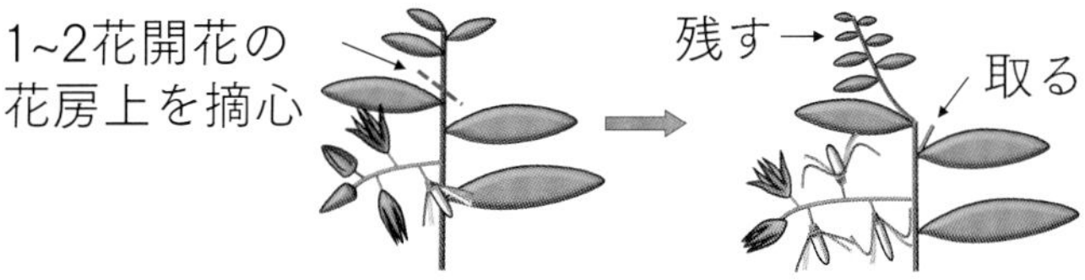

2葉残して摘心

上葉のわき芽を残す

エスレル10(着色促進剤)の処理方法①

- 晴れが2~3日続く日を選び、果実の温度が低い午前中に散布。
  ※果実から滴るほどの量や2回散布は、軟果が発生。
- 特に全摘葉後の処理は、多量散布や濃度が濃いと軟果が多くなるので注意。
- 着果後約30日以内の果実やﾁｯｿ過剰は、効果が劣るので、2回に分けて処理。

回	散布月日	収穫最盛期	倍数	散布方法	備　考
1	9月25日	10月10日	400	下段2花房中心	散布後2~3日は日中の気温25~29℃で管理
2	10月　1日	10月20日	300~400	1回目以外	

散布後の温度管理

日	1	2	3	4~12	13	14	15
作業	散布	―――――→			収穫		
	25~29℃			通常温度で管理			

2回に分けて処理

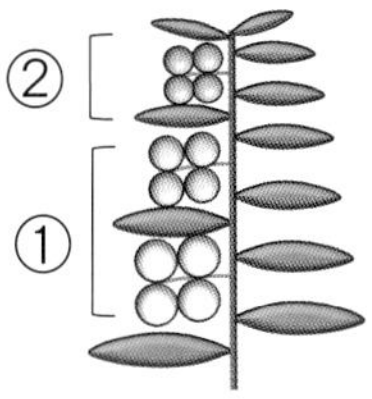

エスレル10の処理方法②

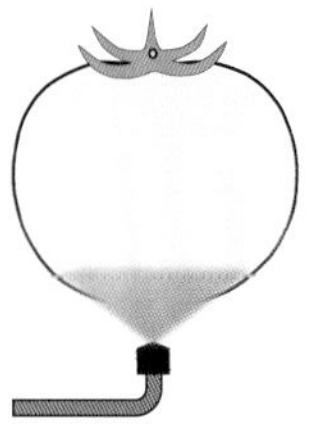

尻部中心に散布

尻部目がけて散布

一斉に着色

○果実全体に付着

×薬液が滴る量は軟果が多い

×散布ﾑﾗは着色が不均一

エスレル10の処理に使用する噴口

- 細霧で噴霧角度が狭く、果実へ均一に付着する噴口を選ぶ。

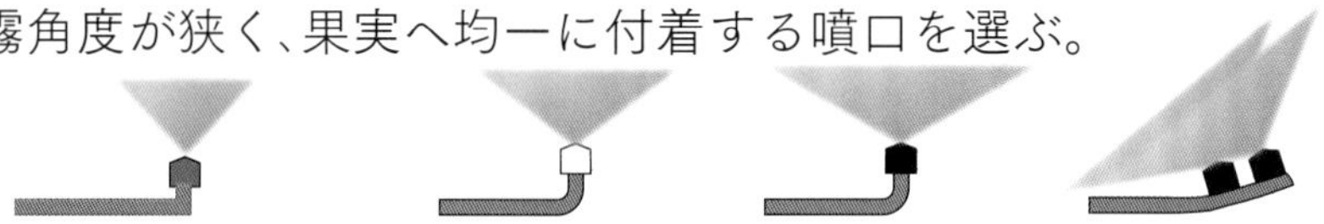

梨用溶液受粉ﾉｽﾞﾙ　六角1頭口　薬散用1頭口　薬散用2頭口

噴口／特徴	霧状態	噴霧量.cc/秒	噴霧角度	適性	適合噴霧機
梨用溶液受粉ﾉｽﾞﾙ	微細	3.7	狭い	適	手動式･充電式
薬散用六角1頭口	細かい	5.0	やや狭い	適	手動式･ｴﾝｼﾞﾝ式 充電式
薬散用1頭口	粗い	5.0	やや広い	やや適	
薬散用2頭口	粗い	10.0	広い	不適	

※噴霧量は充電式噴霧機で計測。

梨用溶液受粉ﾉｽﾞﾙ
（ﾔﾏﾎ工業）

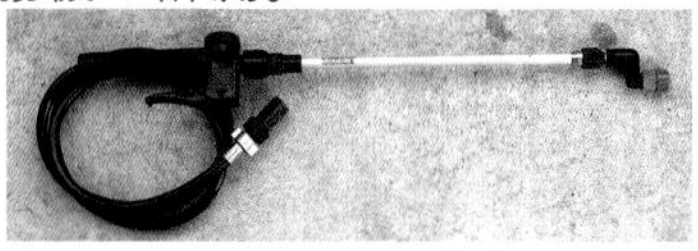

六角1頭口
（各ﾒｰｶｰ）

フィルムの除覆と除塩

- ﾌｨﾙﾑを被覆しておくと、土壌中に塩類が残るので、除塩のため除覆して雨や雪にさらす。

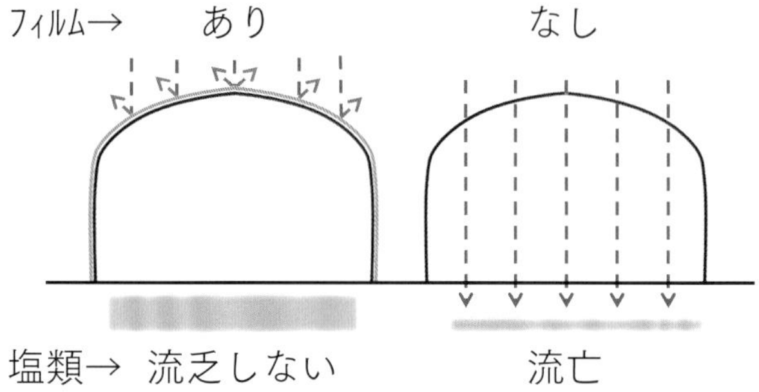

ﾌｨﾙﾑを天井に巻いて保管

雪で除塩

5 かん水と追肥

かん水チューブの種類

- かん水と追肥は、主に散水ﾁｭｰﾌﾞと点滴ﾁｭｰﾌﾞを使用。
- 両方とも草勢の変化が少ない、かん水するたびに追肥する「かん水と同時追肥」の方法が適している。※かん水のみは行わない。
- 散水ﾁｭｰﾌﾞは、かん水と追肥を交互に行う「かん水と交互追肥」も適している。かん水のみの回数が多いと草勢が変化、乱形果や着色不良果が発生。
- 点滴ﾁｭｰﾌﾞは、1回あたりのかん水時間が長いと、過湿になり根が傷みやすい。2~3回に分けて行う。

ﾁｭｰﾌﾞ種類	かん水		備考
	同時追肥	交互追肥	
散水ﾁｭｰﾌﾞ	○	○	かん水のみは3回以上行わない
点滴ﾁｭｰﾌﾞ	○	×	

点滴チューブの特性

- 水分は狭く深く浸透するため、長時間のかん水は過湿になって土壌中の酸素が欠乏、根の活性が弱くなる。
- 1回のかん水量は、1株0.6~0.7ﾘｯﾄﾙ。土壌中の酸素を確保するため、2時間おきに。

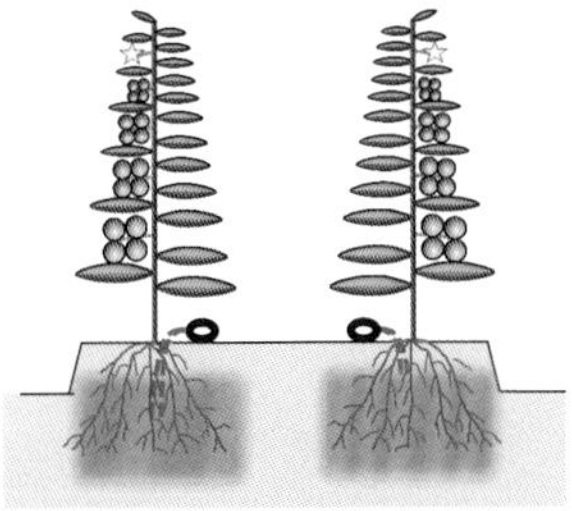

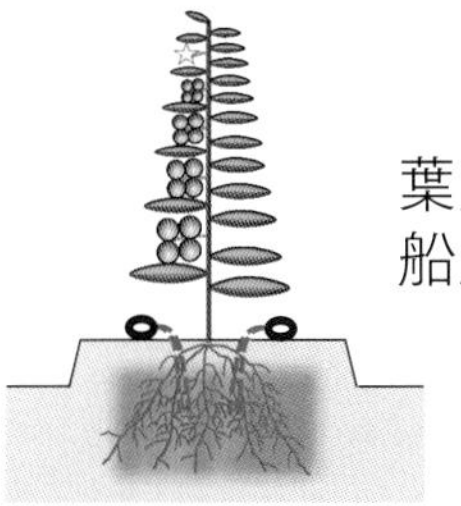

過湿葉 →
葉先が濃緑で
船底型の症状

1株あたり0.6~0.7ﾘｯﾄﾙ
かん水時間の目安
(ｽﾄﾘｰﾑﾗｲﾝﾌﾟﾗｽ80例)

	2条2本ﾁｭｰﾌﾞ		1条2本ﾁｭｰﾌﾞ	
株間	40cm	17~20分	35cm	10~12分
株間	45cm	15~18分	40cm	9~10分

※全吐出開始からの
時間。
水圧などで変化。

摘葉方法とかん水・追肥量

- 収穫後、随時摘葉する場合は、かん水と追肥は、時期別の基準量を目安に。
- ただし、摘葉後に葉の繁茂量が一時的に少なくなるため、摘葉後7日間は、追肥量を減らす。
  ※かん水量は変えない。
- 3段花房の収穫以降、摘葉しない場合は、生育が進むと葉の繁茂量が多くなるため、かん水と追肥量を増やす。

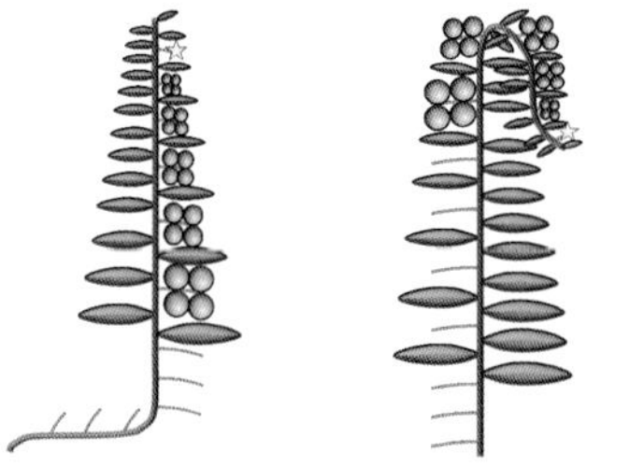

随時摘葉　3段以降無摘葉

摘葉方法	葉の繁茂量	かん水と追肥量	誘引方法
収穫後 随時摘葉	摘心まで 常に一定量	時期別の基準量を目安 摘葉後7日間は追肥量を約10％減	つる下げ
3段収穫以降 無摘葉	摘心まで 徐々に増加	水量10~20％増・追肥量約10％増	直立・斜め Uﾀｰﾝ

かん水の方法

- 試しかん水で、葉露や葉色などの生育状況を確認、かん水や追肥始めを決定。
- 7段開花まで水量を変えず、毎日~2日おきのかん水間隔で、根域層の形成を促進。
- かん水は水分の要求量が高まる直前の8~10時の時間帯に。

時間別の水分要求量(ｲﾒｰｼﾞ)

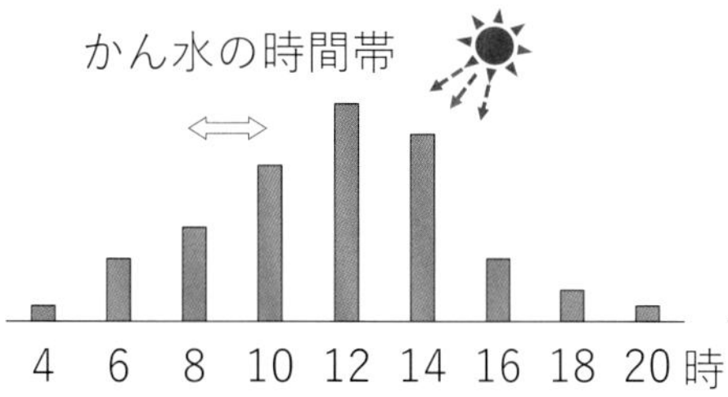

根域層の形成(ｲﾒｰｼﾞ)

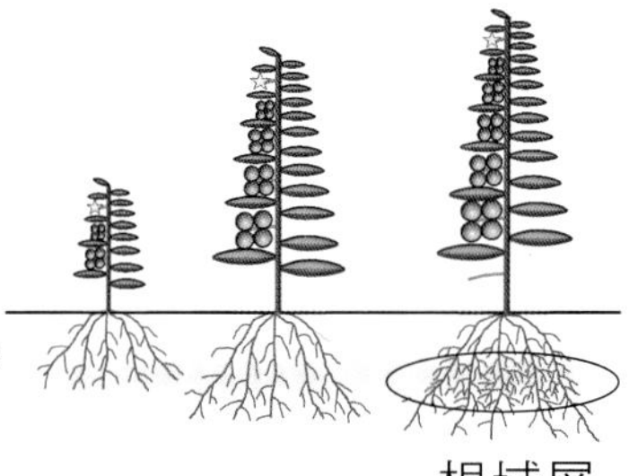

早期かん水は浅根

かん水と追肥始め

- 早期のかん水は浅根になり、6段花房の開花以降、萎れやすい。
- 2本仕立て栽培のかん水と追肥量は、1本仕立ての株数と同じ量。
  ※側枝2本を2株として計算。

1本仕立て栽培		
定植月/旬	試しかん水	かん水と追肥
4/下~5/中	2段花房ﾄﾏﾄﾄｰﾝ終了後/1株1ﾘｯﾄﾙ	3段ﾄｰﾝ処理終了後
5/下以降		3段開花始め

2本仕立て栽培		
定植月/旬	試しかん水	かん水と追肥
4/下~5/中	1段開花最盛期 側枝2本/2ﾘｯﾄﾙ	2段開花最盛期
5/下以降		2段開花始め

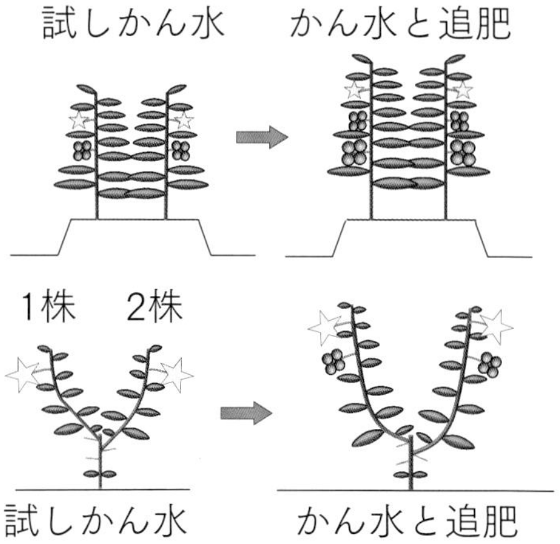

品種別のかん水と追肥量(5月上旬定植)/2,000株/10aの目安

- 品種によって葉からの蒸散量が違うため、かん水量が違う。※水疱症が発生しやすい品種は、蒸散量が多い傾向。
- 7段花房開花までは、どの品種も標準かん水量。8段花房開花以降から変える。

項目	かん水ﾁｭｰﾌﾞ	標準かん水量	多かん水量
		桃太郎 8他	りんか409・麗月・桃太郎ﾜﾝﾀﾞｰ
1株のかん水量.ﾘｯﾄﾙ	散水	1.5~2.0ﾘｯﾄﾙ	1.5~2.2ﾘｯﾄﾙ
	点滴	1.2~1.8ﾘｯﾄﾙ	1.2~2.0ﾘｯﾄﾙ
かん水回数/時間 ※1株の量を分割	散水	回数1回/8~10時	
	点滴	回数2~3回/8・10・12時 ※1回0.7ﾘｯﾄﾙ以内	
かん水と追肥の間隔		毎日~2日おき	毎日~1日おき
10日間合計ﾁｯｿ成分量/10a		5/下~6/上・9/上→1.5~2.0kg・6/中~8月→2.0~2.5kg	
3段収穫以降に無摘葉		水量10~20％増・追肥量約10％増	

限界かん水量

- かん水すると通路にあふれ出る量が、限界かん水量。
- 限界かん水量を超えると、過湿になり根の活性が悪い。かん水量は、限界かん水量の約50~70％。
- 少量かん水で通路にあふれ出る場合、保水性が高い高畦にするか、2回に分ける。
- 通路にかん水ﾁｭｰﾌﾞを敷いて、通路にもかん水。

限界かん水量

通路のかん水ﾁｭｰﾌﾞ

通路かん水と追肥

- 5段花房以降は、通路にも根が張ってくるため、かん水を兼ねて追肥。
- 土壌が乾燥している場合、急激な吸水による軟果の発生を防ぐため、最初1,000ﾘｯﾄﾙ/10aかん水。2~3日後に本格的なかん水と追肥を行う。

項目	方法/10a
時期	①7月中旬 ②7月下旬 ③8月上旬 ④8月中旬 ⑤8月下旬
かん水量	3,000~4,000ﾘｯﾄﾙ(4~5cm湿る程度)
追肥量	1回ﾁｯｿ成分0.5kg
土壌が乾燥	最初に1,000ﾘｯﾄﾙ、2~3日後に再度 2,000ﾘｯﾄﾙかん水

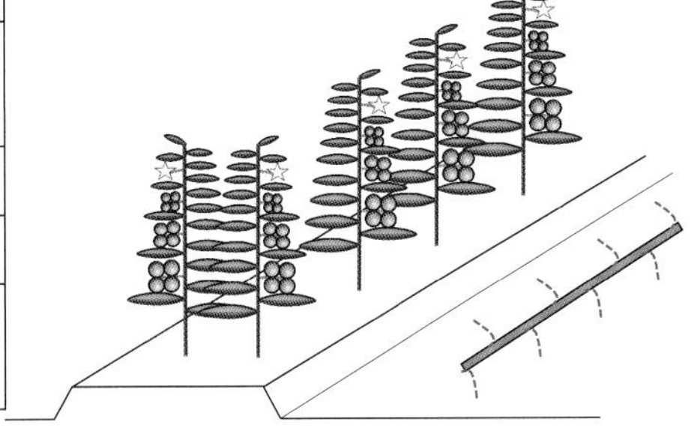

追肥は硝酸態チッソ入り肥料中心に

- ﾄﾏﾄは果実が着色(赤色)する野菜のため、硝酸態ﾁｯｿとｶﾘの効果が高い。
- 夏秋栽培の追肥肥料は、尿素態ﾁｯｿとｱﾝﾓﾆｱ態ﾁｯｿの混合液肥が主流。
- 曇天や雨天が続く場合は、硝酸態ﾁｯｿ入り肥料に切り替えが必要。ただし市販の硝酸態ﾁｯｿを含む肥料は、ｶﾙｼｳﾑ入りが多く、軟果の発生が心配。
- 硝酸態ﾁｯｿとｱﾝﾓﾆｱ態や尿素態ﾁｯｿの配合で、ｶﾙｼｳﾑを含まない肥料は、全天候で使用可能。ｶﾙｼｳﾑを含んでいないため、軟果発生の心配が少ない。
- 粒状肥料のため、計量が容易で作り置きができる。

硝酸態＋尿素態ﾁｯｿ配合肥料の観察結果

項目／品種名	草丈	葉色	着果率	果実揃い	ｱﾐ入り果	軟果	着色不良	葉先枯れ
桃太郎8・ﾜﾝﾀﾞｰ・りんか409	同	淡い	同	良	同	同	少	少

※尿素＋ｱﾝﾓﾆｱ態ﾁｯｿ液肥との比較(2017~8年)

チッソの形態と肥効(イメージ)

- 根からの吸収は、主に硝酸態ﾁｯｿ、一部ｱﾝﾓﾆｱ態ﾁｯｿでも吸収。
  ※ﾁｯｿ態は、尿素態→ｱﾝﾓﾆｱ態→硝酸態に、約5日間かけて変化。
- 尿素態やｱﾝﾓﾆｱ態ﾁｯｿは、硝酸態ﾁｯｿより遅効性で、ﾁｯｿ過剰になりやすい。
- 硝酸態ﾁｯｿは、肥効は早いが流亡しやすい。

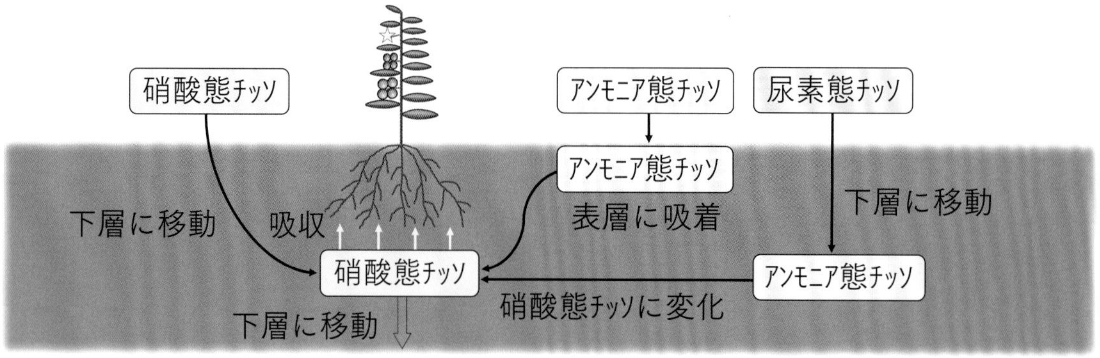

主な追肥肥料の種類と使用方法

- 追肥の間隔を4日以上空けたり、途中で肥料の種類を変えると、花芽分化に影響。
- 花芽分化が不安定になると、多くの障害果が発生。安定した養水分の供給が必要。

ﾁｯｿ態	形状	肥料名	N-P-K	硝酸態ﾁｯｿ	適合天候・ほ場	
硝酸 尿素or ｱﾝﾓﾆｱ	粒状 10kg	勝酸ｱﾘ 鉄0.2%	18-5-21	7.2%	全天候	ﾘﾝ酸過剰・鉄欠乏・着色不良果
		硝酸入り野菜配合 鉄0.2%	17-5-20	6.5%		
		OKF-1 石灰6%	15-8-17	8.5%		尻腐れ果多発
尿素 ｱﾝﾓﾆｱ	液状 20kg	e・愛菜 鉄0.2%	8-2-8	－	晴天	ﾘﾝ酸過剰・鉄欠
		ﾄﾐｰ液肥ﾌﾞﾗｯｸ	10-4-6	－		ｶﾘ過剰
		くみあい液肥2号	10-4-8	－		ｶﾘ過剰

天候による追肥方法

- 追肥の間隔は、天候に関係なく毎日~2日おき以内に。
- 追肥の量は、晴天日と3日以上の曇天や雨天続きで変える。
- ﾁｯｿ成分の形態が違う、多種の肥料を使用しない。

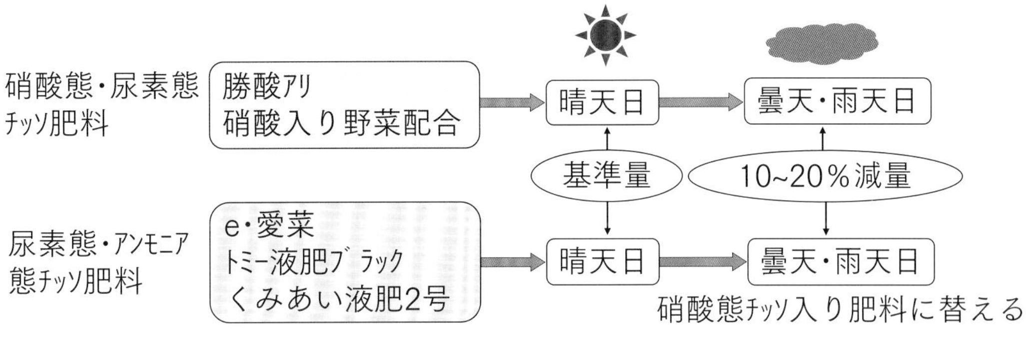

粒状肥料の溶かし方

- 1回現物3～3.5kg/10aを4~6倍に薄め、原液を作る。
- 現物投入後、約20分間に3~4回の攪拌で、完全に溶解。
  ※ｲﾝﾊﾟｸﾄﾄﾞﾗｲﾊﾞｰにﾍﾟｲﾝﾄﾐｷｻｰを付けて攪拌すると、約1分で溶解。
- 液肥混入器は原液で、水槽は原液を1,000~1,200倍に薄めて使用。

5~7日間分作り置き

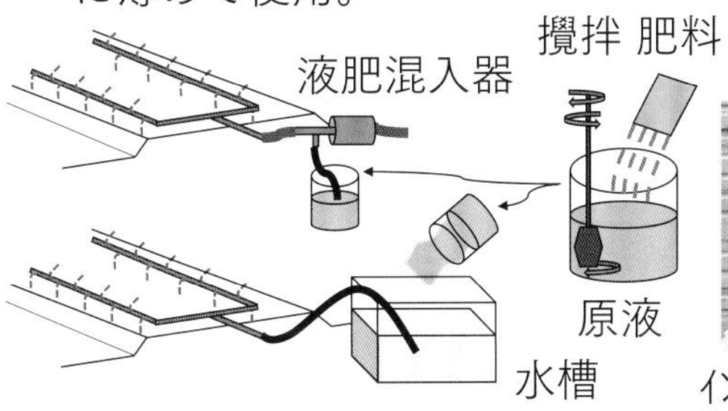

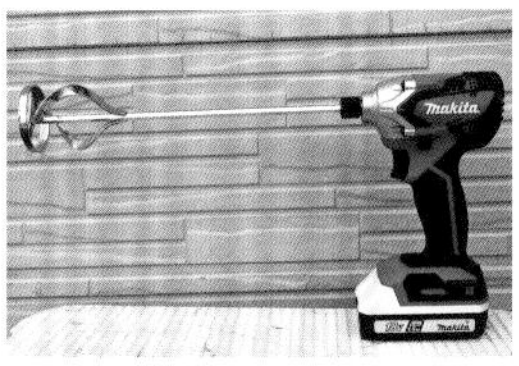
ｲﾝﾊﾟｸﾄﾄﾞﾗｲﾊﾞｰで攪拌

ﾊｳｽ別に小分け

肥料過剰と養水分の吸い上げ

- 7段花房の開花以降は、草勢が安定。養水分の吸収力が弱くなる。
- 過剰な追肥は肥料が蓄積し、養水分の吸い上げが悪く、葉露が付かない。

肥料が濃く吸水が悪い

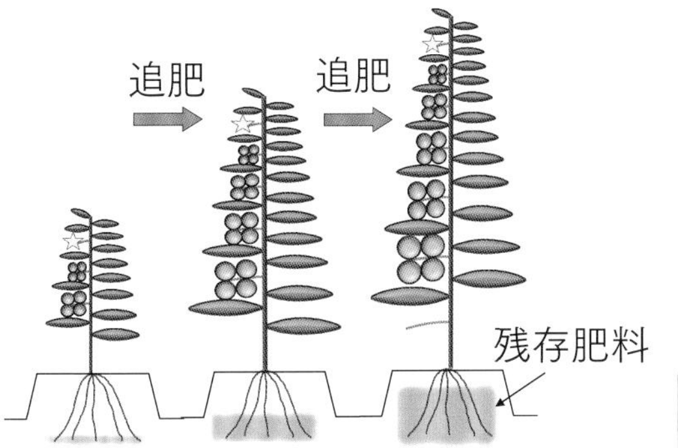

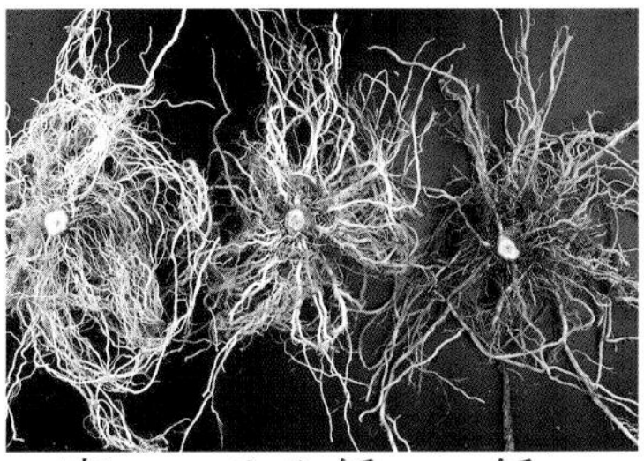
根焼け症状と吸水力 高い　やや低い　低い

月別のかん水と追肥量(5月上旬定植)/2,000株/10a

月	旬	かん水方法と水量/1株.ﾘｯﾄﾙ			10日間10a ﾁｯｿ成分.kg	備　考
		散水ﾁｭｰﾌﾞ	点滴ﾁｭｰﾌﾞ	間隔		
5	中	1.0	0.6	試し1回	ー	・( )はりんか409、麗月、桃太郎ﾜﾝﾀﾞｰ ・3日以上日照不足 水量10~20%減 肥料10%減 ・9月下旬以降 葉露付着ならかん水不要
	下	1.5	1.2	1~2日おき	1.5~2.0	
6	上					
	中	1.5~2.0 (1.5~2.2)	1.2~1.8 (1.2~2.0)	毎日~ 1日おき	2.0~2.5	
	下					
7	上~下					
8	上~下					
9	上	1.5	1.2	1~2日おき	1.5~2.0	
	中~下	1.0~1.5	0.8~1.2	2~3日おき	↑ﾄﾏﾄﾄｰﾝ 終了まで	
10	上	1.0	0.8	3日おき		

月別のかん水と追肥量(6月上旬定植)/2,200株/10a

月	旬	かん水方法と水量/1株.ﾘｯﾄﾙ			10日間10a ﾁｯｿ成分.kg	備　考
		散水ﾁｭｰﾌﾞ	点滴ﾁｭｰﾌﾞ	間隔		
6	中	1.0	0.6	試し1回	ー	・( )はりんか409、麗月、桃太郎ﾜﾝﾀﾞｰ ・3日以上日照不足 水量10~20%減 肥料10%減 ・9月下旬以降 葉露付着ならかん水不要
	下	1.5	1.2	1~2日おき	1.7~2.2	
7	上					
	中	1.5~2.0 (1.5~2.2)	1.2~1.8 (1.2~2.0)	毎日~ 1日おき	2.2~2.8	
	下					
8	上~下					
9	上	1.5	1.2	1~2日おき	1.7~2.2	
	中~下	1.0~1.5	0.8~1.2	2~3日おき	↑ﾄﾏﾄﾄｰﾝ 終了まで	
10	上	1.0	0.8	3日おき		

過剰な追肥とその障害

- 栽培期間中の施肥量(ﾁｯｿ・ﾘﾝ酸・ｶﾘ)の約70%は追肥で。
- 過剰な追肥で多くの障害が発生、特に果実の障害が多い。
- 生育診断を行い、適正な肥培管理を。

過剰追肥	主な欠乏症状	発生時期	主な障害
ﾁｯｿ・ﾘﾝ酸・ｶﾘ	水分吸収抑制 ｶﾙｼｳﾑ欠乏	7~8月	根焼け・小葉・ｸﾞﾘｰﾝﾊﾞｯｸ果 尻腐れ果・ﾁｬｯｸ果・窓あき果・小玉果
ﾁｯｿ	ｶﾘ欠乏	7~9月	茎葉過繁茂・葉先枯れ・ｸﾞﾘｰﾝﾊﾞｯｸ果 着色不良果・すじ腐れ果・乱形果
ﾘﾝ酸	鉄欠乏	6~7月	草勢低下・乱形果
ｶﾘ	ｶﾙｼｳﾑ欠乏	7~8月	尻腐れ果
ｶﾙｼｳﾑ	ﾁｯｿ・鉄欠乏	6~8月	ｱﾐ入り軟果・小玉果

3・4段花房開花期の葉面散布

- 3・4段花房の開花頃は、茎葉の繁茂量が多い割に根量が少ないため、草勢が強くても成長点付近は、肥料不足になりやすい。
- 5・6段花房の花芽分化の強化やｶﾞｸ枯れ防止のため、草勢に関係なく葉面散布。
  ※開花花房の2段上の花房が花芽分化。

開花花房段	肥料名	倍数	回　数	効　果
3・4段	ﾒﾘｯﾄ黄	400	各段2~3日おき2回	5・6段の花芽分化を強化

草勢は強いが成長点付近は細い

散布場所

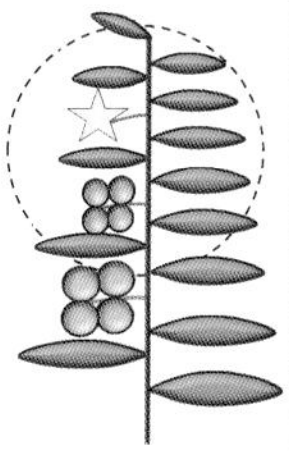

花芽分化強化の葉面散布のタイミング

- 開花花房の2段上の花房が花芽分化しているため、着果が悪い花房段の開花前の散布が必要。

各花房段の収穫果数/2002年5月上旬定植

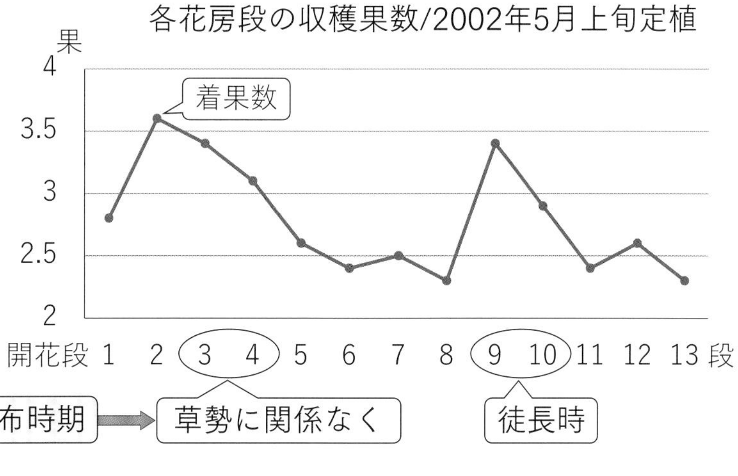

徒長による草勢低下と各種障害

- 最高気温30℃以上、最低気温22℃以上、約5時間以下の日照不足が3日以上続くと徒長、成長点付近が肥料不足に。
- 肥料不足で草勢が低下、花芽分化の弱体や落花、葉先枯れ、尻腐れ果が発生。
- 追肥では間に合わないため、葉面散布で対応。

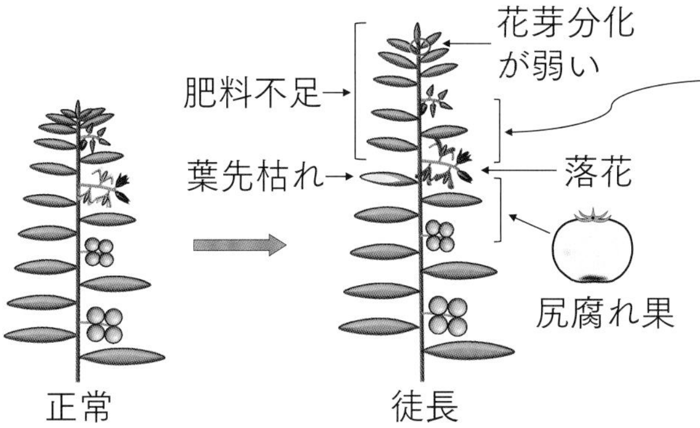

徒長の判断
開花花房から蕾花房の節間長が30cm以上

徒長しやすい時期

月	7			8		
旬	上	中	下	上	中	下

葉面散布（7月下旬～8月中旬）

徒長時の葉面散布

- 開花花房~下3段花房を中心に、葉面散布剤とカルシウム剤を混用散布。
- 散布したカルシウム剤は、葉からの移動が少ないため、花房や果実、茎を中心に散布。

資材名	肥料名	倍数	回数
葉面散布剤	メリット黄	400	2~3日おき2回
カルシウム剤	カルタス	600	

徒長

散布場所

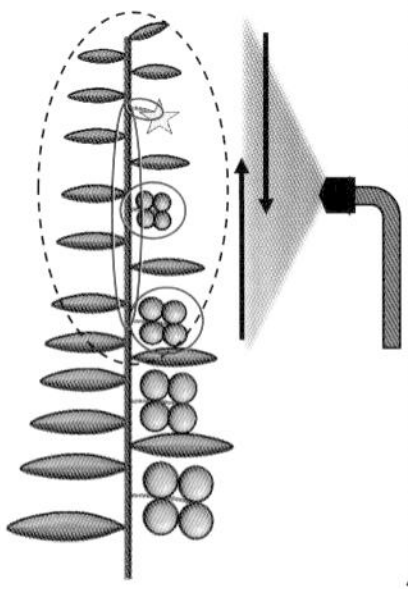

成長点の付近を中心に散布

カルシウム剤は葉面散布肥料と混合できる剤を

- 葉面散布肥料と混合すると、リン酸と結合して白濁する剤がある。カルシウムの効果が劣るため、白濁しない剤を使用。※緑斑点果、汚れ果の原因。
- 肥料を散布3日後にカルシウム剤を散布しても、果実の表面で反応、白斑点が発生。
  ※メリット黄300倍散布、3日後カルシウム剤(メーカー倍数)散布。

白斑点が発生する剤

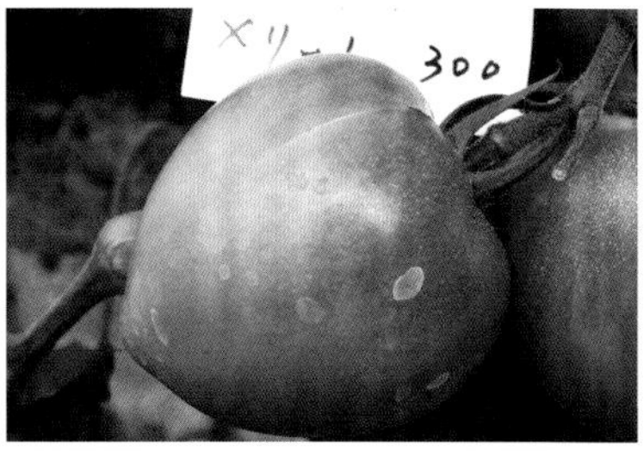

メリット黄300倍にカルシウム剤混合→白濁あり　白濁なし

白斑点が発生しない剤

葉面散布剤等の種類

- 生育促進より、①花芽分化の促進、②落花防止、③微量要素欠乏に効果が高い 。
- 成長点付近の葉を中心に散布。散布時の適温は15~25℃、28℃以上は避ける。
- 効果は3~4日、1段開花ごとに2回以内で使用。
  ※過剰な散布は葉の老化を早め、蒸散量を少なくする。その結果、根からの養水分の吸収が悪くなるので注意。

肥料名＼要素欠乏	メリット黄	カルタス	カーボリッチ	鉄力あくあ
	400倍	600倍	800倍	10,000倍
花芽分化の促進・落花防止	●			
葉先枯れ(カリ欠乏)	●		●	
尻腐れ果(カルシウム欠乏)		●		
成長点黄化(鉄欠乏)				●
使用方法	葉面散布			追肥

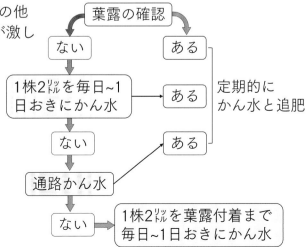

6 生育診断

葉露による水分の診断

- 早朝に葉露が付いていると、開花の勢いが強い。
- 葉露の適正な付着範囲は、成長点から開花花房の周辺葉が中心。
- 成長点付近でなくても、中段花房の周辺葉に付着している場合は問題ない。
- 5段花房の開花まで葉露が多いと、浅根になって萎れやすい。

葉露が付かない原因

原因	対策
土壌が乾燥	水量を多く
肥料の濃度が濃い	付着までかん水のみ
過湿で根の活性が弱い	水量を減らす
夜間ハウスを解放	葉色で診断

葉露の付着範囲

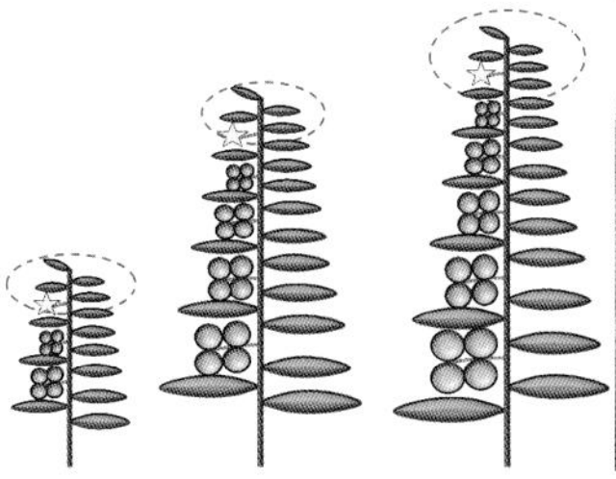

1~3段　4~5段　6段以降

葉露の付着

葉露の確認方法

- 水分の診断は、葉露での確認が最も容易。
- 葉露が付かない原因は、土壌乾燥の他に、肥料の過剰や過湿で、根傷みが激しいなど。

過湿の状態で、かん水を続けると、葉露が付着せず、新葉が内側に巻く症状が見られる。その場合は、かん水を中止。

葉露の確認
- ある → 定期的にかん水と追肥
- ない → 1株2㍑を毎日~1日おきにかん水
  - ある → 定期的にかん水と追肥
  - ない → 通路かん水
    - ある → 定期的にかん水と追肥
    - ない → 1株2㍑を葉露付着まで毎日~1日おきにかん水

葉色による水分の診断①

- 成長点~開花花房の下2葉まで、葉色が淡く境目が明瞭。
- 開花花房から4段花房下の葉と開花花房の直下葉と比較。淡ければ水分適正。
- 水分不足は、成長点まで葉色が濃い。

下葉と花房直下葉と比較

適正な葉色

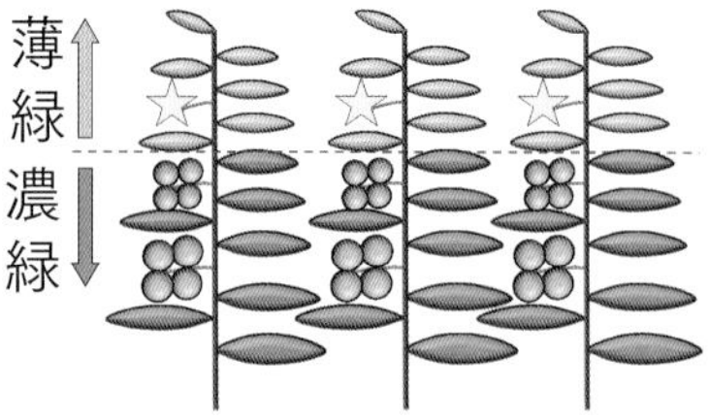

開花花房の直下2葉前後で葉色が変化

開花花房の直下葉　下葉

葉色による水分の診断②

- 水分が不足すると、葉や茎の毛耳が毛羽立つ。毛羽立つと葉色の鮮やかさがなく、全体にくすんで見える。
- 毛羽立ちは午後に多くなる。診断は午前中に行い、くすみが見られる場合は、水分不足と判断。

茎葉が濃緑でくすんで見える

水分不足で毛耳が毛羽立つ

毛耳で水分を補足

かん水量と根の活性(6段花房開花頃まで)

- 生育がおう盛なため、水分を過剰に吸収。根の活性が弱くなって、成長点付近の葉の縁が内側に巻く。
- 4葉以上巻くと、過湿と判断。かん水量を10~20％減らす。

多かん水 → 過剰吸収 → 葉縁の巻き

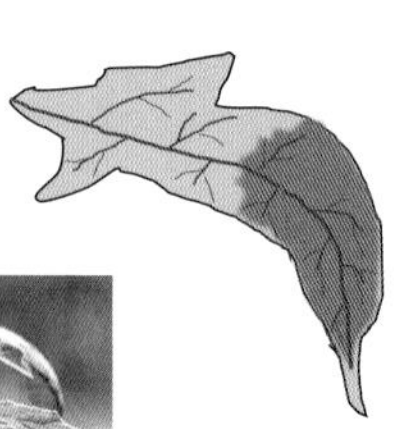

4葉以上巻くと根の活性が弱くなる

かん水量と根の活性(7段花房開花以降)

- 草丈が長く、草勢が安定するため、水分を過剰に吸収しない。
- 過湿で土壌中の酸素が欠乏。根の活性が弱く、葉先が濃緑で船底型症状。
- 水分の吸収が悪くなるので、水量を10~20%減らす。

多かん水 → 定量吸収 →(過湿)→ 船底型症状

過湿になると葉が濃緑で船底型の症状

生育別の適正な草姿一覧

- 生育ｽﾃｰｼﾞの草姿で判断。

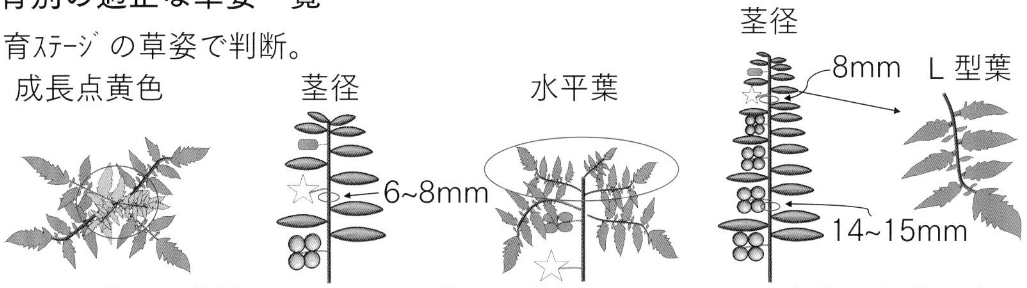

育苗~3段花房開花前　3・4段花房開花　5段花房開花以降

育苗~3段花房開花前までは葉色で診断

- 葉露が付きにくいので、成長点付近の葉色で診断。

おう盛　適正　停滞

3･4段花房開花は茎の太さと“葉姿”で診断

- 立葉や常時葉巻きが約30％以上の場合、7~10日間は追肥量を変える。

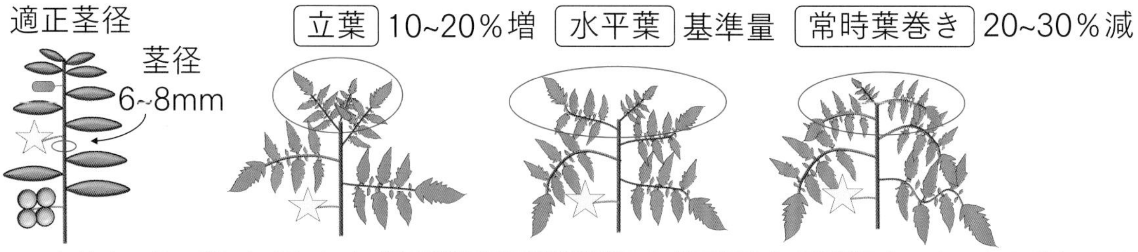

5段花房開花以降は茎の太さと“葉型”で診断

- 茎の太さと開花花房の直上の葉型で診断。I型葉やS型葉が約30％以上の場合、7~10日間は追肥量を変える。※極端な肥料過剰は、濃緑で小葉のI型葉。

肥料の過不足と草姿

- 肥料の過不足は、成長点付近の草姿に現れる。定期的に観察して、状態を把握。
- 肥料が適正な場合は、成長点付近の葉が水平に展開。
- 不足すると、葉色が淡くなって葉柄が立性。

肥料適正→葉が水平　　　　肥料不足→葉色が淡く葉柄が立性

肥料過剰と不足の診断

- 肥料が過剰になると、養水分の吸収が悪くなる。葉の捻れがなくなり、茎が細くなって肥料不足と同じ症状に。
- 肥料不足と間違えて追肥し、さらに悪化させる場合が多い。

茎が細く葉色が淡い↑肥料不足

↓葉の捻れあり

①肥料やや過剰

↓捻れなし

②肥料過剰

茎が細く葉色が濃い↑肥料過剰

摘心後は葉柄の形で診断

- 摘心後は茎の太さや葉形での診断は難しいため、葉柄の形で診断。
- 肥料が適正な場合は、葉柄が水平に展開。不足すると立性となって、葉色が淡くなる。
- 肥料不足の場合は、ﾁｯｿ成分で10aあたり0.3kgを2日おきに2~3回追肥。

摘心後の葉柄

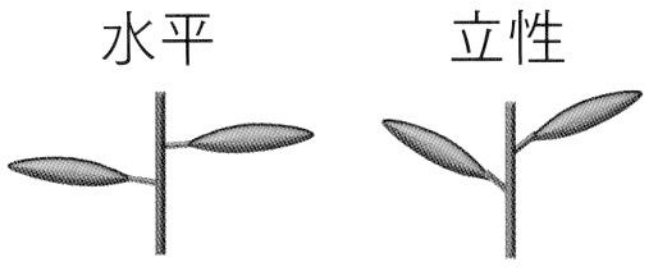

葉柄が水平→肥料適正

葉柄が立性→肥料不足

肥料不足→葉色が淡い

草勢回復の対策①

- 活着が悪い状態で果実が肥大すると、草勢が弱くなって、回復が難しい。
- 1段花房を1~2果に摘果。
- 株間に棒で深さ15cmの穴を開け、化成を追肥(穴肥)。

	1穴.g	10a.kg
CDU555	5	10

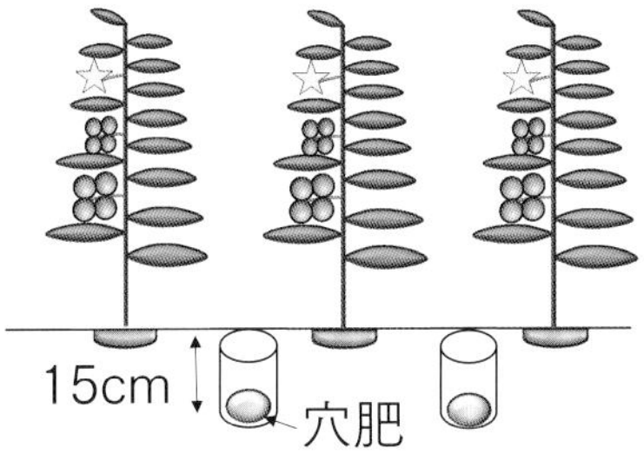

穴の中に追肥

肥料不足の草姿

草勢回復の対策②

- 摘果は、開花花房下の果実を制限、花房摘み(摘蕾)は蕾の花房を取る。
- 摘果や花房摘み(摘蕾)は、草勢が低下した株のみ。主枝更新は一斉に実施。
  ※主枝更新は、極端に弱い株が多い場合、側枝の発生が悪いのでできない。

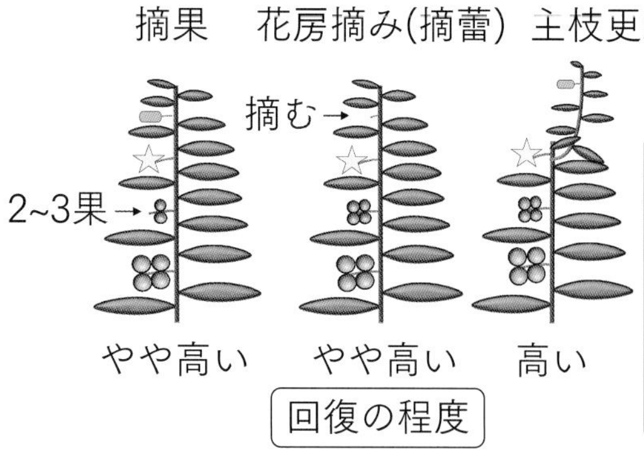

草勢と摘果

草勢状態	着果数	方法
強	4果	着果数を多く
やや強~適正	3~4果	3･4果交互着果
やや弱	2~3果･摘蕾	着果数を制限
弱	主枝更新	摘心･側枝利用

9月以降に増収目的の主枝更新

- 5~6段花房の開花始めに、花房の上を1葉残して摘心。花房直下のわき芽を伸ばす。
- 5段花房以降の生育が早い花房直下のわき芽を利用。
  ※花房の直下以外は、生育が遅いため、利用できない。

摘心日	6月20日前後
収量減少	8月上~下旬
収量増加	9月上旬以降

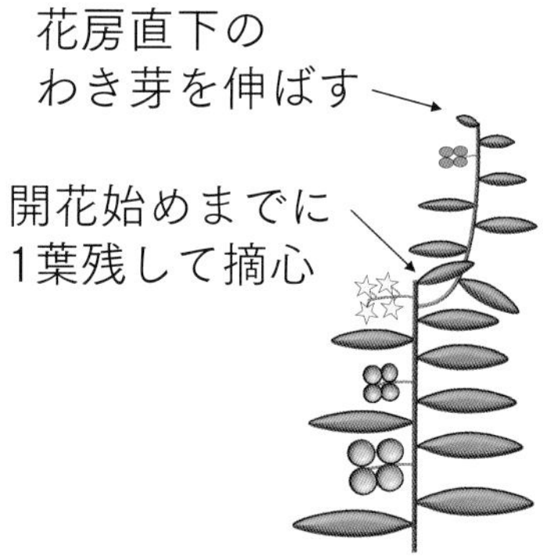

1葉残して摘心

摘心15日後

主枝更新の収量推移

- 6月20日前後の主枝更新は、8月の収量は減るが、9月以降は果実の肥大が良く増収。裂果が少なく品質が良い。
- 最終収穫段数が、普通栽培に比べて1段少ないが、収量は変わらない。

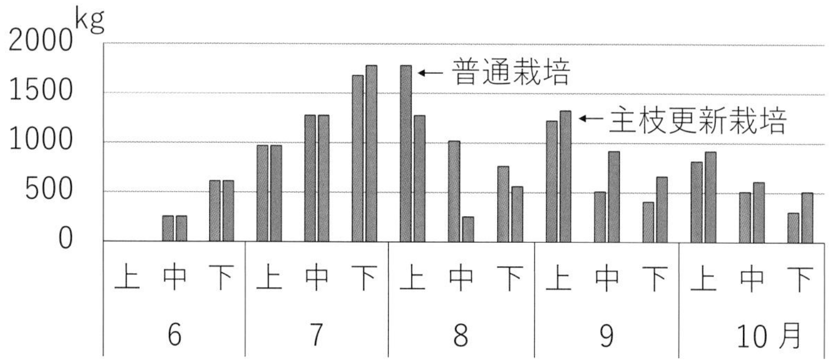

※2001年4月28日定植、6月19日主枝更新、9月6日摘心。各3.3aのﾃﾞｰﾀを10aに換算。
　平均収穫花房段数→普通栽培14段、主枝更新栽培13段。

7 誘引方法

つる下げ誘引①

- 収穫後に摘葉しながら下げるため、茎葉の繁茂量が常に一定。肥培管理が容易で、誘引方法の中では、最も適している。
- 1回目は、早く下げて葉を畦面に接着させ、株元の揺れを防ぐ。※揺れによる草勢の低下を防ぐ。
- 下げるときは、茎や葉折れを防ぐため、ほ場が乾燥している午後に行う。下げた後はかん水。

回	時期	方法
1	1段収穫前	葉を畦面に接着
2	2段収穫後	茎を　〃
3	4段　〃	7月20日頃まで
4	6段　〃	8月下旬まで

1回目のつる下げ

2回目のつる下げ

つる下げ誘引②

- 葉や茎を早く畦面に付けて、株元の揺れを防ぐ。

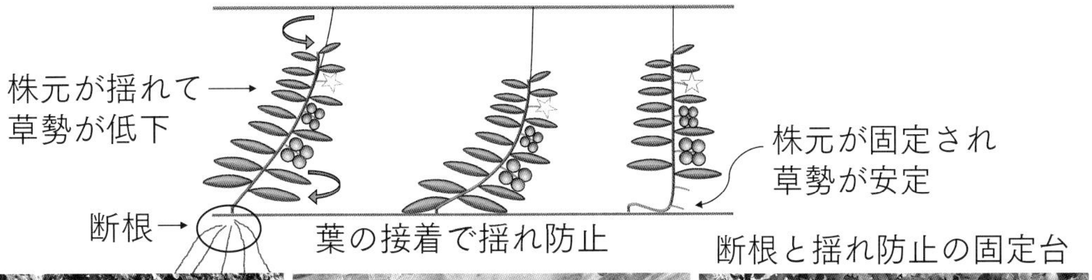

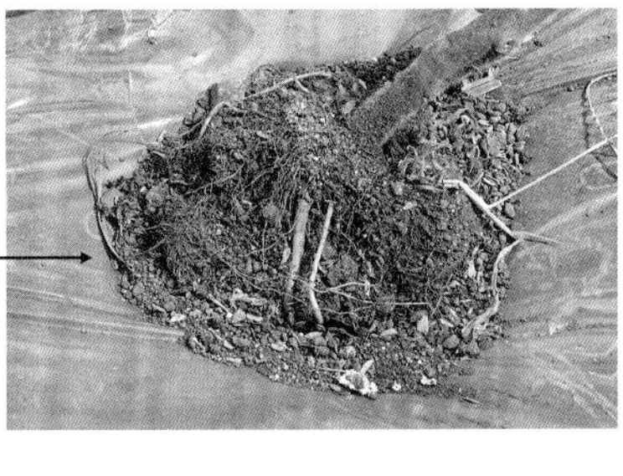

つる下げ誘引③

- 誘引が遅れて主枝が斜めになると草勢が低下、着果が悪くなる。
- 開花前に主枝を直立させる。

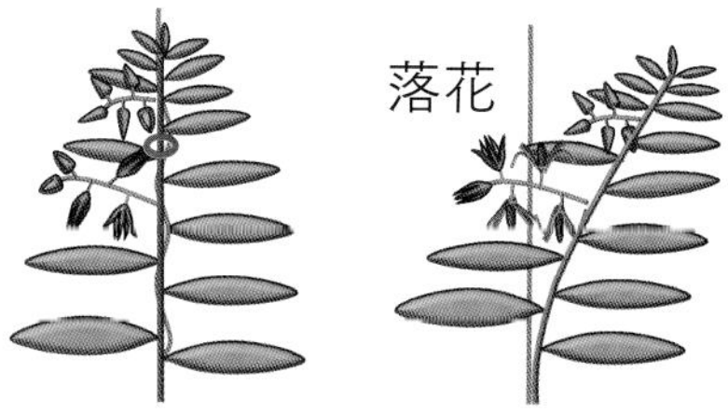

誘引ひもを絡めて直立

ﾄｯﾌﾟﾘﾝｸで直立

斜めになると草勢が低下

斜め誘引

- つる下げが不要、12~14段の収穫が可能。
- ひもを④から③②①に引っかけて、地面から30cm上に斜めに張る。
- 成長点が上に達したら、そのつど①②③の順序でひもを外すと、自然に下がる。

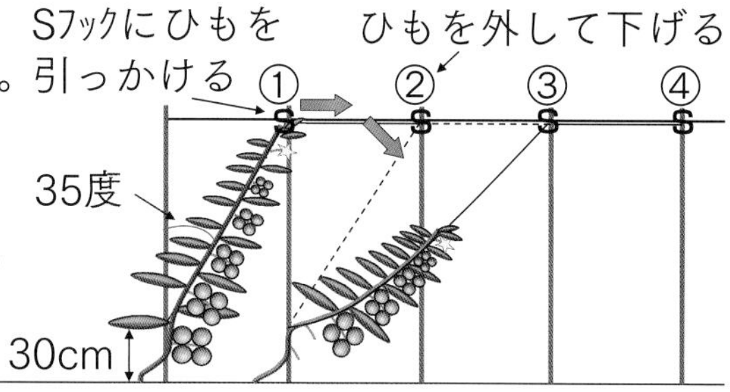

2段花房から斜めに誘引

下げる前　下げた後

使用する金具

Uターン誘引の種類と栽培様式/10a

- 主に3種類の方法がある。いずれもつる下げが不要、草勢が衰えにくく、最終の収穫段数がつる下げ誘引に比べて1段多い。
- 成長点がUﾀｰﾝする時期は、7~8段花房開花の7月中旬。14段花房の収穫では、茎長が約3.5mに達するため、Uﾀｰﾝする高さは最低180cm必要。

誘引方法	特　徴
1株1本支柱	支柱に固定されるため、茎葉が混まない
2株1本支柱	斜め誘引と長段穫りが可能、定期的にﾃｰﾌﾟ張りが必要
ひも	花房の位置を揃えやすいが、茎葉が混みやすい

	畦数.畦	畦幅.cm	Uﾀｰﾝ株間.cm	つる下げ株間.cm	株数.株
Uﾀｰﾝ	5	133	35	－	1,830
Uﾀｰﾝ＋つる下げ	4＋1	143	35	38	1,800

Uターン誘引のほ場設計

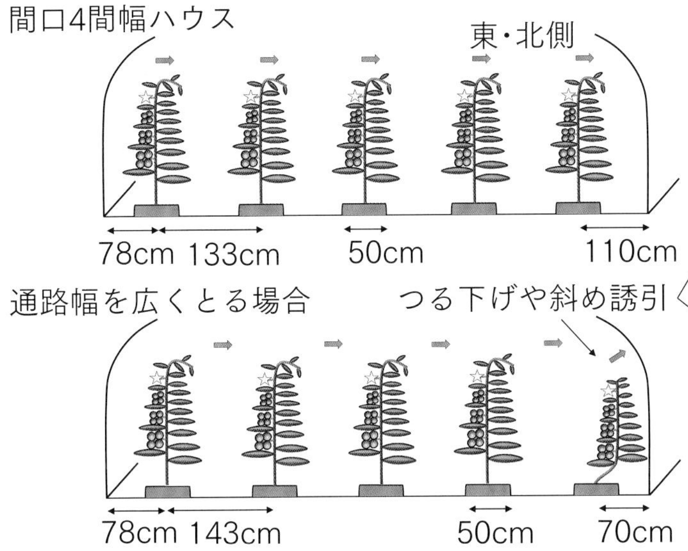

つる下げ誘引

斜め誘引

Uターン誘引の畦作り

- 畦幅が狭く地温が上昇しやすいので、畦の高さは低く。

種類	使用時期
黒マルチ	4月下~5月下旬
白黒マルチ	5月下旬~

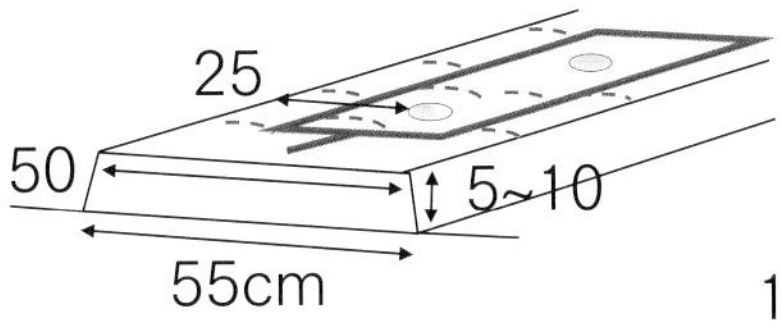

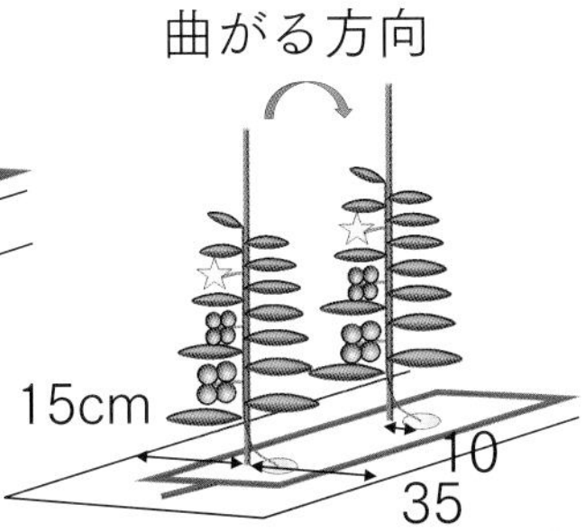

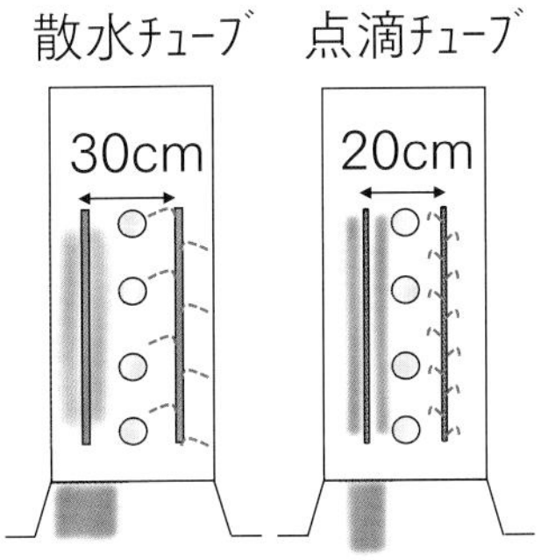

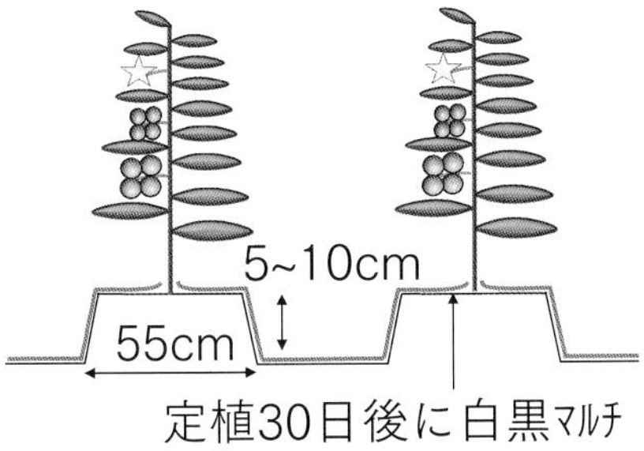

1株1本支柱Uターン誘引

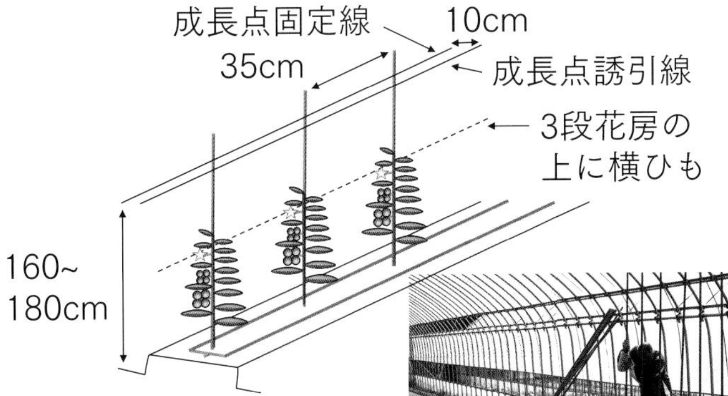

茎葉が整然

支柱立て

3段花房の上に横ひも

2株1本支柱Uターンの斜め誘引

- 斜めに誘引してUﾀｰﾝさせるため、長段穫りが可能。

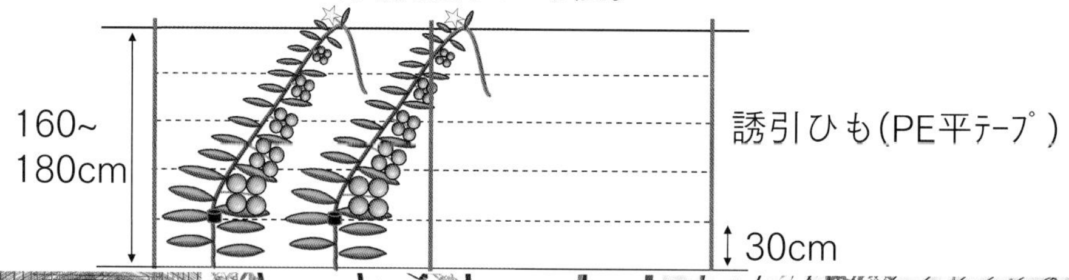

30cmおきにひもを張る

株元が揺れないため、果実の肥大が良い

ひもUターン誘引

- ﾄﾏﾄは花房の向きと反対方向に曲がる特性がある。
- Uﾀｰﾝ位置に達したら花房をUﾀｰﾝと逆方向に向け、固定ﾊﾟｲﾌﾟの高さに揃える。
- 花房の向きが変わりやすいため、3段花房の開花頃までに揃える。

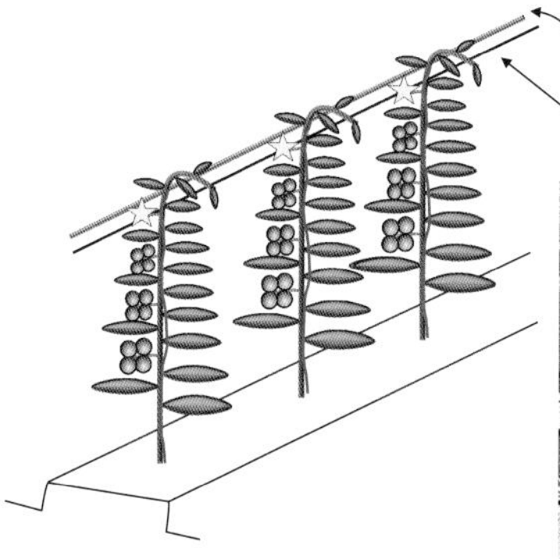

花房の向きを揃える

花房を揃える

ひもUターン誘引の手順

①4段花房の向きを揃える

②ﾊﾟｲﾌﾟの上に花房を揃える

③ﾊﾟｲﾌﾟに結束

④反対方向に曲がる

⑤曲がらない株は誘引線に結束

⑥収穫花房下2葉残し摘葉

ひもUターン誘引の草勢安定対策

- 1条植えのため、ﾊｳｽのｻｲﾄﾞ側が風に揺らされ生育が悪い。ﾏﾙﾊﾅﾊﾞﾁ用4mm目ﾈｯﾄを張る。※4mm目の防風ﾈｯﾄは、通気性が悪く適さない。
- 支柱を立てて、中間をひもで結び、揺れを防ぐ方法も効果が高い。

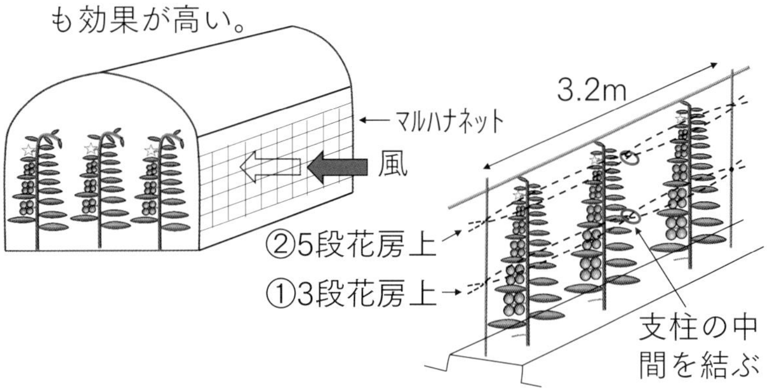

マルハナネット

横ひもを2回張る

Uターンの誘引針金

- Uﾀｰﾝ方向と逆に傾いた株を誘引針金(自作)を使用し、強制的に向きを変える。
- 茎葉が柔らかくなる午後に、茎や葉柄に引っかけて誘引。
  ※5日以上誘引すると、外しても元に戻らない。
- ｱﾙﾐﾆｳﾑ針金(2mm径)で、長さ30~50cmの両端Uﾌｯｸ線を自作。※20m約500円。

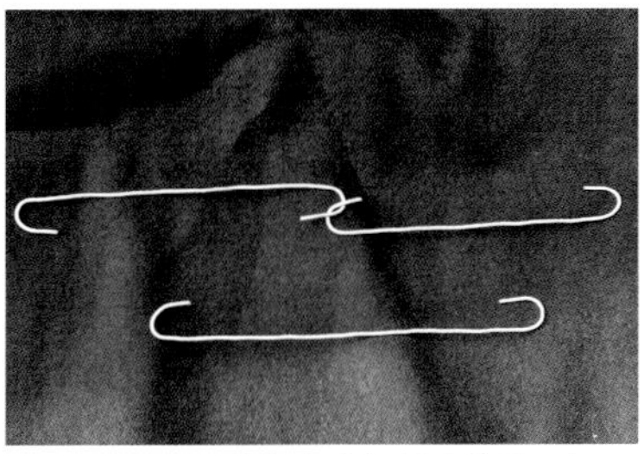
ｱﾙﾐﾆｳﾑの針金は曲げやすい

茎や葉柄に引っかける

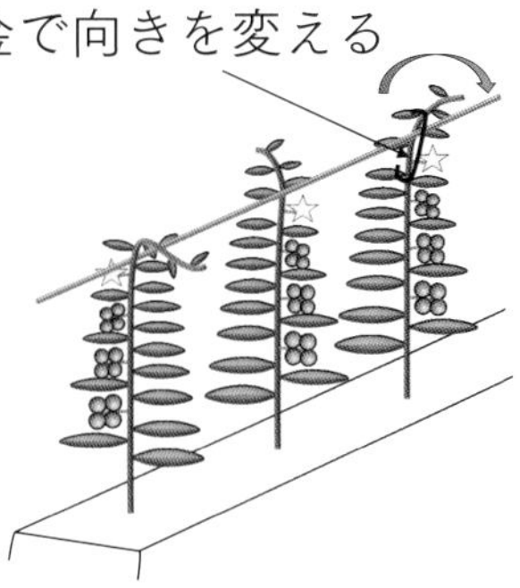

Uターン後の主枝＋側枝栽培

- 9月以降の増収目的で、Uﾀｰﾝ時に花房直下のわき芽(側枝)を伸ばし、2~3段花房で摘心。
  ※主枝は通常の摘心時期まで伸ばす。

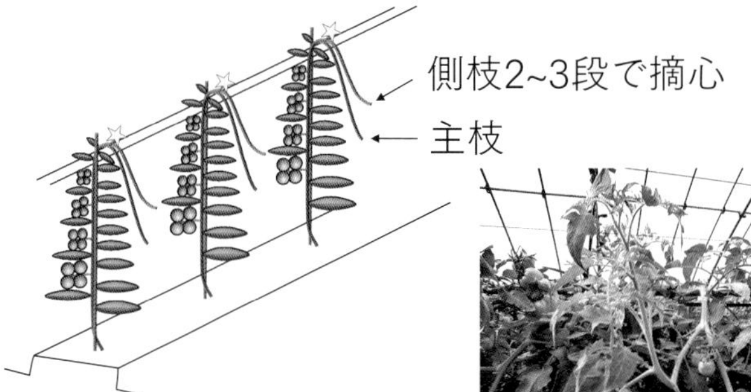

Uﾀｰﾝする花房直下のわき芽を伸ばす

Uﾀｰﾝした側枝と主枝

側枝は遅れて下がる

側枝2本仕立て栽培の畦作り/10a

- 種苗ｺｽﾄが1/2に抑えられるため、大規模栽培に適している。

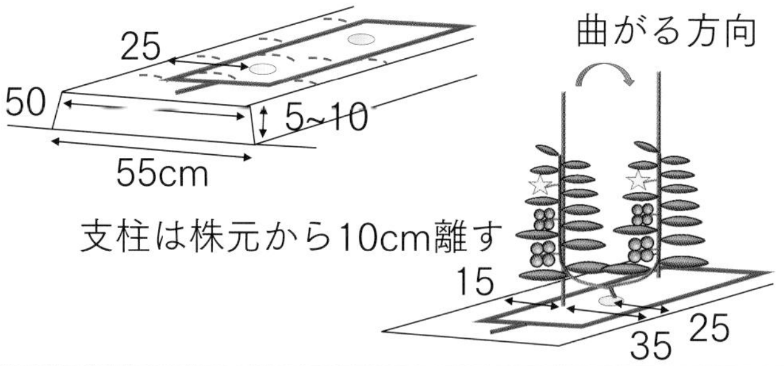

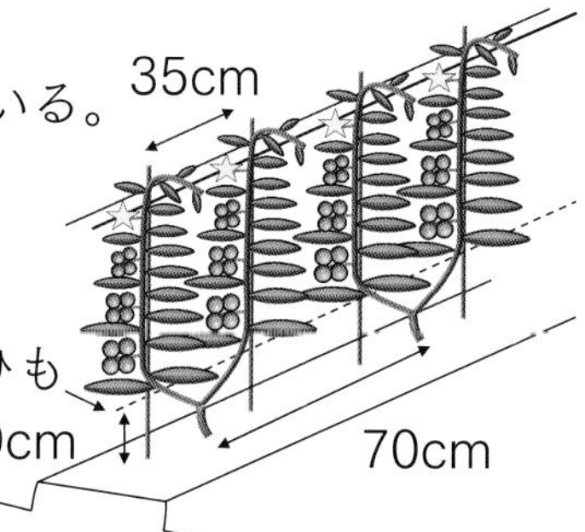

	畦数.畦	畦幅.cm	株間.cm	実株数.株
Uﾀｰﾝ	5	133	70 (側枝間35)	915 (側枝1,830)
Uﾀｰﾝ＋側枝2本	4＋ 1/斜め	143		

2本仕立ての斜め誘引

支柱を利用した不織布のトンネル

- 定植後に支柱を利用し、不織布でﾄﾝﾈﾙすると、活着が早い。
- 保温性があり霜害防止にもなることから、7~10日早い定植が可能。
- 不織布内が30℃以上の場合は、ﾊｳｽと一緒に換気。

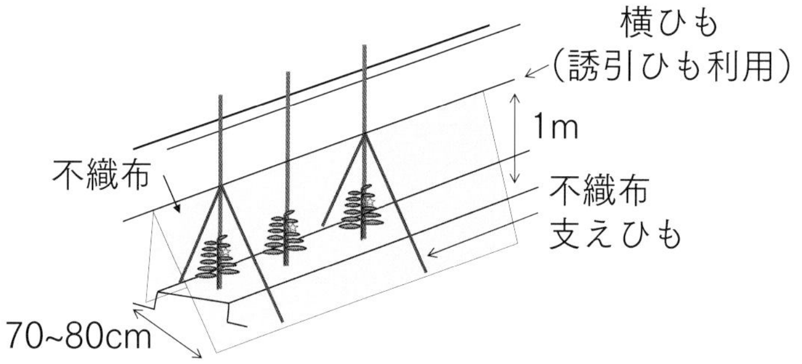

↑不織布のﾄﾝﾈﾙ↓

発泡スチロールの作業用踏み台

- Uﾀｰﾝ誘引は、高所作業の時に踏み台が必要。
- 市販の発泡ｽﾁﾛｰﾙ板で制作が可能。
- 高さの調整が容易。
- 発泡ｽﾁﾛｰﾙ1枚1,192円×3＝3,576円

※発泡ｶｯﾀｰ615円＋発泡用接着剤1,007円

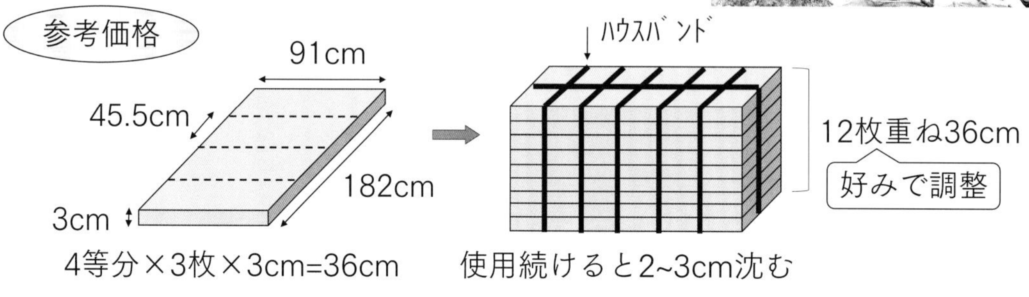

8 茎葉・花の障害と対策

萎れ（葉先）

- 育苗や2段花房の開花頃まで急に土壌が乾燥すると、葉先の一部が萎れる。
- かん水すると、翌日には回復するので、生育に影響はない。

根張りが弱いため、急に乾燥すると発生

2段花房開花頃まで発生

萎れ（定植後~3段花房開花）

- 根張りが弱い場合、茎葉から蒸散する水分量を根から補給できずに萎れる。
- 3段花房の開花頃まで、できるだけかん水を控え、根を深く張らせる。

平畦の黒ﾏﾙﾁや白黒ﾏﾙﾁは浅根となって発生

成長点付近の葉が萎れる

萎れ（4段花房開花以降）

- かん水が早いと、水分は根域層より下に流亡。特に根が浅い株は水分の吸収が悪く、萎れが発生。
- かん水は、水分の要求量が高まる直前の午前8~10時の時間帯に。
- 萎れた場合は1株0.7リットルかん水。萎れの程度が強い場合は遮光。

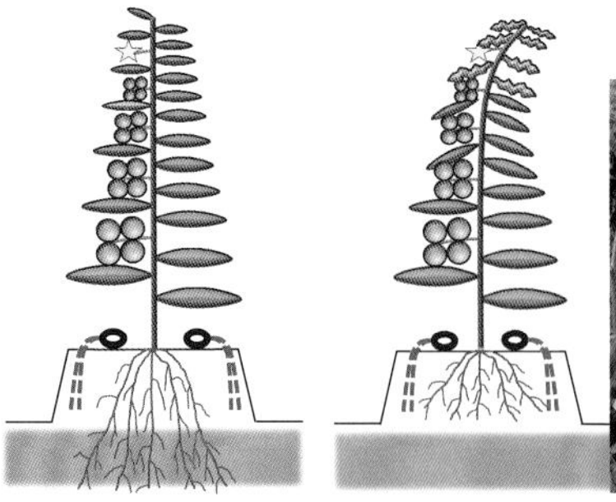

深根　浅根で水分の吸収が悪い　　早朝のかん水は日中萎れやすい

萎れ（徒長）

- 日照不足で、最低気温22℃以上が3日以上続くと、茎葉が徒長軟弱。急に晴れると萎れが発生。
- 換気の徹底、特に雨天時でも換気ができるよう工夫。

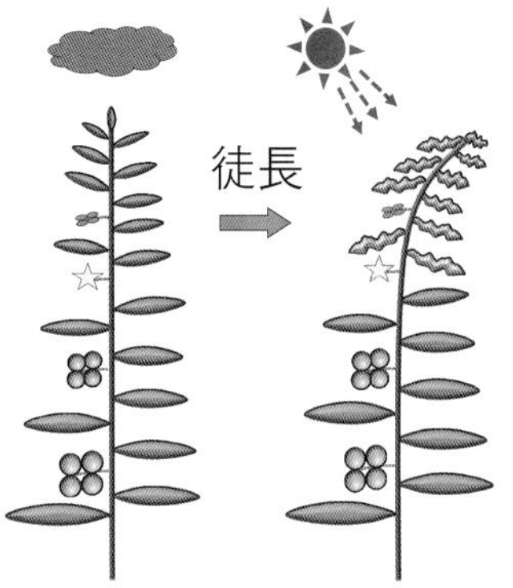

茎葉が軟弱のため萎れる　　　　　徒長による萎れ

萎れ（過湿）

- 過湿で土壌中の酸素が欠乏すると、根の活性が弱くなり、水分の吸収が悪くなって発生。
- 萎れの程度が強いため、回復が難しい株が多い。
- 適正量のかん水。萎れの程度が強い場合は遮光。

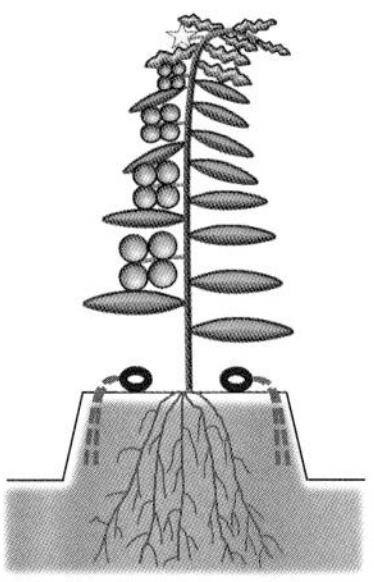

過湿

過湿による萎れ

集中豪雨による浸水被害

- 集中豪雨などでﾊｳｽ内が浸水すると、土壌中の酸素が欠乏して萎れが発生。
- 特に6段花房の開花までは、水分の吸収がおう盛なため、萎れが激しい。

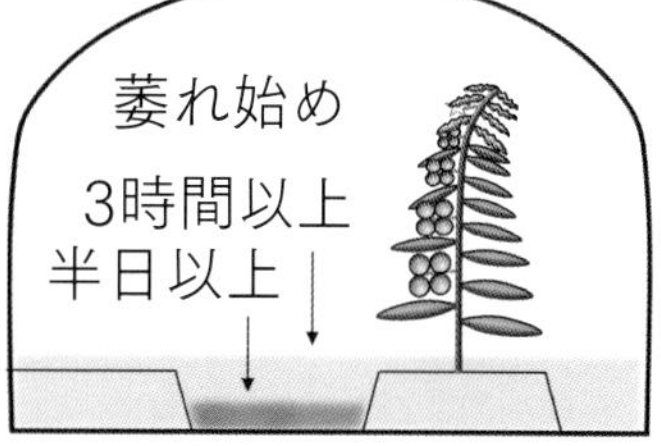

土壌中の酸素濃度と生育	10％前後	2％以下
	最も生育が良い	枯死

※農業技術大系野菜編(農文協)より

浸水被害の対策

- ﾏﾙﾁの裾を上げ、表面が乾いたら下げて徐々に乾かす。※急激な水分の変化を防ぐ。
- 萎れが激しい場合は、遮光や酸素供給資材を施用。
- 萎れ直後の農薬や肥料の葉面散布は、葉焼けが発生。萎れが回復した後に散布。

事前対策	事後対策
①ﾊｳｽ周囲の明渠 ②排水路の整備	①早急な排水 ②簡易遮光資材を散布 ③酸素供給資材を施用

浸水ほ場の排水

資材名	量.kg	水量.ﾘｯﾄﾙ	倍数	回数	使用方法
簡易遮光資材	4	40/10a	10	1~2	ﾊｳｽの片面
酸素供給剤(M.O.X)	10	0.7/1株	140	1	萎れ発生時

成長点の湾曲

- 最低気温が10℃以下になると、成長点の付近が曲がる。
- 7℃以下では強く曲がって、生育が停滞。
- 真っすぐにならないと生育が進まないので、曲がりが見られたら保温。

成長点が曲がって生育が停滞

芯止まり･芯詰まり

- 芯止まりは、草勢が強く14℃以下の低温が続くと、連続で花芽が分化して発生。止まった場合は、花房直下のわき芽を伸ばす。※ﾎｳ素欠乏も関与。
- 芯詰まりは、草勢が強いと発生。2~3日間ﾊｳｽを夕方早く閉め、朝方遅く開けて保温。4日以上行うと花芽分化が弱くなるので注意。

芯止まり→花房直下の
わき芽を伸ばす

芯詰まり→保温して成長点を伸ばす

水疱症

- 湿度が高い環境で発生しやすい。
- 育苗では過湿にすると発生。接ぎ木では活着促進のため、湿度を高めると多い。
- 紫外線ｶｯﾄﾌｨﾙﾑは、普通ﾌｨﾙﾑに比べて発生が多い。
- 換気を徹底する。品種によって発生の程度が違うため、生育に影響がある場合は、品種を替える。

育苗中過湿にすると発生(左:ｾﾙ育苗 右:鉢育苗)

ほ場での発生

茎葉の湾曲

- 誘引作業の遅れや手荒く行うと発生。3~4日で回復するが、生育が停滞。
- 誘引作業は遅れないよう、定期的に丁寧に。

誘引作業後に茎葉が湾曲

元に戻るまで生育が遅延

えき芽・葉巻き

- えき芽は、草勢が強くなると発生。遅れて現れるので、その時強いとは限らない。
- 葉巻きは、土壌水分が少ない状態で、水分の蒸散が激しい場合に発生。果実の肥大が悪くなるのでかん水量を増やす。

↑葉巻き↓

えき芽の発生

花の障害

- 草勢の低下や萎れは、開花や蕾、花芽分化に影響。草勢安定の管理が必要。
- 7~10日前に、成長点が萎れると花粉ができにくく、開花しない花が多くなる。
- 高温期は、約5日間で花芽分化が終了。最低気温22℃以上の日が多いと花数が減少。
- 日照不足で、昼夜の温度差が小さいと花芽分化が弱く、弱小蕾が多くなる。

未開花で落花

最低気温が高い

昼夜の温度差が小さい

ガク枯れ①

- 根張りが悪いと、茎葉と果実で養分の競合が起き、花まで十分供給されず発生。
- 茎葉の繁茂量が多く、根からの養水分の供給が不足する3~5段花房に多い。

開花 → ガク枯れ

- 矢印の上：茎葉・果実が養分競合
- 矢印の下：養水分の吸収力が低下
- 「開花」の下：浅根

ガク枯れ②

- 根を深く張らせ、草勢を維持。3･4段花房の開花期に葉面散布。
- 発生時のﾄﾏﾄﾄｰﾝ処理は、花を集めないでｶﾞｸ片や離層に噴霧。

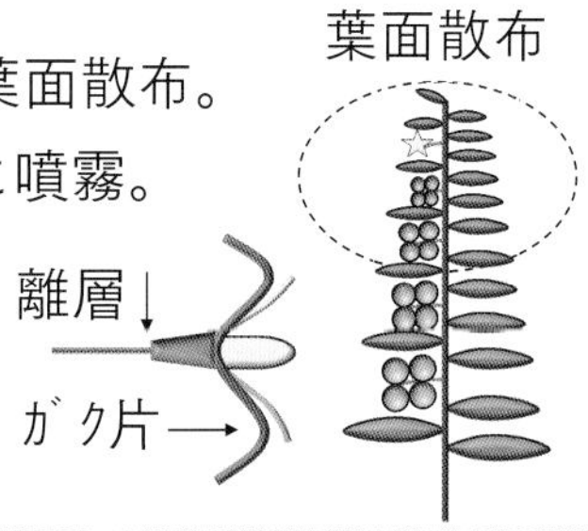

肥料名	倍数	散布時期	回数
ﾒﾘｯﾄ黄	400	3･4段花房開花	2~3日おき2回
ｻｲﾄｶﾆﾝ	400		

ｶﾞｸ枯れ

花を集めないでﾄﾏﾄﾄｰﾝ処理

葉面散布

開花不良･開花不揃い

- 水分不足になると開花の勢いが弱く、開花不良が多くなる。
- 草勢が弱いと、花芽分化の期間が長くなって、開花が不揃い。

水分不足による開花不良

花芽分化が長く開花不揃い

着果遅れは肥大が悪い

花房葉･鬼花

- 花房葉は、草勢が強いと、花と葉が一緒に分化して発生。葉を残しておくと、開花不揃いになるので、蕾のうちに取る。
- 鬼花は、最低気温14℃以下の日が3~4日以上続いた場合や草勢が強いと、花芽分化がおう盛となって発生。開花不揃いになるので、開花前に取る。

扁平蕾

花房葉

鬼花

9 果実の障害と対策

軟果の種類と発生原因

- 主に高温期に発生、多様な症状が見られる。発生の原因は、生育ｽﾃｰｼﾞや時期によって違う。
- 発生後は対策がないため、事前に対策を講ずる。

軟果が発生する時期

月/旬 軟果の種類	6	7			8			9			誘発時期	主な発生原因
	下	上	中	下	上	中	下	上	中	下		
果壁水浸状	●	●	●	●	●	●	●	●			花芽分化~着果	果壁の一部が薄い・軟弱+着色5~7日前多量吸水
尻部	●	●	●	●	●	●	●	●				
ｱﾐ入り				●	●	●	●	●			開花~着果	ｶﾙｼｳﾑ過剰+40日前着色
肩部へこみ								●	●	●		少種子果+果温高低差大
果実接着					●	●	●	●	●		白熟	接着で果温の冷え遅い
押し型	●	●	●	●	●	●	●	●	●	●	収穫	収穫時の詰めすぎ

果壁水浸状軟果・尻部軟果①

- 花芽分化~着果までに草勢が低下、側部や尻部の果壁の一部が、薄くなったり軟弱化。着色開始5~7日前に多量に吸水すると、そこの部分が軟果。
- 適正な草勢の維持、雨天続きでも2日おき以内でかん水。

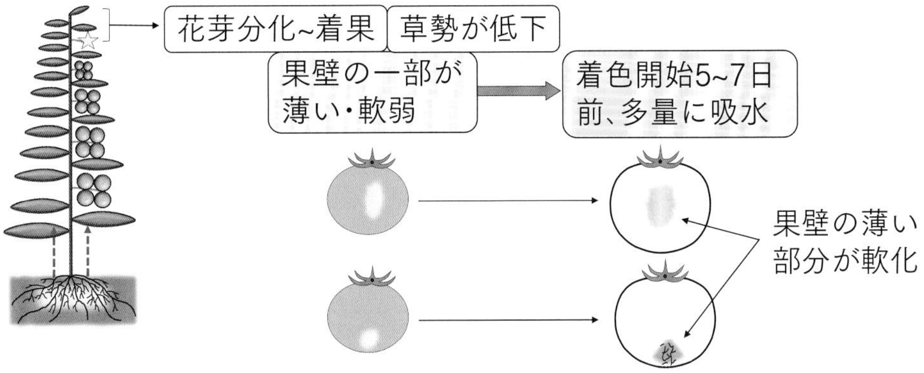

果壁水浸状軟果・尻部軟果②

果壁水浸状軟果　　尻部水浸状軟果

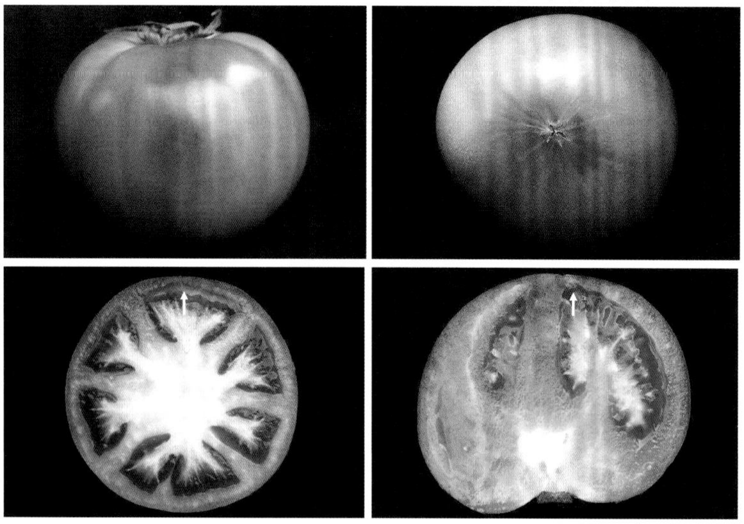

果壁の薄い部分が軟果

尻部は薄くなりやすい

アミ入り軟果

- カルシウムの過剰吸収が主な原因。着果後40日前に着色した果実に多い。
- 基肥の石灰資材は、適正量を施用。
- 6月中~7月中旬の着果期間は、カルシウム入り肥料の過剰な追肥と葉面散布に注意。

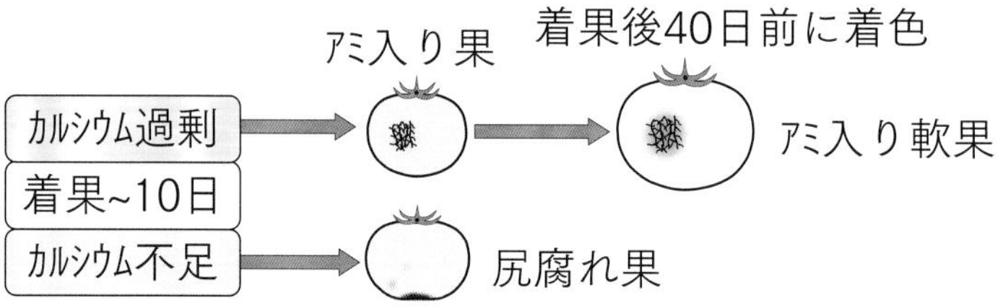

項目＼月/旬	6			7			8			9
	上	中	下	上	中	下	上	中	下	上
アミ入り軟果の発生時期		開花～着果				→				
	着果後40日前に着色→						収穫			

アミ入りは幼果に発生

アミ入り果

アミ入り軟果の推移　　アミ入り軟果　　正常果

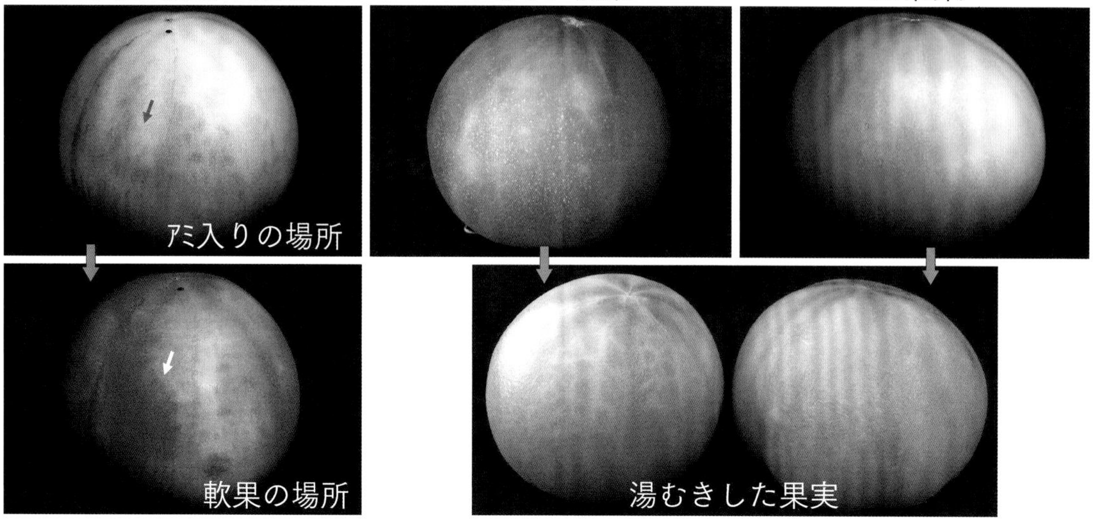

肩部へこみ軟果

- 肩の一部が軟弱で指で押すとへこむ。ｸﾞﾘｰﾝﾊﾞｯｸが強く、つやなし部分に発生。
- 種子が少ない果実が、着色期に果実の温度差が大きいと発生。8月中~下旬に着果した果実に多い。
- 蕾肥大~着果まで、30℃以上の高温や萎れを防ぎ、受精して種子ができる稔性花粉を多くする。

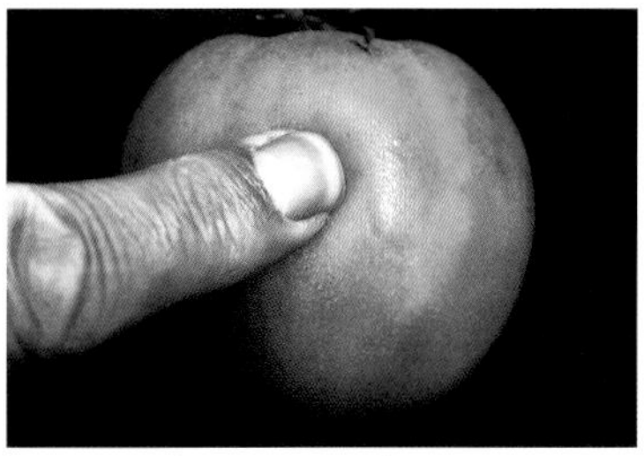
種子の少ない子室がへこむ

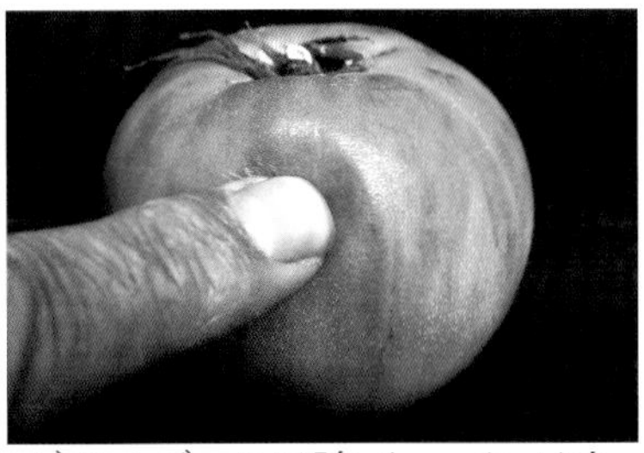
ｸﾞﾘｰﾝﾊﾞｯｸが強くつやがない

種子が少ない

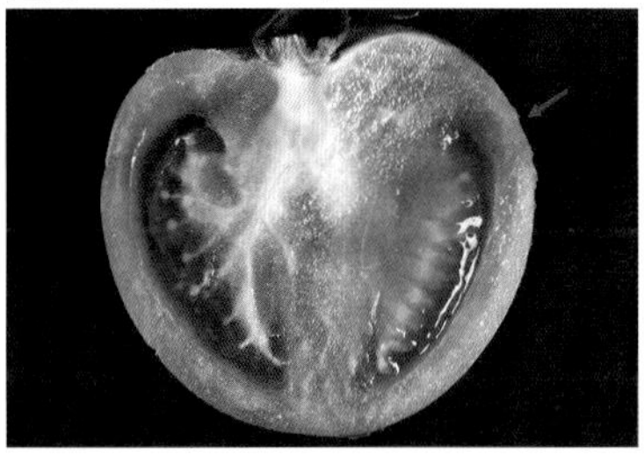

果実接着軟果・押し型軟果

- 果実接着軟果は、果実同士が接着した部分の温度が冷めにくく、早く着色すると発生。特に空洞果に多い。※空洞果の対策は72ﾍﾟの空洞果・菊型空洞果を参照。
- 押し型軟果は、収穫時の満杯詰めで押し型が付いて発生。

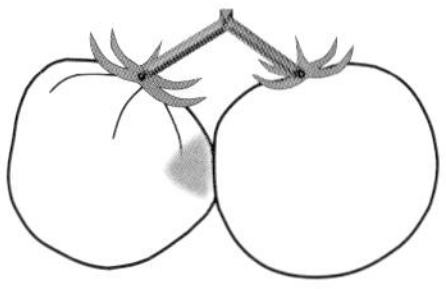
果実の接着部分が軟果

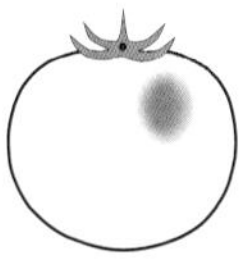
押し型軟果

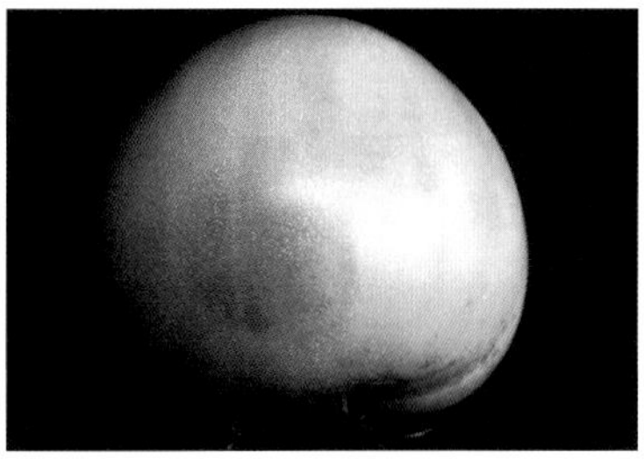

収穫後(高温期)の軟果

- 果実の温度が高い時間帯に収穫すると、水分ｽﾄﾚｽで軟果が発生。温度が上昇しにくい午前中に収穫。
- 収穫後は、直射日光にあてないよう日陰に置き、濡れ新聞等で覆い、果実水分の蒸散を防ぐ。

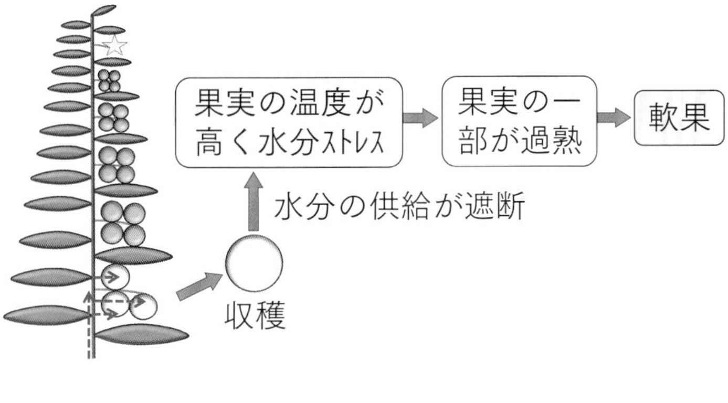

日陰に置く

濡れ新聞で覆う

全摘葉＋エスレル処理による軟果

- 全摘葉が早いと果実に直射日光が強くあたり、果実の温度が高くなって、着色が早く進む。
- ｴｽﾚﾙ処理するとさらに着色が早くなって、ｱﾐ入りの果実に軟果が発生。
- ｱﾐ入り果が多い場合は、ｴｽﾚﾙ処理を行わない。処理する場合は、10月10日以降に400倍で。

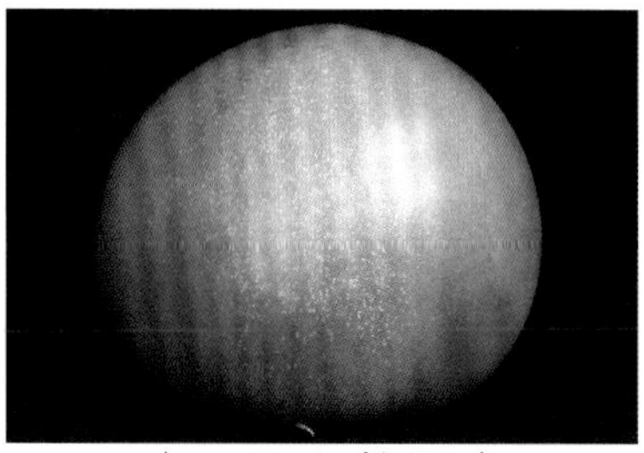

↑ｱﾐ入り軟果↓

全摘葉は果実の温度が高くなる　ｱﾐ入り果

空洞果・菊型空洞果

- 空洞果は、ｾﾞﾘｰの発育不足で発生。摘葉して果実に光をあて、ｾﾞﾘｰの発育を促す。適正なかん水量とｼﾞﾍﾞﾚﾘﾝの加用で果実肥大を調整。
- 菊型空洞果は、受精しないで着果した果実に発生。蕾肥大~着果まで、30℃以上の高温や萎れを防ぎ、受精して種子ができる稔性花粉を多くする。

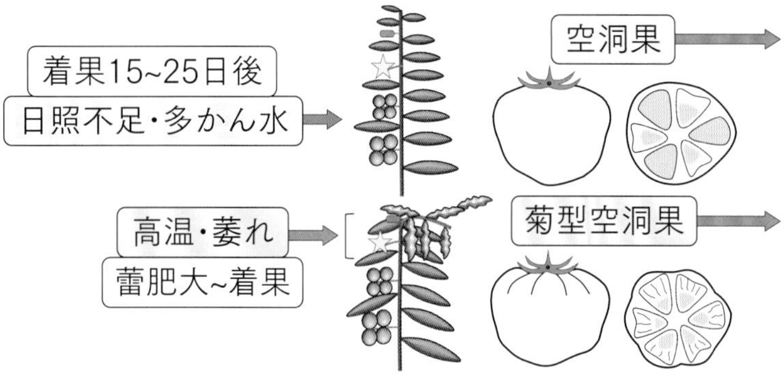

空洞果と菊型空洞果の違い

空洞果

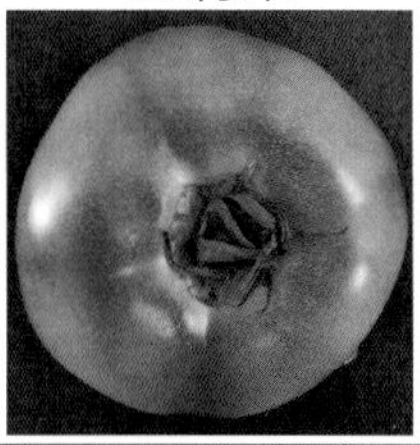

菊型空洞果

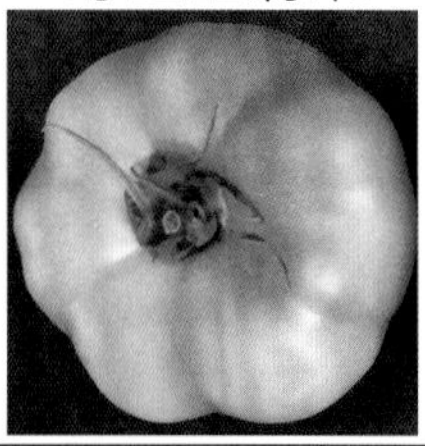

萎れで稔性花粉が減少

ｾﾞﾘｰの発育がやや悪い　種子が少なくｾﾞﾘｰの発育が悪い　乾燥で稔性花粉が減少

尻腐れ果

- 外部褐変は、土壌中のｶﾙｼｳﾑが少ない、ﾁｯｿ過剰、ｶﾘ過剰、土壌乾燥などで発生。
- 内部褐変は、主にﾁｯｿ過剰と日照不足の状態で、最高気温25℃以上、最低気温20℃以上の日が、3日以上続くと発生しやすい。
- 幼果の表面にｼｭｳ酸ｶﾙｼｳﾑの発現が少ない(銀粉症状)場合は、ｶﾙｼｳﾑ剤を2~3日おきに2回葉面散布。
- 石灰資材やﾁｯｿ、ｶﾘは適正量を施用。定期的なかん水で、土壌の適正な湿度を保持。

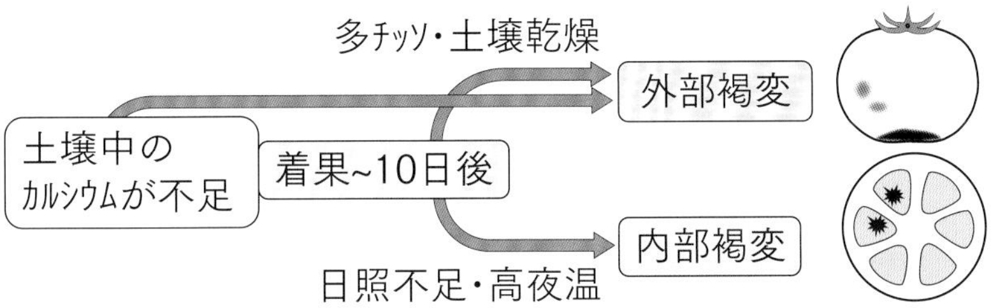

尻腐れ果の種類

外部褐変(尻部)　外部褐変(表皮)

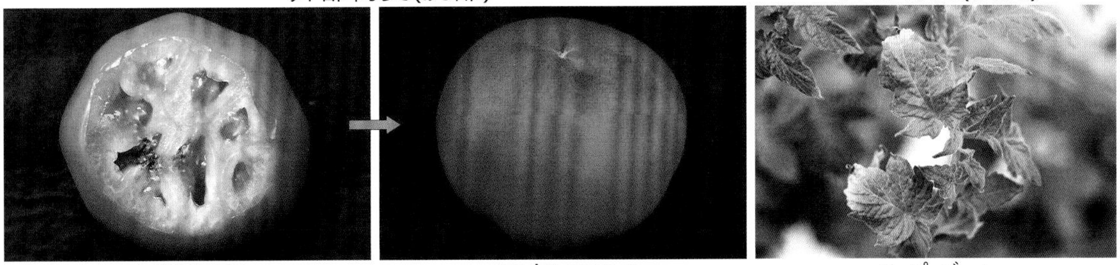
内部褐変　尻部が凹む　ﾁｯﾌﾟﾊﾞｰﾝ

内部褐変

- 日照不足や最低気温が高いと、果実に吸収されたﾁｯｿが分解されて残る有機酸を、ｶﾙｼｳﾑが完全に中和できないため発生。
- 気象以外にﾊｳｽなどの条件でも発生。

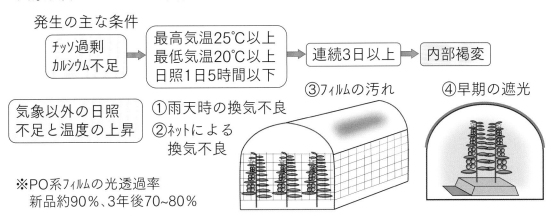

発生の主な条件

ﾁｯｿ過剰
ｶﾙｼｳﾑ不足 → 最高気温25℃以上
最低気温20℃以上
日照1日5時間以下 → 連続3日以上 → 内部褐変

気象以外の日照
不足と温度の上昇

①雨天時の換気不良
②ﾈｯﾄによる
換気不良
③ﾌｨﾙﾑの汚れ
④早期の遮光

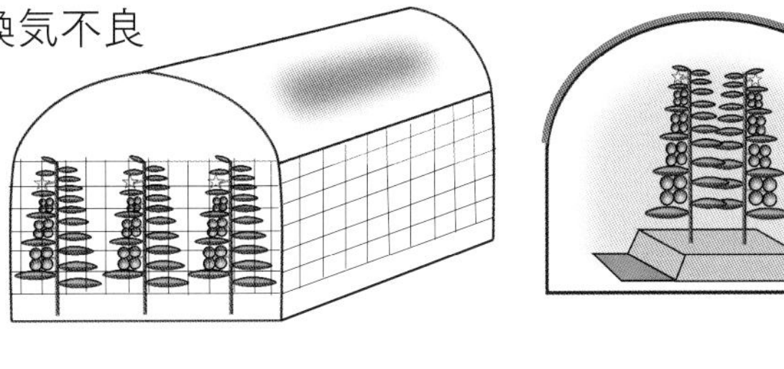

※PO系ﾌｨﾙﾑの光透過率
新品約90％、3年後70~80％

肥大不揃いによる尻腐れ果

- 開花揃いが悪く、1~2番果の肥大が早いと、ｶﾙｼｳﾑの補給が追いつかず発生。
  ※ﾄﾏﾄﾄｰﾝ処理が早い場合や、摘心直下の花房に発生する場合も同じ条件。
- 定期的なかん水と追肥で、安定した草勢を維持。
- 着果数が少ない場合は、ｶﾙｼｳﾑ剤を2~3日おきに2回葉面散布。

1~2番果に多い

花芽分化始め →（肥料不足・水分不足／分化期間が長い）→ 開花不揃い

尻腐れ果の発生予測診断

- 開花花房から4段花房下の果実にｼｭｳ酸ｶﾙｼｳﾑが発現していると(銀粉症状)、尻腐れ果の発生が少ない。
- 少ない場合は、開花~下段2花房を中心に、ｶﾙｼｳﾑ剤を2~3日おきに2回葉面散布。

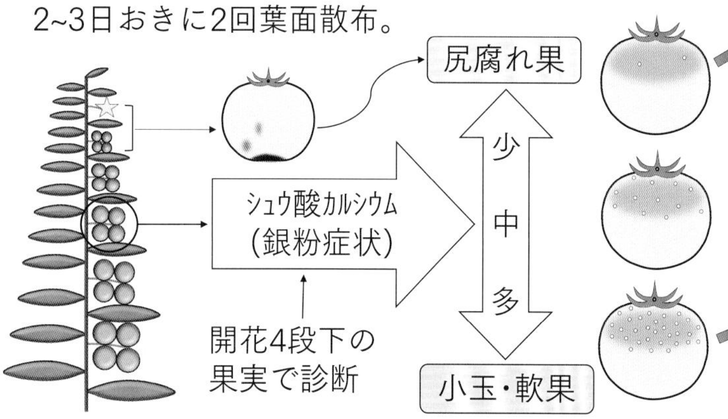

ｼｭｳ酸ｶﾙｼｳﾑなし

ｼｭｳ酸ｶﾙｼｳﾑあり

着色異常果

- 主にﾁｯｿ過剰が原因。10~20％減肥、定期的に追肥。
- ｸﾞﾘｰﾝﾊﾞｯｸ果や条線果は、果実に直射日光を長くあてない、土壌乾燥防止。
- 着色不良果やすじ腐れ果は、日照不足の場合は硝酸態ﾁｯｿ入り肥料を追肥。

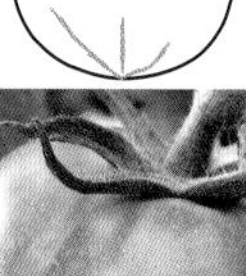

減肥・かん水・遮光　　着果後15~30日　　減肥・葉切り

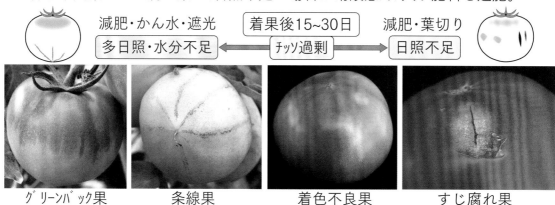

多日照・水分不足 ←　ﾁｯｿ過剰　→ 日照不足

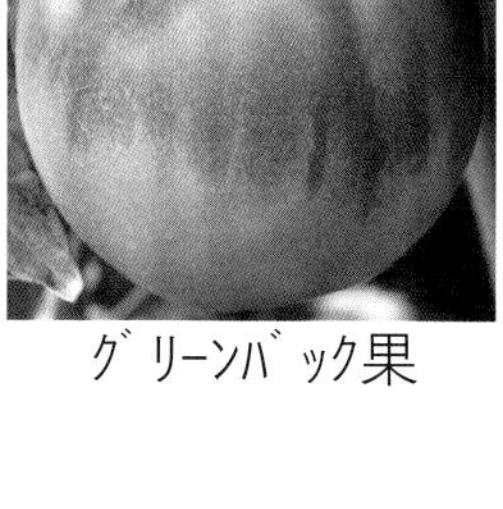

ｸﾞﾘｰﾝﾊﾞｯｸ果

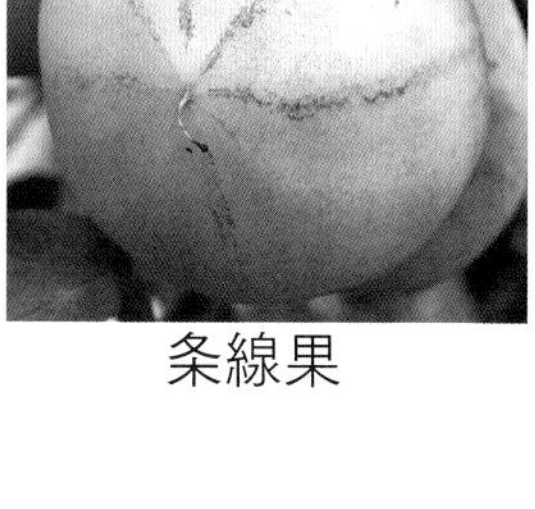

条線果

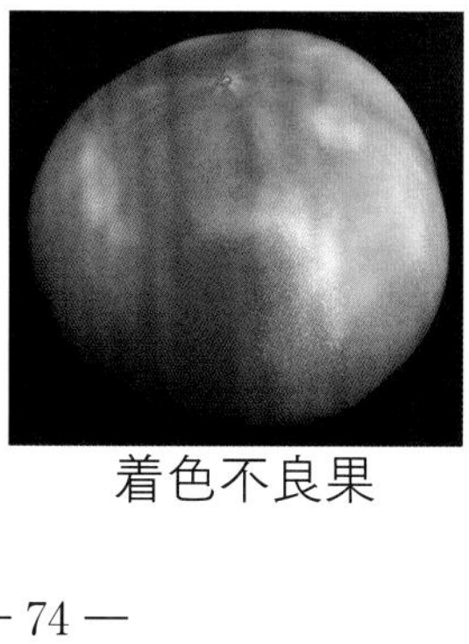

着色不良果

すじ腐れ果

低温や高温による着色不良果

- 果実の着色成分は、赤色のﾘｺﾋﾟﾝと黄色のｶﾛﾃﾝ。
- ﾁｯｿ過剰で果実の温度が15℃以下の場合や、28℃以上ではﾘｺﾋﾟﾝの発色が抑制され、ｶﾛﾃﾝが優先発色。
- 全体が赤色になる前に熟期を迎え、橙色が残るため、着色不良果になりやすい。
- 温度管理の徹底、低温や日照不足の場合は、硝酸態ﾁｯｿの入った肥料を追肥。

着色成分	発色適温
ﾘｺﾋﾟﾝ(赤色)	19~24℃
ｶﾛﾃﾝ(黄色)	10~30℃

※①ﾄﾏﾄ大事典(農文協)より
②ﾘｺﾋﾟﾝの発色程度は品種によって違う。

ﾁｯｿ過剰・低温でｶﾛﾃﾝが優先発色

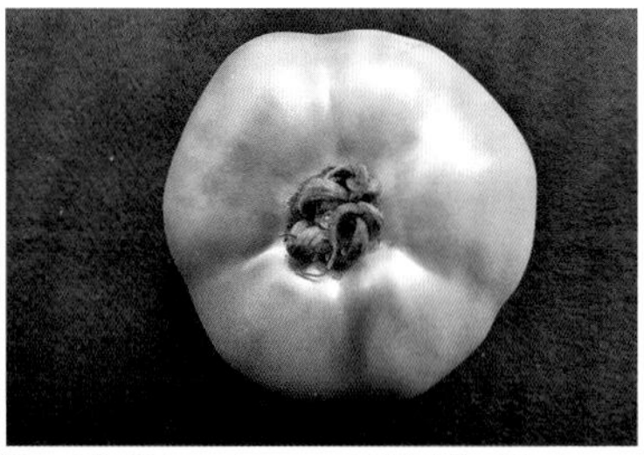
高温でｶﾛﾃﾝが優先発色

裂果

- 主に9月は、8月の早期白熟果。10月以降は、9月の水分不足と急激な吸水、14℃以下の低温が原因。
- 定期的なかん水で急激な吸水を防ぐ。高温時は遮光を行い、早期白熟果を防ぐ。
- 16~25℃で管理。特に同心円状裂果は、日中換気を行い、果実の温度差を小さく。

着果後20~35日 | 果実の温度上昇/果皮が硬化 → 低温・肥料・水分過多 → 裂果

放射状裂果

同心円状裂果

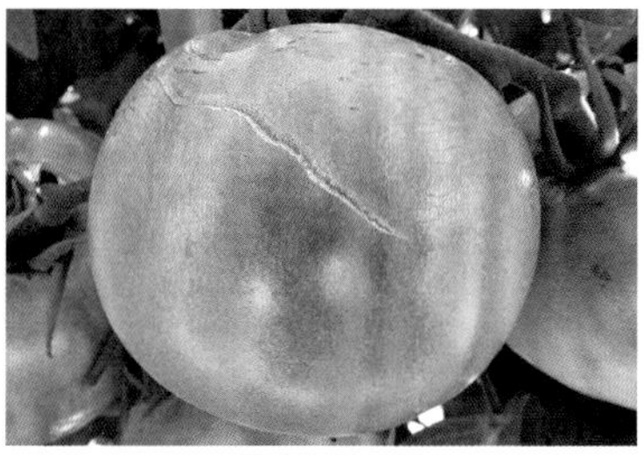
側状裂果

コルク層大果と裂果

- 放射状裂果は、ｺﾙｸ層から発生。ｺﾙｸ層が大きいほど裂果の程度も大きい。
- ｺﾙｸ層大果は、弱小蕾が着果した果実に発生。※品種によって差が見られる。
- 草勢が低下した場合は、葉面散布で蕾の肥大を促進。

肥料名	倍数	散布時期	回数
ﾒﾘｯﾄ黄	400	8月以降に草勢が弱い場合	2~3日おき2回

ｺﾙｸ層の大小で放射状裂果の程度が違う

弱小蕾はｺﾙｸ層が大きい

早期白熟果と裂果

- 緑熟期に果実の温度が上昇すると、早期に白熟果となって果壁が硬化。内部のｾﾞﾘｰが成長、果壁に弾力がないため、耐えきれず裂果。
- 8月に発生が多く、9月裂果の主な原因。摘葉を控え吸水を高め、高温時は遮光。

着果 → 緑熟期 →（着果25日後）→ 白熟期 → 着色開始期
緑熟期 → 早期白熟期

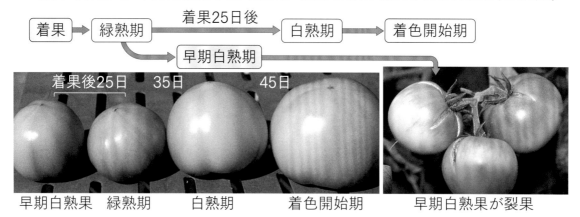

早期白熟果　緑熟期　白熟期　着色開始期

早期白熟果が裂果

全摘葉と茎潰しによる裂果防止

- 全摘葉は、一度に行うとｼｮｯｸで落果しやすい。2回に分けて実施。
- 茎潰しは、全摘葉に比べ効果がやや劣る。

方法	時期	注意点
全摘葉	10月上~中旬	早いと日焼け果発生
茎潰し	裂果始め	弱いと効果が低い

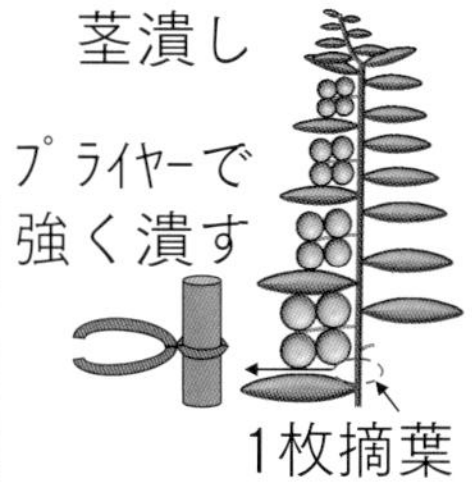

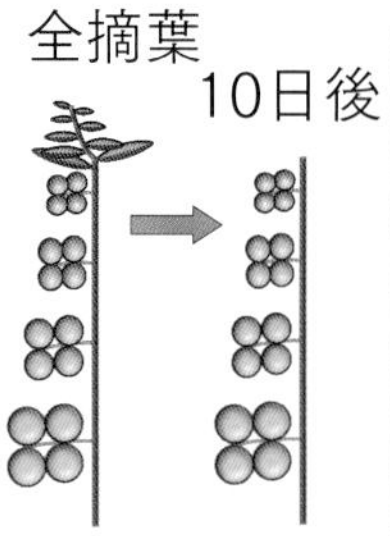

チャック果・窓あき果

- 両果とも花芽分化期から開花期までに、低温や多ﾁｯｿ、土壌乾燥などの条件で、ｶﾙｼｳﾑの吸収が悪いと発生。
- 育苗期や8月に、花芽分化した花房に発生が多い。
- 育苗期は本葉4・6・8枚頃に、ｶﾙｼｳﾑ肥料を葉面散布。8月は水分不足に注意。

花芽分化~開花
ｶﾙｼｳﾑ欠乏
↓
ﾁｬｯｸ果・窓あき果

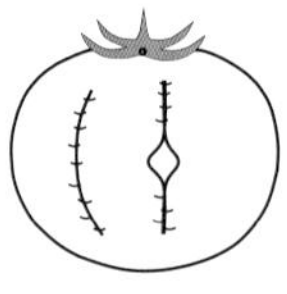

ﾁｬｯｸ果

窓あき果

変形果

- だ円形果や乱形果は、草勢が強い場合や昼夜の温度差が大きいと発生。
- 頂裂型果は、草勢の強弱で花芽分化が不規則になると発生。かん水と追肥の間隔は2日おき以内で。

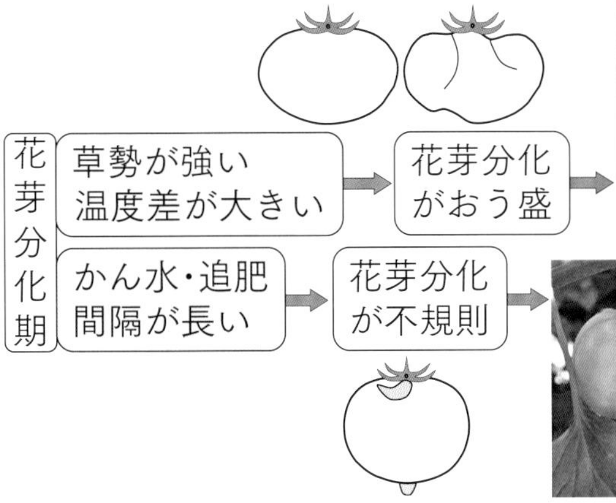

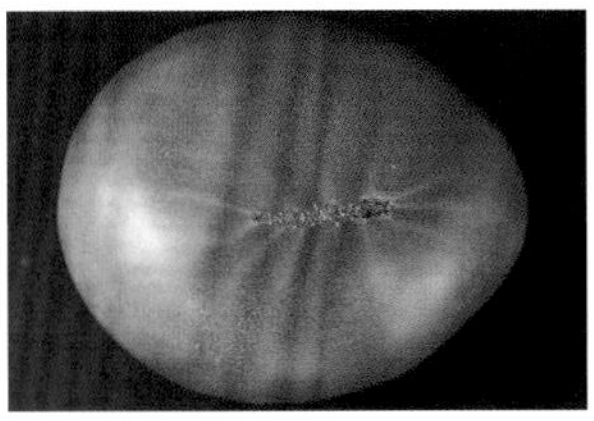
だ円形果

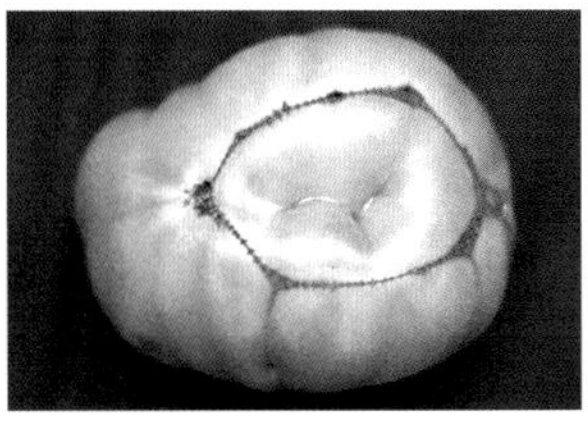
乱形果

頂裂型果

←指出型

でべそ型→

頂裂型果の種類

草勢の強弱で花芽分化が不規則

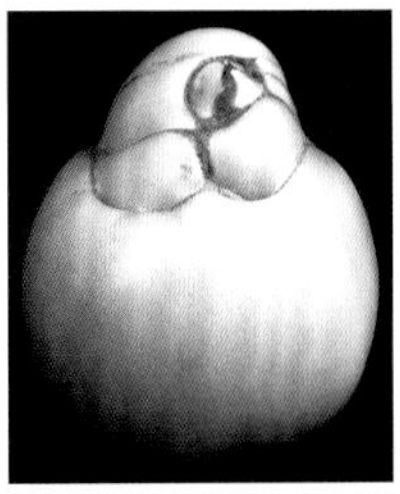

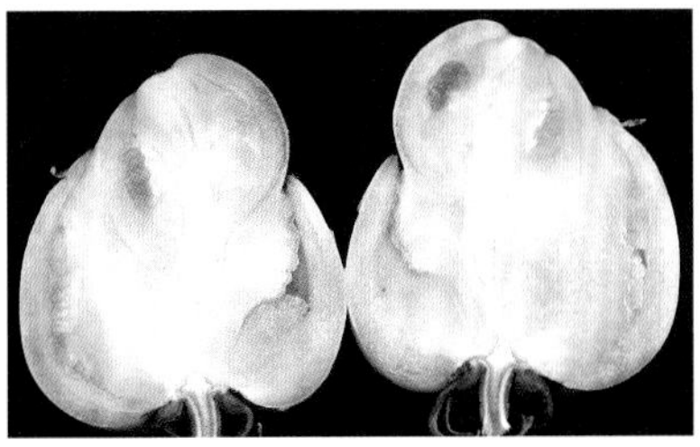

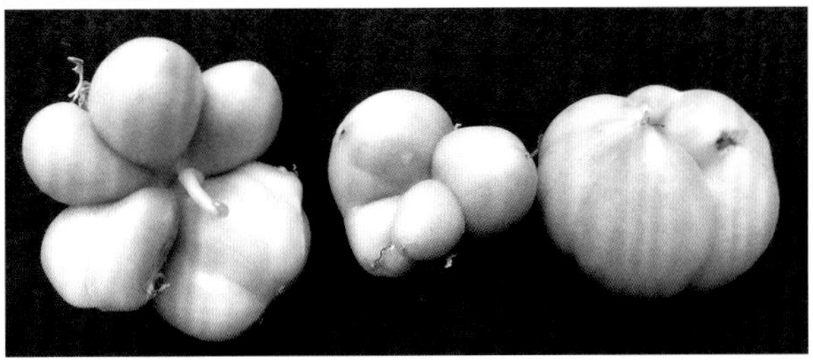

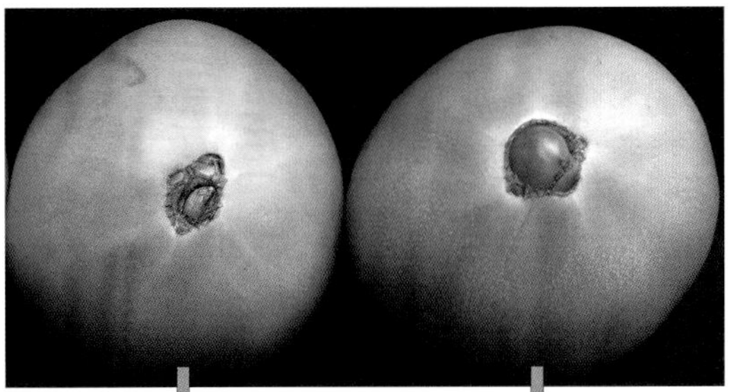

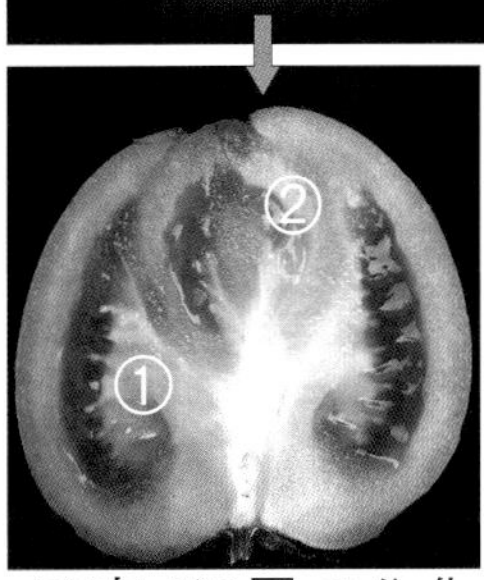

子室が2層で分化

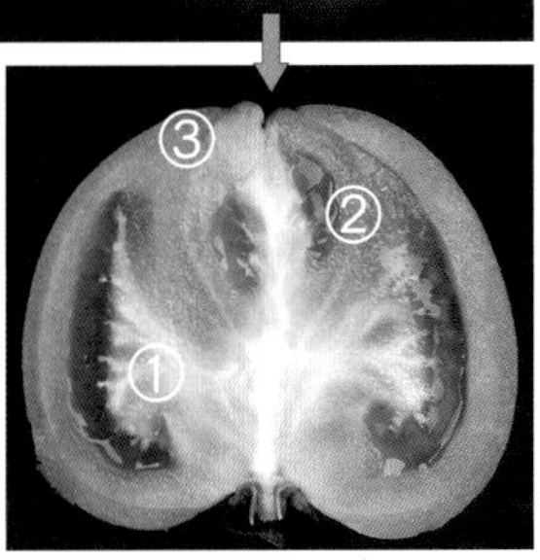

3層で分化

花痕部つゆ果

- 草勢の強弱で、花芽分化期に子室が2次生長、果壁が薄くなって発生。
- 草勢安定のため、かん水と追肥の間隔は、2日おき以内。

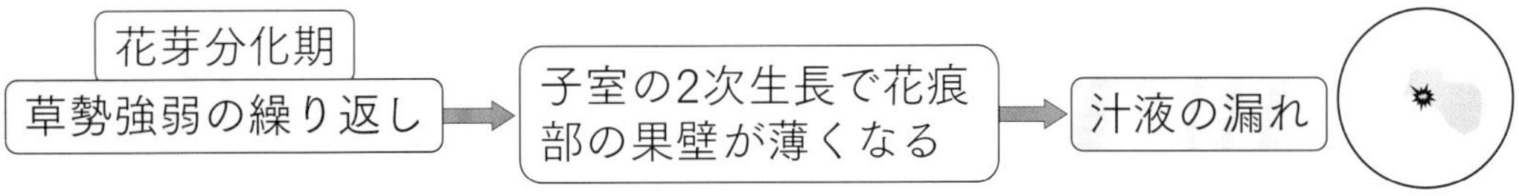

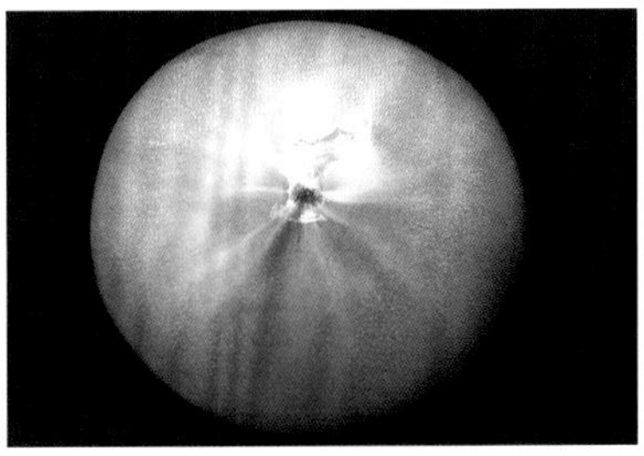
花痕部から汁液が漏れる

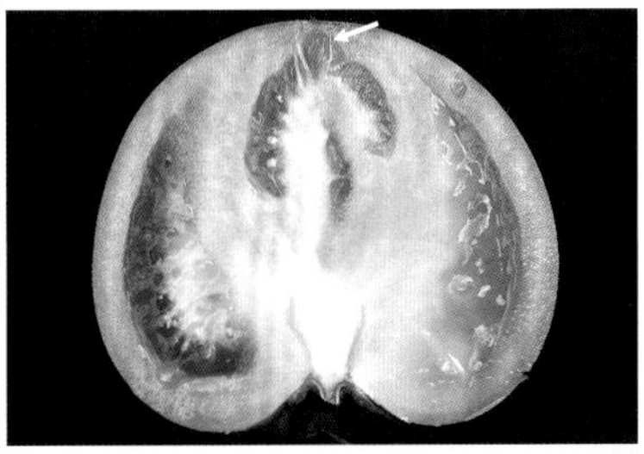

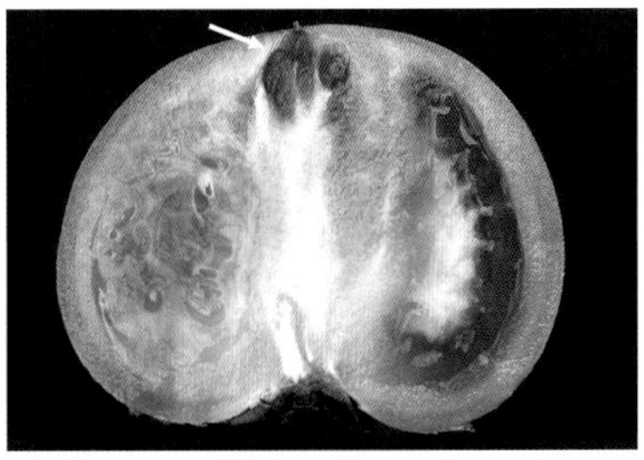
不規則な子室分化で、花痕部の果壁が薄くなる

つやなし果①

- 高温の条件下や萎れが発生すると、不完全受精で、種子が少ない果実が多くなる。完全受精した種子の多い果実に、養水分を奪われて発生 。
- ﾄﾏﾄﾄｰﾝ処理が遅れた花や蕾は効果が低い。適期処理で肥大が早い果実に、養水分を奪われて発生。※ﾄｰﾝ処理は、開花2日前~3日後が最も効果が高い。

高温や萎れが発生して着果

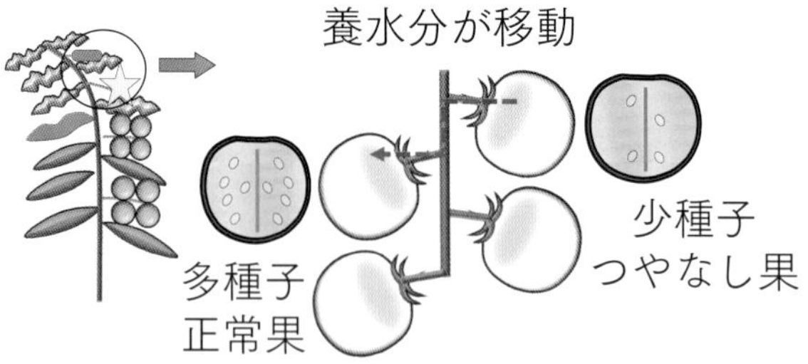

ﾄﾏﾄﾄｰﾝの不適処理で着果

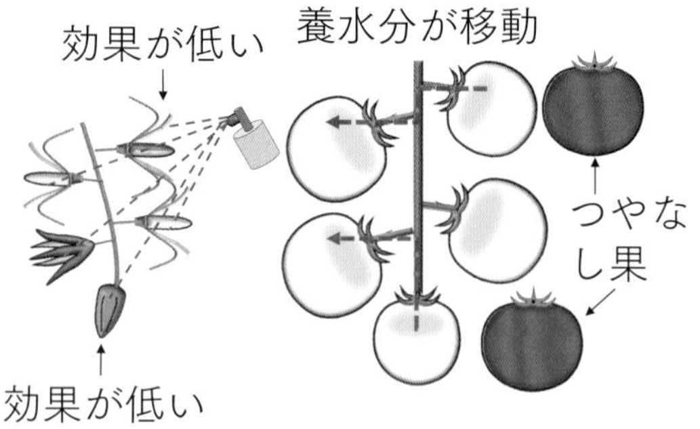

つやなし果②

- 蕾肥大~着果まで、30℃以上の高温や萎れを防ぎ、受精して種子ができる稔性花粉を多くする。
- ﾄﾏﾄﾄｰﾝ処理を適期に行う。
- 遮光を行い果実に直射日光をあてない。

着果 → 種子が少ない果実 / ﾄﾏﾄﾄｰﾝの効果が低い果実 → 果実同士が養分競合 → 水分不足・果実の温度差が大きい → 果実の膨張と収縮でｼﾜが発生 → つやなし果

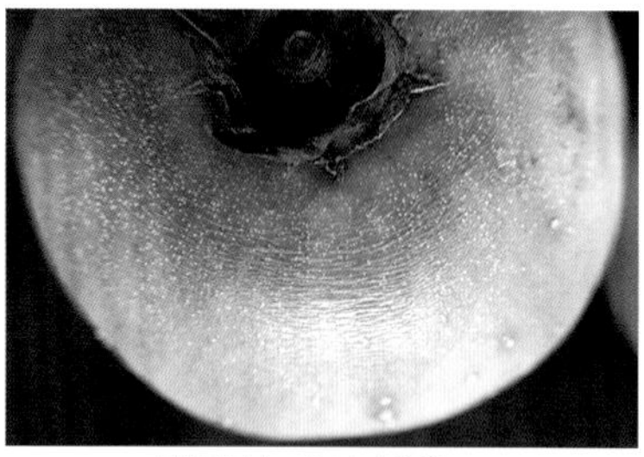

果面にｼﾜが多い

つやなし果　つやあり果

裂皮果

- 果実に直射日光があたり、果実の温度が上昇して果皮が硬化。昼夜の温度差で、果実が膨張と収縮を繰り返して裂皮。※品種によって発生程度が違う。
- 遮光を行い、果実に直射日光を長くあてない。

着果20~30日 果実に直射日光 → 果皮が硬化・膨張 → 果実が収縮 → 裂皮果

縦筋状に裂皮

直射日光で果皮が硬化し裂皮

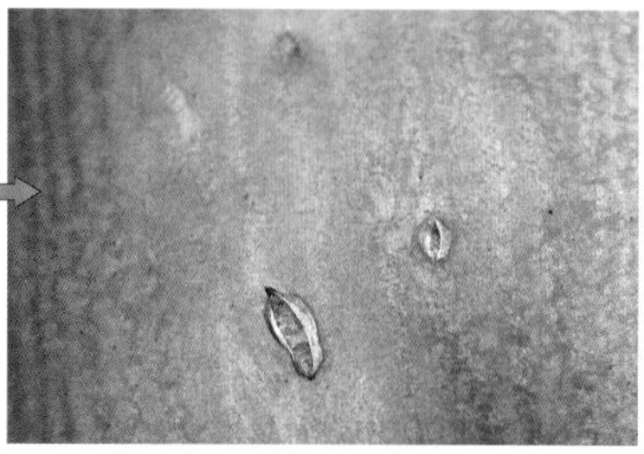

肥大が進むとｺﾙｸ化

低温障害果

- 開花4日前~開花頃、最低気温4℃以下でｹﾛｲﾄﾞ状の傷が発生。品種間差が大きい。
- 4℃以下にならないよう保温や加温。

開花4日前~開花 → 4℃以下の低温 → 低温障害果

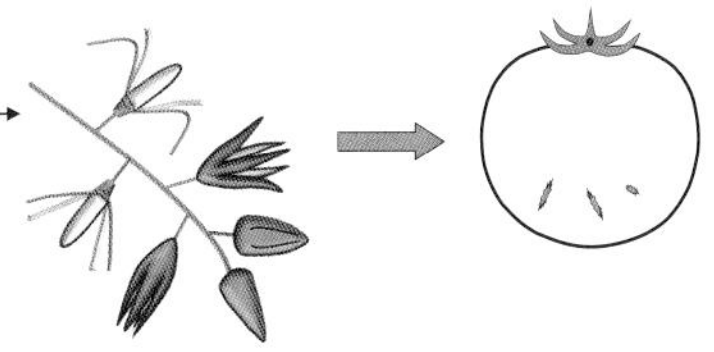

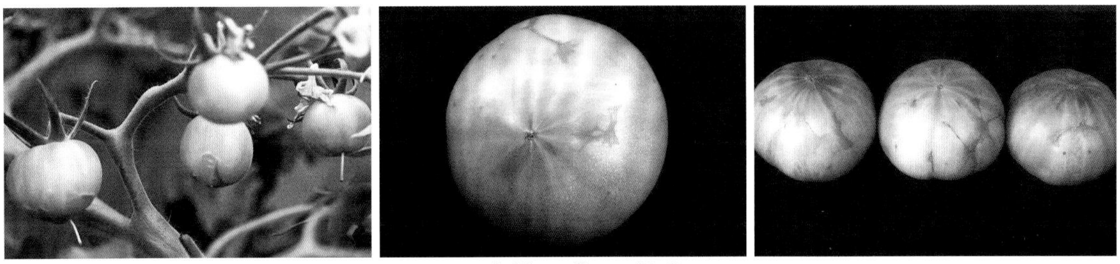

ｹﾛｲﾄﾞ状の傷が発生

日焼け果

- 果実に直射日光があたり、果面の温度が高くなって発生。水分不足で症状が拡大。
- 定期的なかん水で、土壌の水分を保持。日射量が強い場合は遮光。

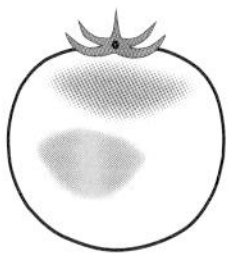

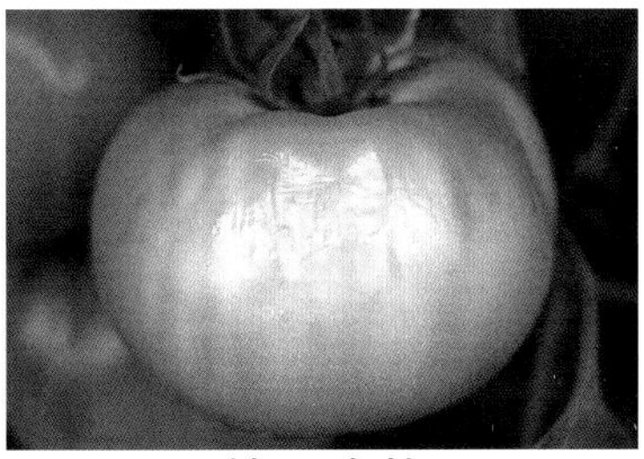

焼け症状

肩部分が茶褐色

黄化症状

緑斑点果

- 緑熟期に薬剤や葉面散布剤などが斑点状に残り、白熟期が遅れて発生。
- 28℃以上の気温や果実の温度が高い時は、薬剤や肥料の葉面散布は行わない。
- 使用濃度を順守、斑点が残りにくい剤を使用。

着果15~25日
薬剤・肥料葉面散布 → 果実に汚点 → 汚点部分の白熟期が遅れる → 緑斑点果

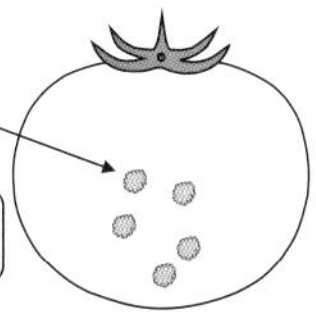

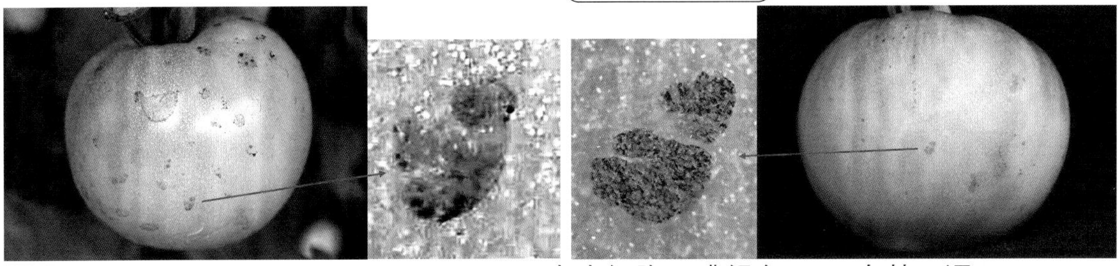

汚点部分　表皮細胞が濃緑色　白熟が遅れる

コルク層大果・花痕部大果

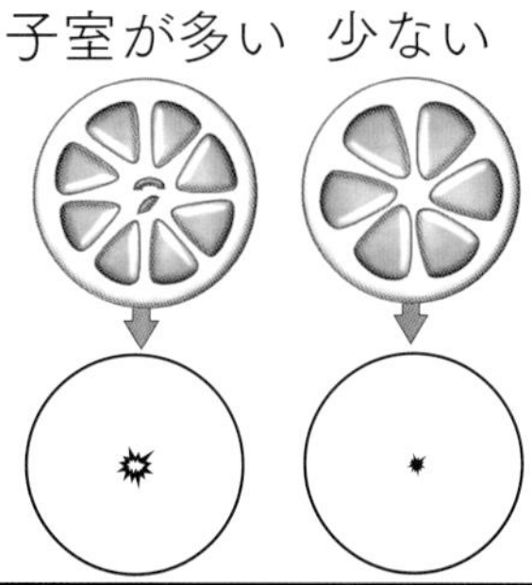

- ｺﾙｸ層大果は、弱小蕾が着果した果実に発生しやすい。生育診断に基づいたかん水と追肥で草勢を維持。
- 草勢が弱い場合は葉面散布。※発生程度は品種で差が見られる。
- 花痕部大果は、花芽分化がおう盛で、子室の数が多くなって発生。適正なかん水と追肥。

放射状裂果の主な原因

弱小蕾が着果した果実に多い

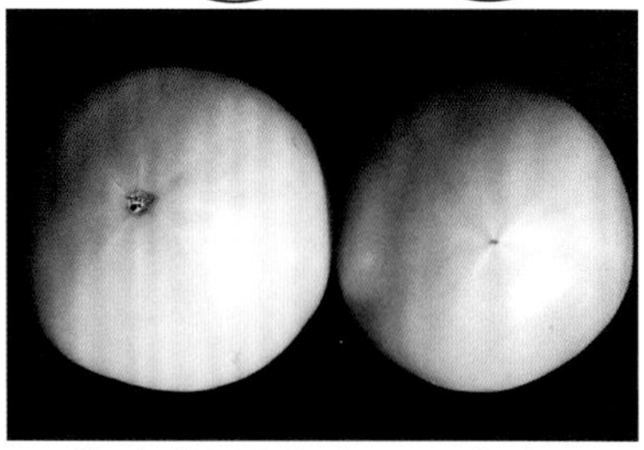

花痕部が大きい　小さい

とんがり果・花かす付着果

- とんがり果は、ﾄﾏﾄﾄｰﾝ処理が早かったり、開花不揃いで、先端の花が遅れて着果。果実間の養分競合で、養分が十分補給されないため発生。定期的なかん水と追肥で、適正な草勢を維持。
- 花かす付着果は、幼果期に肥大が遅いと、花かすが抜けにくい。適正な肥培管理で草勢を維持。

↑花かす付着↓

とんがり果は遅れて着果した果実に多い

幼果期に肥大が遅いと発生

トマトトーンとジベレリンの障害果

- ﾄﾏﾄﾄｰﾝは、適正な濃度でも弱い草勢や高温での処理は、先とんがり果が発生。
- ｼﾞﾍﾞﾚﾘﾝは、草勢や気温の影響を受けにくいが、高濃度で花痕部の凹み果が発生。

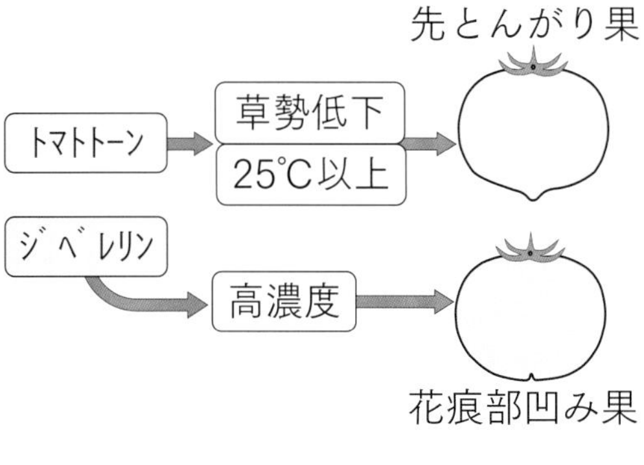

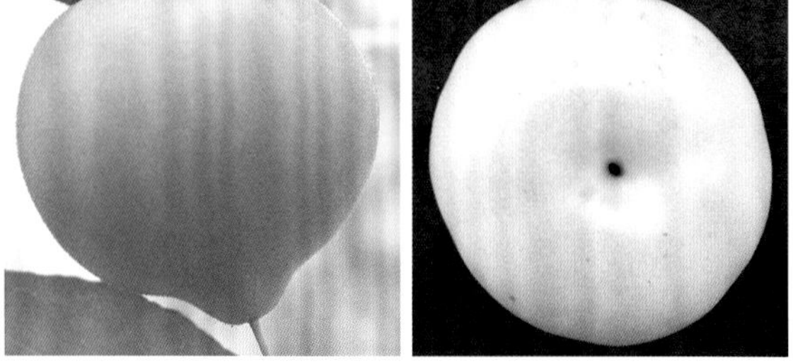

夏秋トマト障害果図① (通常の名称以外も含む)

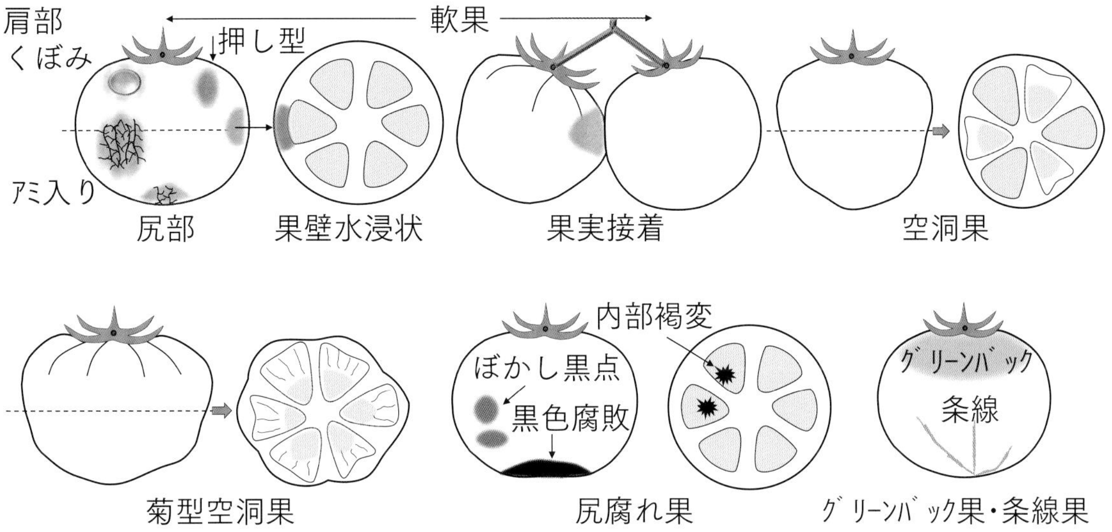

夏秋トマト障害果図② (通常の名称以外も含む)

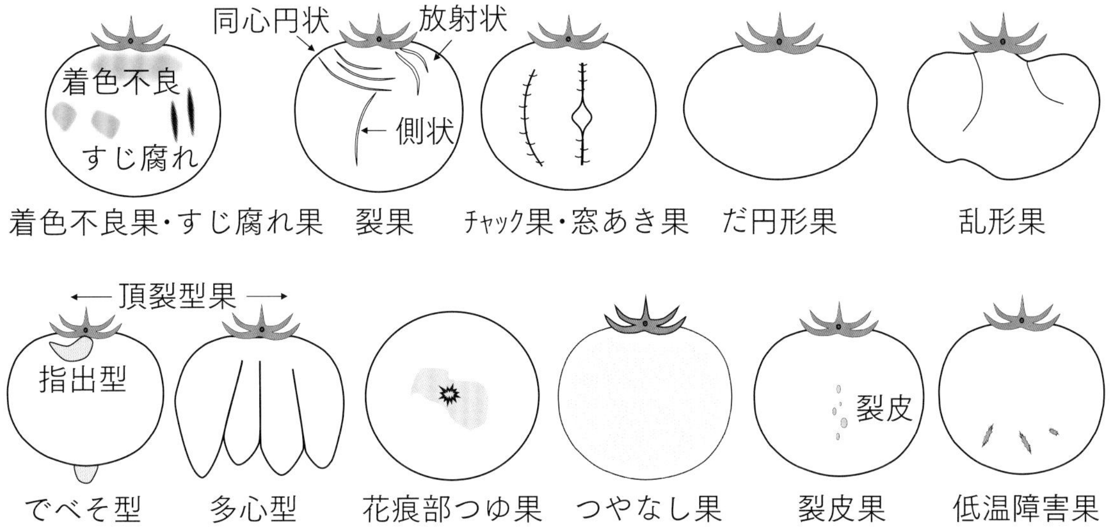

夏秋トマト障害果図③ (通常の名称以外も含む)

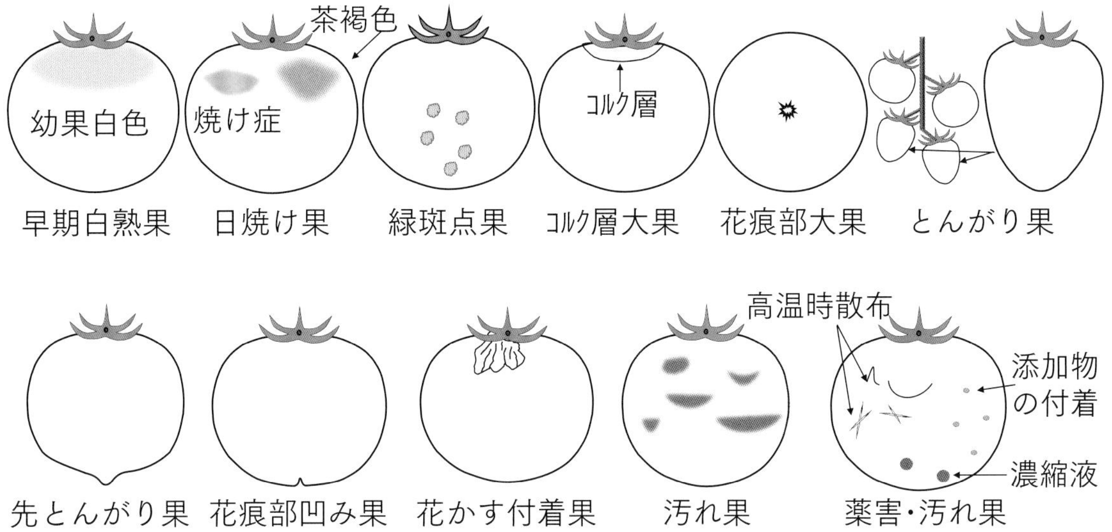

果実障害の主な発生時期・原因①		花芽分化	蕾肥大	開花着果	着果25日		温度高低	日射強弱	草勢強弱	水分多少	備考
					以前	以降					
軟果	果壁水浸状	●				●			弱	多	果壁の一部発育不良 着色5~7日前多吸水
軟果	尻部	●				●			弱	多	
軟果	ｱﾐ入り			●	●	●					ｶﾙｼｳﾑ過剰・40日前着色
軟果	肩部へこみ		●	●			高			少	高温萎れ・少種子着果
軟果	果実接着					●	高	強			接着で果温冷え遅い
空洞	空洞果					●		弱		多	少子室・ｾﾞﾘｰ発育不足
空洞	菊型空洞果		●	●			高				高温萎れ・少種子着果
尻腐れ果				●	●				強	少	ｶﾙｼｳﾑ欠乏
ｸﾞﾘｰﾝﾊﾞｯｸ・条線果					●	●		強		少	多ﾁｯｿ・水分吸収抑制
着色不良・すじ腐れ果						●	低	弱			多ﾁｯｿ・日照不足

果実障害の主な発生時期・原因② ※は高低または強弱の両方が関与		花芽分化	蕾肥大	開花着果	着果25日		温度高低	日射強弱	草勢強弱	水分多少	備考
					以前	以降					
裂果	放射状					●	低		強	多	早期白熟果・低温
裂果	同心円状					●	※				果温高低差大・低温
裂果	側状					●			強	多	急激吸水
ﾁｬｯｸ果・窓あき果		●	●				低			少	ｶﾙｼｳﾑ欠乏
変形	だ円形果・乱形果	●					低		強		多子室
変形	頂裂型果	●							※		花芽分化異常
花痕部つゆ果		●							※		子室2次生長
つやなし果			●	●		●	※	強		少	果温差大・収縮幅大
裂皮果					●	●	※	強		少	果皮老化・収縮幅大
低温障害果			●	●			低				4℃以下

果実障害の主な発生時期・原因③	花芽分化	蕾肥大	開花着果	着果25日		温度高低	日射強弱	草勢強弱	水分多少	備考
				以前	以降					
早期白熟果				●			強	弱	少	果温高い
日焼け果					●		強		少	
緑斑点果				●			強			葉面散布剤の汚点跡
ｺﾙｸ層大果		●						弱		弱小蕾が着果肥大
花痕部大果	●					低		強		多子室
とんがり果				●				弱		肥料不足
先とんがり果			●			高		弱		ﾄﾏﾄﾄｰﾝ高濃度
花痕部凹み果			●							ｼﾞﾍﾞﾚﾘﾝ高濃度
花かす付着果				●				弱		初期の果実肥大遅い
薬害果・汚れ果				●	●	高	強		少	果温が高い時間散布

10 茎葉の要素欠乏と対策

葉先枯れ症状のタイプ

- 症状は、ｶﾘ欠乏・徒長・過湿の3ﾀｲﾌﾟに分類。症状によって対策が異なる。

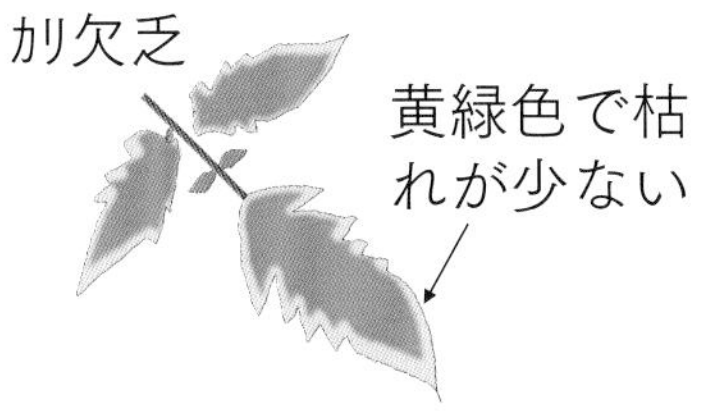

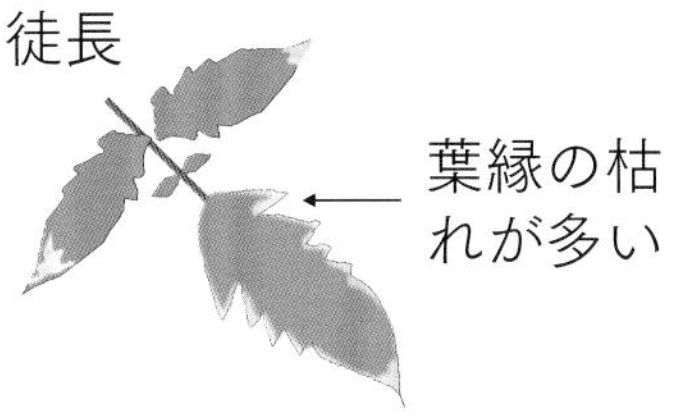

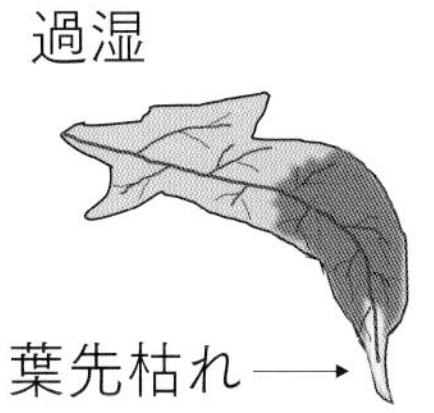

葉先枯れ(カリ欠乏)

- 土壌中のｶﾘが適正でも、ﾁｯｿ過剰で草勢が強くなるとｶﾘの吸収が抑制。葉内のｶﾘが果実に移行。ｶﾘ成分の高い肥料を葉面散布。

肥料名(成分.%)	倍数	散布回数	使用時期
ｶｰﾎﾞﾘｯﾁ(0-0-46)	800	4日おき2回	ｶﾘの吸収不足
ｶﾘｸﾞﾘｰﾝ(0-0-37)	800		

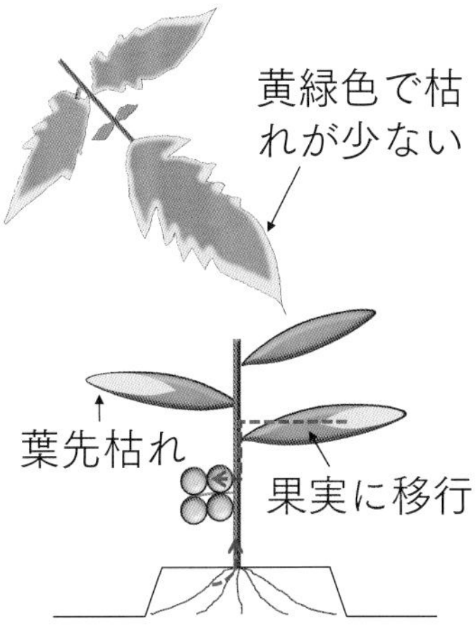

ｶﾘが葉内から果実に移行

土壌中にｶﾘが少ない

葉先枯れ(徒長軟弱)

- 最低気温22℃以上の日が、3日以上続くと徒長。
- 徒長すると葉の縁が軟弱で展葉、縁が枯れる。
- 換気の徹底で徒長防止。葉面散布で肥料不足防止。
- 徒長の目安は、開花花房~蕾花房の節間長30cm以上。

徒長と葉先枯れ

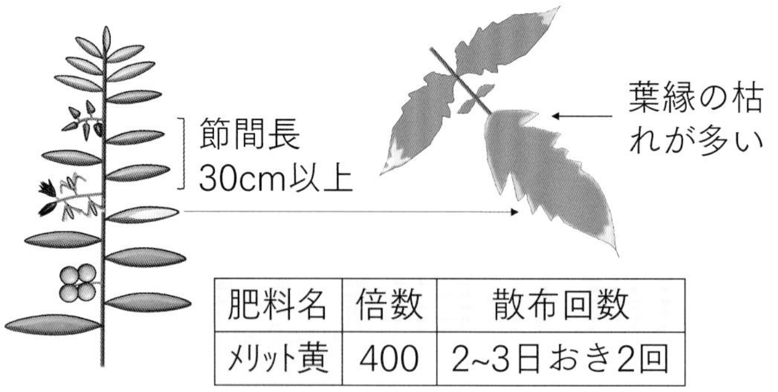

肥料名	倍数	散布回数
ﾒﾘｯﾄ黄	400	2~3日おき2回

葉先枯れ(過湿)

- かん水量が多いと過湿になって土壌中の酸素が欠乏、根の活性が弱くなる。
- 活性が弱いと養水分の吸収が悪く、葉先が濃緑で船底型状に巻き、葉先が枯れる。

葉が濃緑で船底型の症状

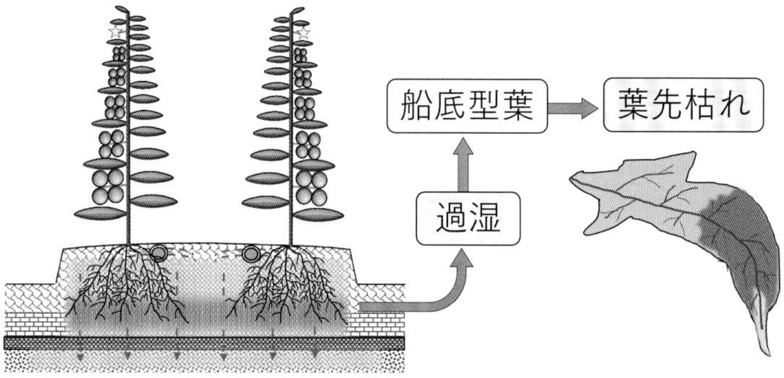

葉先枯れ

苦土欠乏

- 土壌中の苦土欠乏やｶﾘ、ｶﾙｼｳﾑの過剰で、苦土の吸収が妨げられると発生。
- 2段花房の下葉までは、生育に大きな影響がない。
- 上葉へ伸展する場合は、16％の硫酸ﾏｸﾞﾈｼｳﾑ肥料をかん水と一緒に施用。

肥料名	倍数	散布回数	使用方法
硫酸ﾏｸﾞﾈｼｳﾑ(16％)	1,000	7日おき1~2回	10a水3,000ﾘｯﾄﾙに3kg/1株1.5ﾘｯﾄﾙ

古い葉に発生しやすい

葉の老化が早く葉巻が多い場合は摘葉

ホウ素欠乏(果梗長・十字葉)

- 欠乏すると、花芽や葉の分化が不規則になって、果梗が長くなったり、十字葉が多くなる。
- 後にﾒｶﾞﾈ症状や芯止まりが発生。症状が見られたら、ﾎｳ素入りの肥料を葉面散布。

肥料名	倍数	散布回数	散布方法
ﾊｲｶﾙｯｸ	1,000	2~3日おき2回	開花花房中心

↑十字葉↓

果梗が長い

茎が割れてﾒｶﾞﾈ症状

ホウ素欠乏(芯止まり)

- 草勢が強く茎葉が過繁茂になると、ﾎｳ素の吸収が悪くなって発生。
- 特に1段花房開花前の早い定植や幼苗定植など、草勢が強くなりやすい栽培に発生。芯が止まった場合は、開花花房直下のわき芽を伸ばす。
- 生育初期に過繁茂にならないよう、適正量の施肥や開花始めの定植を順守。

芯が止まり複数の側枝が発生

花房が連続で発生すると芯が止まる

鉄欠乏①

- 主にﾘﾝ酸と結合して吸収されず、成長点の付近が黄化。日照不足で症状が強く現れる。症状が強いと茎が細くなって、弱小花や乱形果が発生。
- 発生時は鉄資材をかん水と一緒に施用。ﾘﾝ酸過剰のほ場では、基肥や追肥に低ﾘﾝ酸の肥料を使用。

肥料名	倍数	時期	使用時期	回数	使用方法
鉄力あくあF10	10,000	予防	5・7段開花	1回	かん水時
		発生	5日おき	2回	

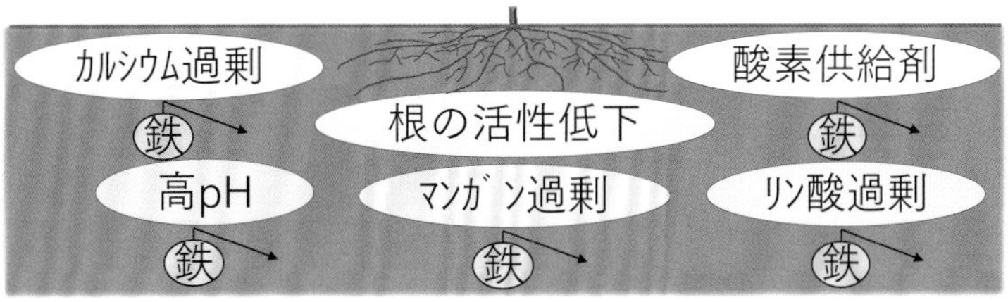

鉄欠乏②

成長点付近が黄化症状　　透かすと白斑点症状

マンガン過剰

- 中~上位葉に発生、葉裏に褐色の斑点が見られる。症状が強い場合は、葉表の葉脈に沿って黄化が見られ、鉄欠乏の症状に似ている。
- pHが低く有機物が多い土壌は、過湿で可溶性のﾏﾝｶﾞﾝが多くなって発生。
- pHを矯正(6.0～6.5)し、堆肥などの有機物は10aあたり2t以上施用しない。
- 過湿にならないよう、かん水は適正量で。

表裏に褐色の斑点　　強いと鉄欠乏の症状に似る

マンガン欠乏・硝酸態チッソ過剰

- ﾏﾝｶﾞﾝ欠乏は、pHが高い砂質土壌に発生しやすい。発生ほ場は、ﾏﾝｶﾞﾝ入りの肥料を施用。
- 硝酸態ﾁｯｿ過剰は、日照不足が続くと、成長点付近の葉色が明るく、捻れて曲がる。葉が正常に展葉するまで追肥を中止。

↑成長点が捻れて曲がる↓

ﾏﾝｶﾞﾝ欠乏→船底型状で黄緑色の斑点、強いと縁が枯れる　　硝酸態ﾁｯｿ過剰

11 主な病害虫防除

立枯病

- 育苗から5段花房の開花頃までに、土壌が過湿になると発生。
- かん水は、表層が乾きやすい晴天日の午前中に。

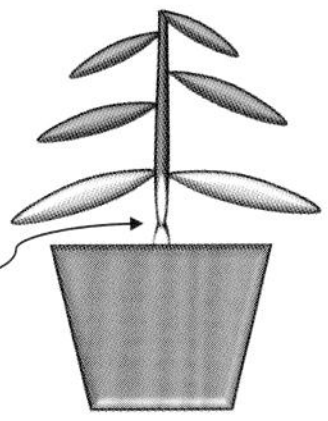

株が枯死

発芽揃い頃に発生

移植後に発生

地際部がくびれる

灰色かび病

- ﾊｳｽ内の過湿が主な発生原因。通路ﾏﾙﾁや換気を行って湿度を下げる。
- 葉先枯れや果実に付着した花かすから菌が侵入。枯れた部分の葉切りや花かすを取る。
- 薬剤耐性菌ができやすいため、作用性の違う薬剤を交互に使用。

花かすの抜けが悪いと発生

葉先枯れから発生

わき芽取り跡から発生

ゴーストスポット

- 灰色かび病の菌が幼果の果面に付着。発芽した胞子が、表皮に侵入して止まった病斑。※果実が肥大すると病斑が拡大。
- 朝早く換気を行い、果実の温度を外気温に馴らし、果面を早く乾かす。
- 発生が懸念される場合は、灰色かび病の防除を徹底。

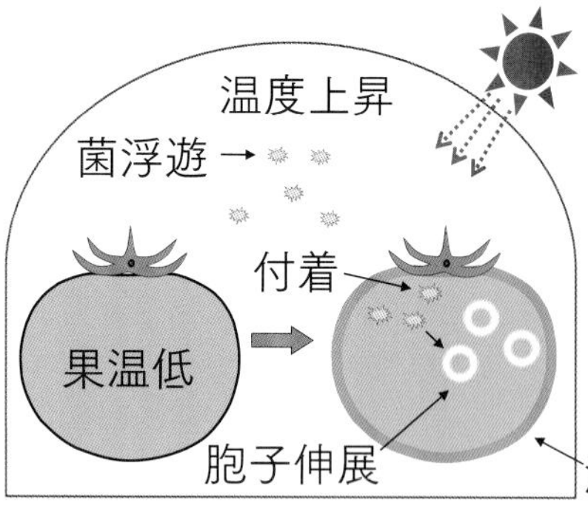

温度差で長時間水滴が付着

ﾘﾝｸﾞの中心に褐色点

葉かび病

- 草勢が弱いと発生が拡大。新ﾚｰｽは既存の耐病性品種にも発生。肉眼ではすすかび病と判別が難しい。
- 発病の適温は20~25℃。気温が低くなる9月以降に発生が拡大。
- 葉内に菌が侵入してから約2週間後に発病。薬剤は、発生初期から7日おきの3回散布が基本。

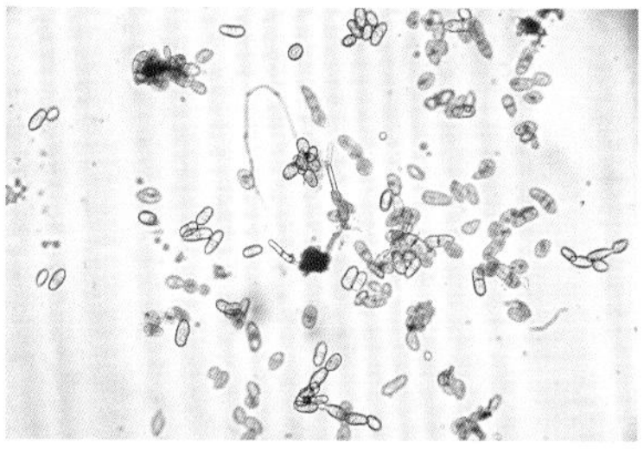
だ円形の分生子

主に葉の裏側に発生

下・中位葉から上位葉に拡大

ｶﾞｸ片に発生

すすかび病

- 病徴は葉かび病に似ている。判別が難しいので、関係機関に分生子を確認してもらう。
- 発病の適温は25~30℃。気温が高い8月に急激に蔓延。
- 葉内に菌が侵入してから2~3週間後に発病。薬剤は、発生初期から7日おきの3回散布が基本。

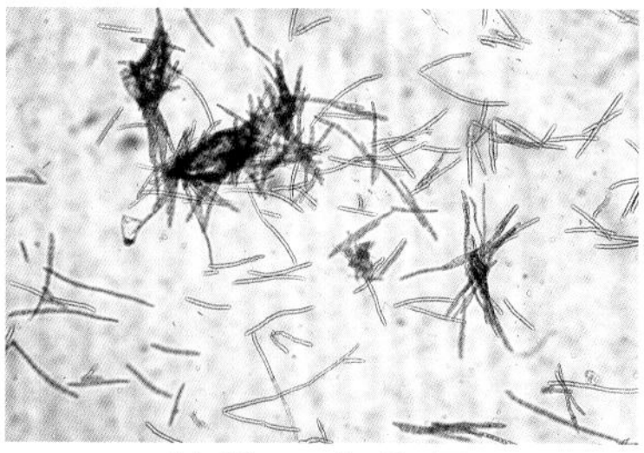
針状の分生子

病斑は葉かび病に似ており判別が難しい

気温が高いと急激に蔓延

うどんこ病

- 昼夜の温度差が大きく、葉露の付着量が多い 6月と9月以降に発生が多い。
- ｶﾞｸ片にも発生するので、ｶﾞｸ片と近接した発病葉は摘み取る。
- 発生初期に防除を徹底しないと、感染拡大の阻止は難しい。

ｶﾞｸ片に発生

小麦粉をまぶしたような症状

疫病

- 昼夜の温度差が大きく、葉露の付着量が多い6月と9月以降に発生が多い。
- 発病後は急激に蔓延。緑熟期の果実にも発生しやすい。
- 発生初期に防除を徹底しないと、感染拡大の阻止は難しい。

ｹﾛｲﾄﾞ症状

煮え湯をかけた症状←病斑部に白かび→茎・葉柄が黒褐色　急激に蔓延

輪紋病・斑点細菌病

- 輪紋病は、土壌の残存菌が降雨等で茎葉に一次感染。下葉から上葉に拡大。
- 草勢が弱いと特に発生が拡大。ﾊｳｽでは少ない。
- 斑点細菌病は、露地栽培に多いが、ﾊｳｽでも過湿になると発生。

ｶﾞｸ片に発生

輪紋病→輪紋状の病斑

症状が合併し流れ病斑

斑点細菌病→斑点症状

茎えそ細菌病

- 土壌の残存菌が、葉やわき芽取り跡の傷口から感染。
- 気温が比較的低い時期や過湿で、茎葉が混んでくると発生。
- わき芽取り作業は、傷口が乾きやすい晴天日の午前中に。

↑地際部に発生↓

茎や葉柄が黒変

わき芽取り後から菌が侵入

トマト黄化えそ病・トマトモザイク病

- ﾄﾏﾄ黄化えそ病は、ｱｻﾞﾐｳﾏ類や管理作業で汁液伝染。
- ﾄﾏﾄﾓｻﾞｲｸ病は、ｱﾌﾞﾗﾑｼ類や管理作業で汁液伝染。
- 両病害とも発病株は見つけ次第抜き取る。

↑ﾄﾏﾄﾓｻﾞｲｸ病↓

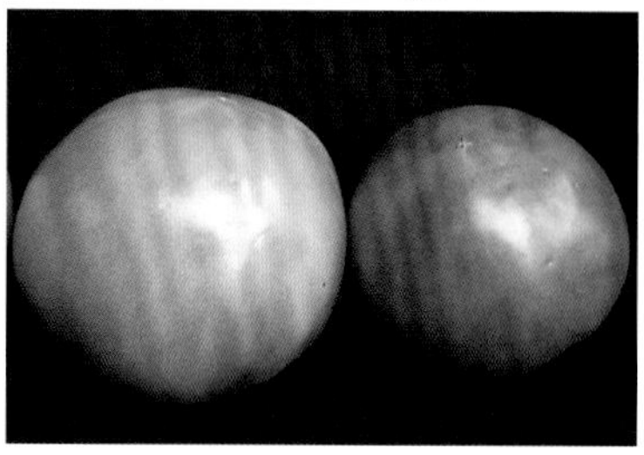

ﾄﾏﾄ黄化えそ病

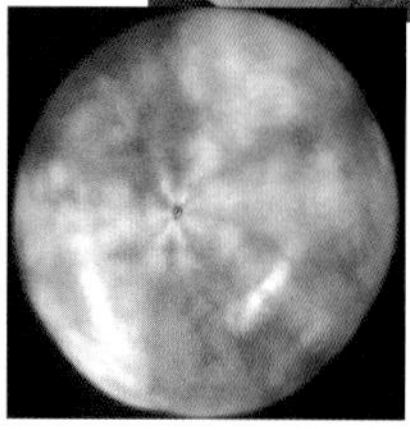

青枯病①

- 地温が高いと発生が多い。
- 発病株の茎を水に浸すと白く濁るので、他の土壌病害と簡単に区別できる。
- 薬剤による防除が難しいため、接ぎ木で対応。
  ※接ぎ木苗は深植えすると、穂木から自根が発生し、感染するので注意が必要。

無病株　発病株

透明ﾏﾙﾁ/地温が高く被害多

白黒ﾏﾙﾁ/地温が低く被害少

深植えで穂木から感染

青枯病②

- つる下げで、穂木が畦面に接着すると、葉取り後の傷口や穂木から発根、そこから感染。
- つる下げは、葉取り後に傷口が十分乾いてから行う。
- 株元を固定する台を自作、畦面との接着を防ぐ。

茎から感染

つる下げで穂木から発根

茎を固定台に置く

かいよう病①

- 最初に根や茎葉から菌が侵入し発病。その後、摘葉やわき芽取り跡などの傷口から感染が拡大。

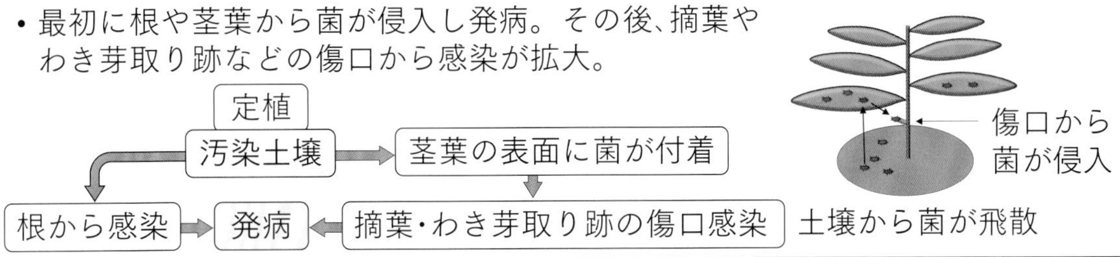

葉枯れが徐々に拡大

気根が発生

鳥目症状(発症例少)

かいよう病②

- 手に付着した罹病株の汁液で伝染、感染株に目印を付け、作業は最後に。
- 葉取りに使用するﾊｻﾐなどを媒介した感染が多い。ﾊｻﾐの消毒(ｹﾐｸﾛﾝG500倍液)が必要。
- ｹﾐｸﾛﾝGは資材の消毒のみの登録で、液が直接茎葉に触れることを避ける。

わき芽取り跡から菌が侵入

株元から感染

葉焼け症状

全体が萎れる

かいよう病の発生条件と対策一覧

発生条件	対　策
適温25~28℃	・生育初期に予防防除を徹底
多湿で伝染促進	・薬剤散布は薬液が乾きやすい午前中
葉・わき芽取り跡からの感染	・発病株は目印を付けて最後に作業 ・葉やわき芽取り作業は、晴天日の午前中 ・作業はﾊｻﾐより手折り ・ﾊｻﾐは作業中にｹﾐｸﾛﾝGの500倍で随時消毒/50株に1回
耕種的防除方法	・植え穴からの熱風を防ぐ ・早めの通路ﾏﾙﾁ ・根傷みを防ぐ
薬剤の使用	・銅剤をかん水始め頃から定期的に散布 ・土壌消毒

かいよう病の幼果に現れる症状

• 感染株は、養水分の移動が悪いため、幼果の維管束が、花痕部から放射状に強く盛り上がる症状が発生。

維管束の条線症状

病害名	茎葉に病斑	
	あり	なし
かいよう病	○	○
青枯病	×	×
萎凋病	○	×

※①確認できる○、確認できない×。
②2018~19年、14箇所調査。
③無病ほ場で、水分の吸収が悪い株にも発生。発生ほ場での参考に活用。

感染株

健全株

褐色根腐病

• 根の表皮が褐変しｺﾙｸ化、腐敗症状は少ない。茎葉に症状が現れにくい。細菌性の土壌病害侵入の原因になる。

• 地温約20℃以下になると、急激に拡大。9月以降の草勢低下や着色不良果の多発、果実の肥大が悪い。

• 耐病性台木への接ぎ木や土壌消毒。

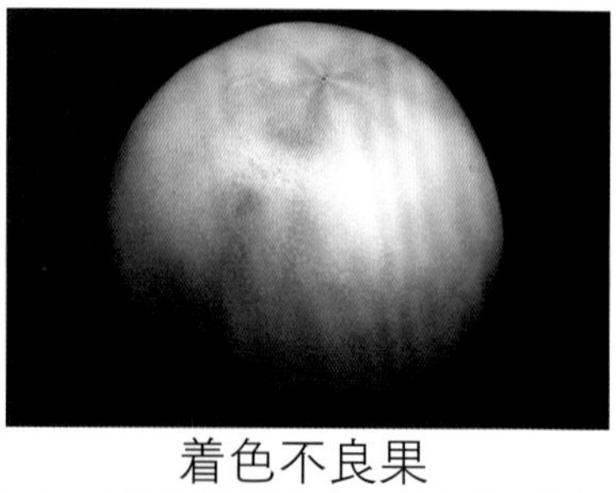

着色不良果

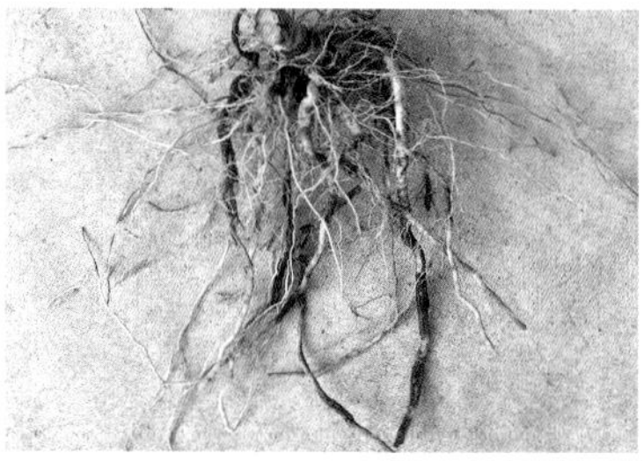

根の表皮が褐変しｺﾙｸ化

髄部の褐変は重傷

紅色根腐病

- 根が紅色になって腐敗。細根に発生しやすく、症状が強い株は、細根が少ない。茎葉に症状が現れにくい。細菌性の土壌病害侵入の原因になる。
- 褐色根腐病と特性が似た病原菌である。
- 地温が低下する9月以降に発生が拡大。草勢の低下や果実の肥大が悪い。
- 耐病性台木がないため、土壌消毒。

根が紅色になって腐敗

細根に発生

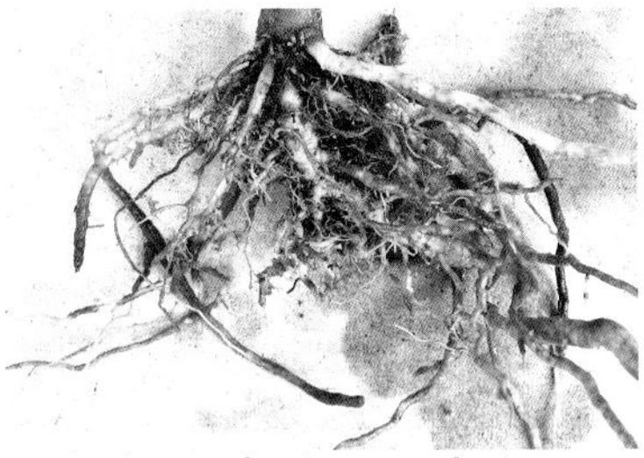
細根が腐敗して少ない

根っ子診断の必要性

- 主な土壌病害は、茎葉や根に症状が現れる。根に現れる一部の土壌病害虫は、茎葉に現れにくいため、見逃しやすく対策が遅れる。
- 跡片づけの時に根を観察。部会員や仲間が根を持ち寄り「根っ子診断」を実施。

主な病害虫	症状が確認できる場所	
	茎葉部	根部
青枯病	○	○
かいよう病	○	×
萎凋病	○	×
褐色根腐病	×	○
紅色根腐病	×	○
ﾈｺﾌﾞｾﾝﾁｭｳ	×	○

根っ子診断の方法
時期:11月上旬or
　　収穫末期
1ﾊｳｽ3株持ち寄り
洗浄後に診断

根っ子診断

萎凋病・白絹病

- 萎凋病は、最初に片側の葉だけが萎れる。症状が進むと、茎葉全体が黄変して枯死。耐病性台木に接ぐ。
- 白絹病は、地際部に白い菌糸が見られ、後に菌核を形成。未熟な有機物が多いと発生。菌核は翌年の発生源となるので、見つけ次第抜き取る。

↑白絹病↓

萎凋病→下葉から黄化症状が始まる

菌核を形成

ヒラズハナアザミウマ

- 両性生殖の他、雌のみでも産卵(単為生殖)。1匹あたり約500個産卵。
- 産卵後約10日で成虫。生存日数は約50日。
- ﾊｳｽに侵入するとﾊｳｽ内で増殖。花に侵入した虫は防除効果が劣るため、開花花房を中心に散布。
- ﾊｳｽ周辺のｸﾛｰﾊﾞｰは、開花前に刈り取る。開花中の場合は、雨天時にﾊｳｽを閉めて行う。

半開き状態で侵入

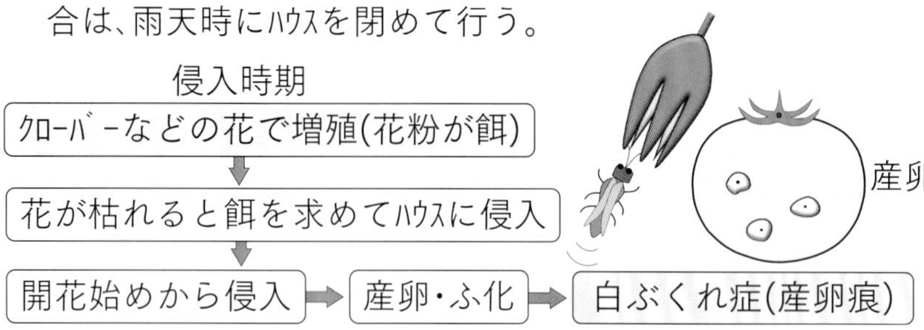

コナジラミ類①

- 卵~成虫の発育期間は23~28日。1匹あたり100~200個産卵。
- ﾊｳｽ内が30℃以上では野外で増殖。16℃以下でﾊｳｽ内に飛び込みが多くなる。
- 多発時は、卵・蛹・幼虫・成虫が混在するため、7日おきの3回防除が基本。

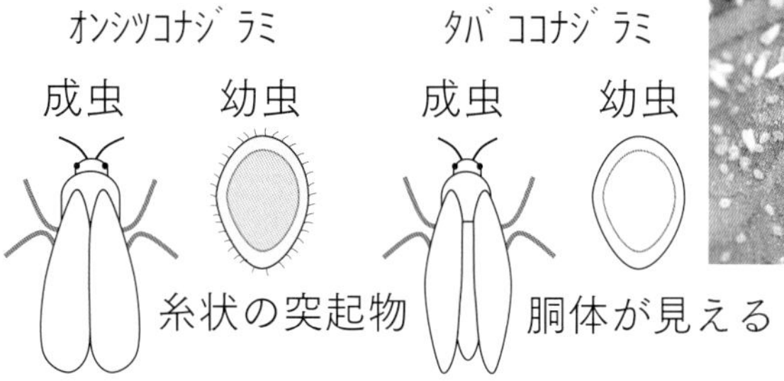

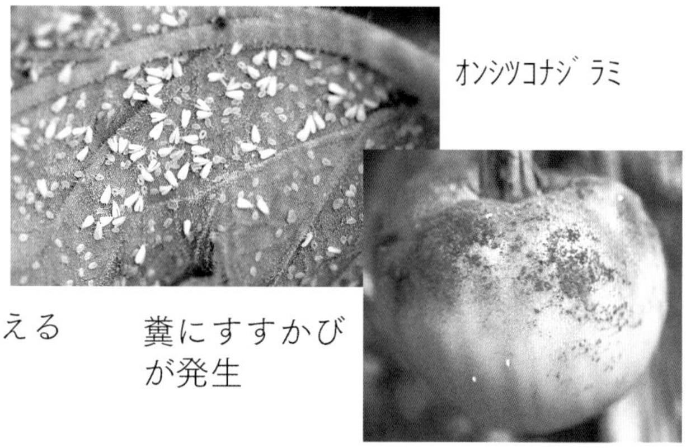
ｵﾝｼﾂｺﾅｼﾞﾗﾐ

糞にすすかびが発生

コナジラミ類②

- 薬剤散布の時に、成虫が外に逃げるため、散布方法を工夫。
- 付近の家庭菜園などに、発生が確認されたら防除。

露地きゅうり

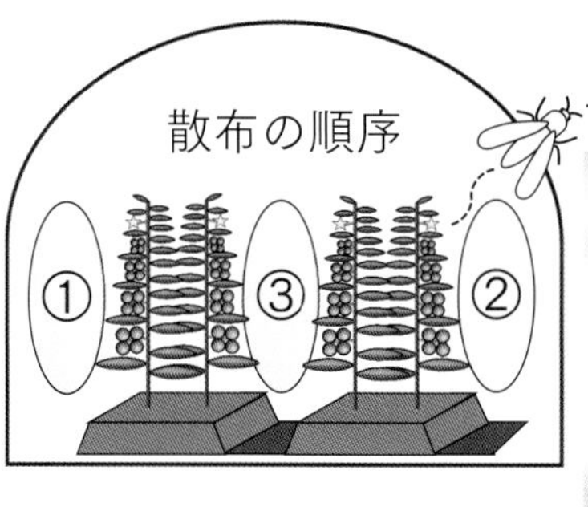

露地ﾄﾏﾄ

露地なす

オオタバコガ①

- 成虫のﾊｳｽ侵入時期は、8月上~中旬と9月上~中旬がﾋﾟｰｸ。
- 産卵期間は3~5日、成長点付近の茎葉や果実に1個ずつ産み付け、200～300個産卵。2~4日で孵化。
- 最初は茎や果実の表面を食害、3齢幼虫以降、内部に侵入。

縞模様が特徴

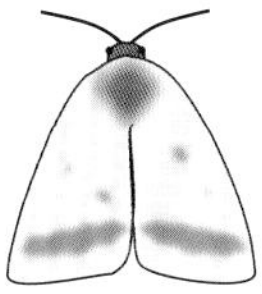

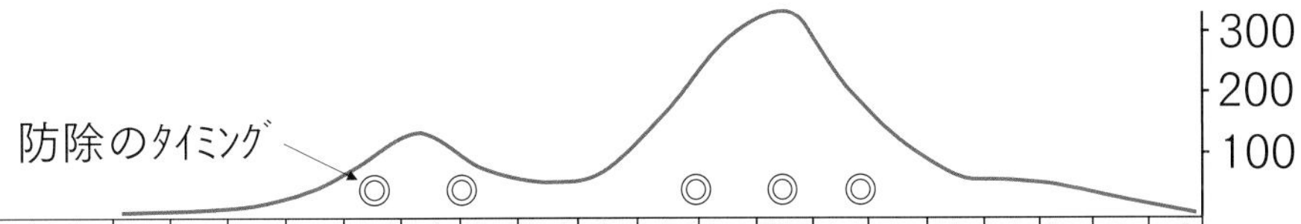

半旬	4	5	6	1	2	3	4	5	6	1	2	3	4	5	6	1	2	3	4
月	7			8						9						10			

※青森県農林総合研究所、試験成績概要集(平成23~25年度)を参考に作成。

オオタバコガ②

- 薬剤は、成長点付近を中心に散布。
- 老齢幼虫は、防除効果が劣るので、幼虫や食害痕を確認次第、早期に防除。
- 作用性の違う薬剤を交互に散布。

散布場所

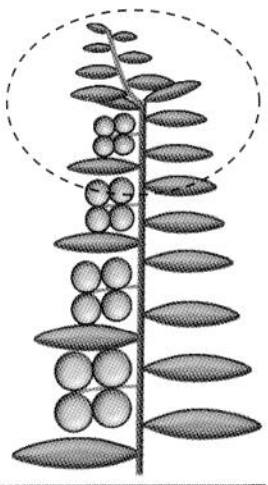

2齢幼虫までは若葉を食害

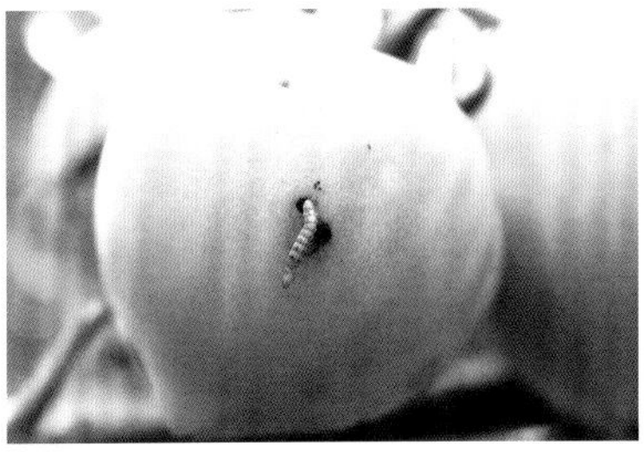

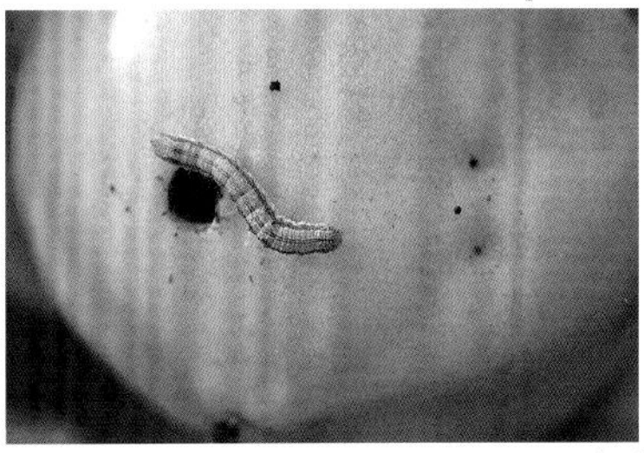

3齢幼虫以降は円形の穴を開けて内部に侵入

アオムシ・ヨトウムシ・ハモグリバエ類

- ｱｵﾑｼは、果実や若茎の表面を食害。
- ﾖﾄｳﾑｼはｵｵﾀﾊﾞｺｶﾞ同様、果実の内部を食害するが、果壁を不規則に食害。
- ﾊﾓｸﾞﾘﾊﾞｴ類は、約50個産卵。卵から成虫までの期間は15~30日。蛹の期間は長いが、幼虫の期間は5~7日と短い。発生が多いと、適期防除が難しい。

↑ ﾏﾒﾊﾓｸﾞﾘﾊﾞｴ ↓

ｱｵﾑｼ

ﾖﾄｳﾑｼ

トマトサビダニ・ハダニ類

- ﾄﾏﾄｻﾋﾞﾀﾞﾆは、高温乾燥で発生。最初、下葉に黄化症状が現れ、被害が拡大すると茎や果実がｻﾋﾞ状の茶褐色。ﾀﾞﾆは肉眼での確認は難しい。
- ﾊﾀﾞﾆ類は乾燥すると発生。葉にｶｽﾘ症状が見られ、葉裏を観察すると、ﾀﾞﾆが確認できる。

↑ﾅﾐﾊﾀﾞﾆ↓

ﾄﾏﾄｻﾋﾞﾀﾞﾆ→最初は下葉が黄化、その後茎や果実が茶褐色

吸汁痕が白斑点症状

コウモリガ・アリ類

- ｺｳﾓﾘｶﾞは、6月下旬~7月中旬に地際部から侵入、株が枯死。
- ｱﾘ類は、水分を得るために、地際部の表皮を囓る。土壌が乾燥すると発生しやすいため、株元にかん水。

↑ｱﾘ類

ｺｳﾓﾘｶﾞの幼虫

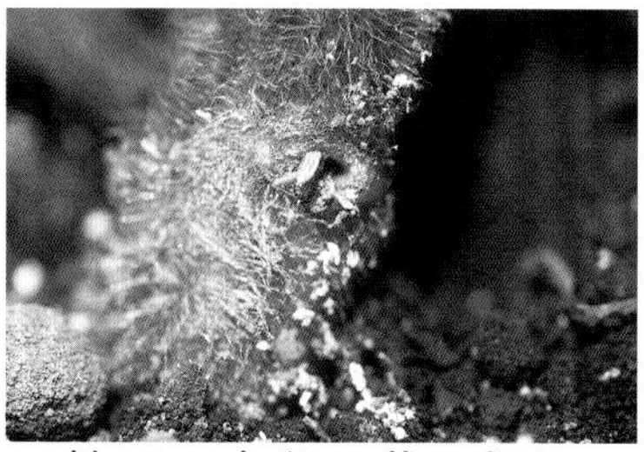

株元に産卵し茎に侵入

枯死

ネコブセンチュウ類

- 発生すると草勢が弱くなる。 ｻﾂﾏｲﾓﾈｺﾌﾞｾﾝﾁｭｳには抵抗性品種が多いが、新ﾚｰｽが発生。
- ｾﾝﾁｭｳによって根が傷付くと、青枯れ病などの土壌病害菌が侵入しやすい。
- 発生が確認されたら、翌年の植付け前に防除。

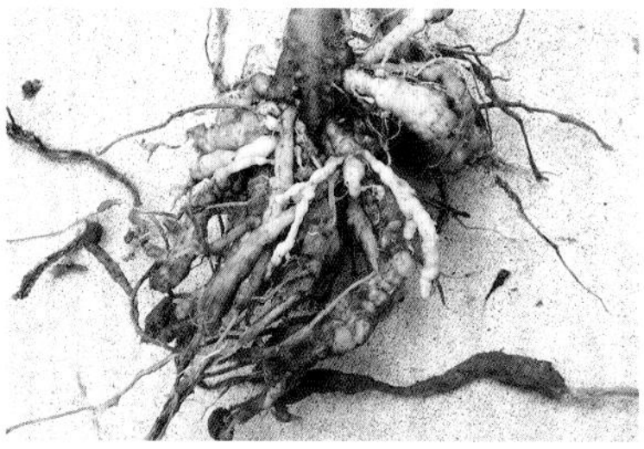

↑ｻﾂﾏｲﾓﾈｺﾌﾞｾﾝﾁｭｳ↓

ｷﾀﾈｺﾌﾞｾﾝﾁｭｳ

12 薬害と使用農薬

薬害

- 茎葉の薬害は、高温時や薬液が乾きにくい、夕方の散布で発生。午前中に散布。
- 果実の薬害は、主に果実の温度が高い時間帯の散布で発生。
- 果実を軽く握って、冷えを確認してから散布。

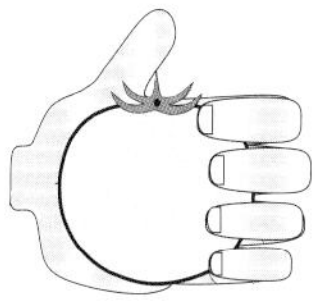

果実を握って果温を確認

薬液が乾きにくい夕方に散布

果温が高い時間帯に散布

農薬が濃縮

果実の汚れ

- 果実が直射日光を長く浴びると、果皮に微細な亀裂や点線のｺﾙｸ症状が発生。そこに薬液や葉面散布肥料が染みこんで汚れが発生。
- 9月以降ﾊｳｽを閉めきると、過湿になって特に汚れやすい。
- 摘心後は、摘心直後のｶﾙｼｳﾑ剤以外の葉面散布剤は使用しない。ﾊｳｽを閉めきる時期になったら、残効が長く汚れやすい銅剤は、できるだけ使用しない。

点線のｺﾙｸ症状

ｺﾙｸの部分に雑菌が繁殖

果面の汚れ

主な農薬の剤型

- 農薬は成分を溶解している剤型で分類。※要約して記載。

剤型	商品名の剤型	特 徴
水和剤	水和剤	粘土鉱物質等の増量剤に混ぜ、粉末化した製剤
	ﾌﾛｱﾌﾞﾙ・SC	微粉化した水和剤に、水等を加えた製剤
	顆粒水和剤・ﾄﾞﾗｲﾌﾛｱﾌﾞﾙ	水和剤を顆粒状にした製剤
水溶剤	水溶剤	水溶性の増量剤などを加え、粉末化した製剤
	顆粒水溶剤	水溶剤の粒径を大きくし、顆粒状にした製剤
液剤	液剤	水溶剤を液体化した製剤
	ME液剤	水に溶けにくい原体を増量剤で溶解した製剤
乳剤	乳剤	有機溶剤や活性界面剤に溶解した製剤
	EW剤	水に溶解した製剤

農薬の混用と濁りの程度

- 混用の農薬が多いほど濁りが濃い。ｶﾙｼｳﾑや葉面散布肥料を混用するとさらに濃くなる。
  ※製品や剤型の種類によって汚れの程度は違う。

倍数別の混用農薬数				増量剤の倍数	果実薬斑 無0→3多
農薬①	農薬②	農薬③	農薬④		
1,000				1,000	0
1,000	1,000			500	1
1,000	1,000	1,000		333	2
1,000	1,000	1,000	1,000	250	3
2,000				2,000	0
2,000	2,000			1,000	0
2,000	2,000	2,000		667	1
2,000	2,000	2,000	2,000	500	1

混用4剤　3剤　2剤　1剤

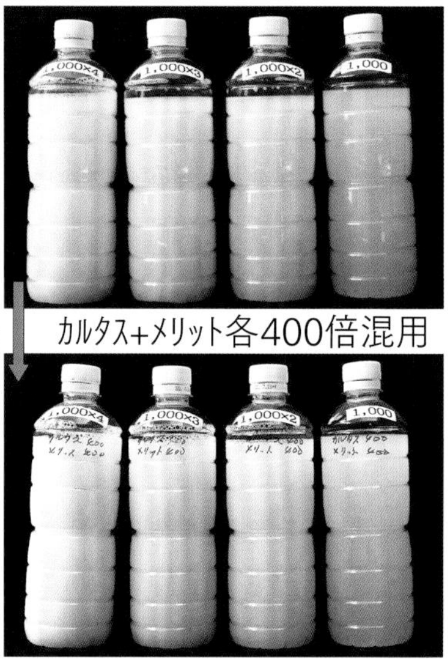

農薬の混用と果実の汚れ

- 多くの農薬は、水和剤を加工したもの。粘土鉱物質の増量剤が入っている。
- 農薬同士の混用は薬効に影響はないが、増量剤は濃くなるため、汚れが発生。
- 混用する場合、汚れない倍数や混用する農薬の数を限定。

A殺菌剤1,000倍 ＋ B殺虫剤1,000倍 → 増量剤500倍 → 汚れ

A殺菌剤2,000倍 ＋ B殺虫剤2,000倍 → 増量剤1,000倍 → 汚れなし

1,000倍×2剤/汚れ少

1,000倍×3剤/汚れ多

1,000倍×4剤/固形物目立つ

殺菌剤の予防と治療効果

- 病害の発生が確認できない場合は、予防薬剤を使用。
- 発生を確認したら、治療薬剤を使用。

	予防薬剤	治療薬剤
特徴	・殺菌効果は低いが、多種病原菌の胞子の発芽を抑制 ・発生が予想される時期を推定し事前に散布しておくと、急激な発生の拡大を抑制	・特定の病害に対して、殺菌効果が高い ・発生初期に使用することで、被害の拡大を抑制 ・病害を特定し薬剤を選定
散布時期	・発病前	・発病後
備考	・病害発生後の使用では、効果が不十分 ・薬剤耐性がつきにくい	・多種の病害が同時に発生したときは、適用病害の多い剤を選択 ・薬剤耐性がつきやすい

農薬の散布時間帯と主な散布場所

- 散布の基本は午前中。午後の散布は、日暮れ前までに、薬液が乾く時間帯。
- 展着剤は、基準倍数の薄いほうで使用。
- 病害虫の発生場所を重点に散布。

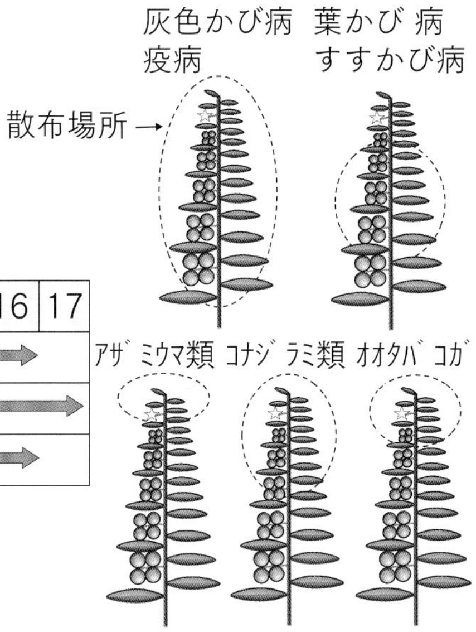

農薬散布の時間帯

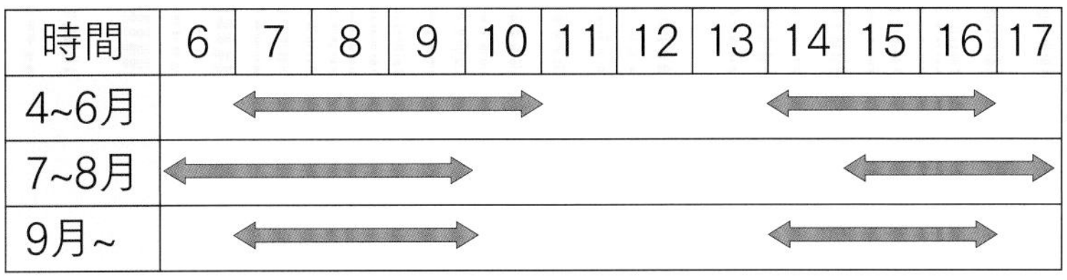

時間
6
7
8
9
10
11
12
13
14
15
16
17
4~6月
7~8月
9月~

主な病害虫の発生時期

発生少　発生中　発生多

- 発生の時期や程度は、生育や気象条件によって変わる。

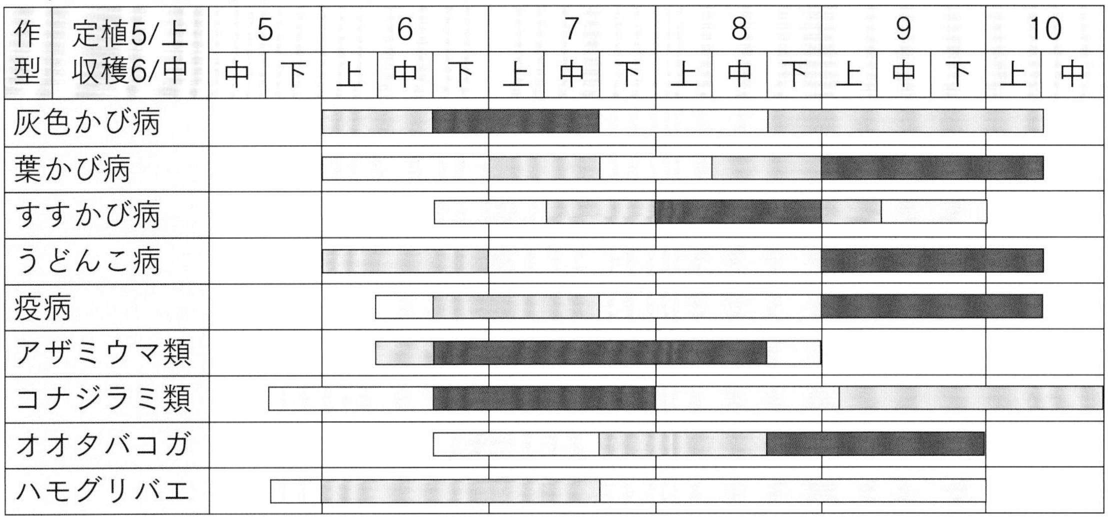

殺菌剤(例) RACｺｰﾄﾞの違う 薬剤を交互に使用	RACコード	総使用回数	灰色かび病	葉かび病	すすかび病	うどんこ病	疫病	予防・治療	記載年月日 2021.2.9 使用時は登録 情報を確認
アフェットフロアブル	7	3	○	○	○	○		治	散布方法
ダコニール1000	M05	4	○	○	○	○	○	予	発生前/予防剤
パンチョTF顆粒水和剤	U06/3	2				○		治・治	発生後/治療剤
パレード20フロアブル	7	3	○	○	○	○		治	予防剤
ピクシオDF	17	4	○					治	発生を抑制 耐性菌少
ファンタジスタ顆粒水和剤	11	3	○	○	○			治	
プロパティフロアブル	50	2				○		治	治療剤
ベルクートフロアブル	M07	3	○	○	○	○		治	発生初期
レーバスフロアブル	40	3					○	治	殺菌効果高い

殺虫剤(例) RACｺｰﾄﾞの違う 薬剤を交互に使用	RACコード	総使用回数	アザミウマ	コナジラミ	オオタバコガ	ハモグリバエ	サビダニ	記載年月日 2021.2.9 使用時は登録 情報を確認
アファーム乳剤	6	5		○	○	○	○	
ウララDF	29	3	○	○				ﾐｶﾝｷｲﾛｱｻﾞﾐｳﾏ
ディアナSC	5	2	○	○	○	○		
トランスフォームﾌﾛｱﾌﾞﾙ	4C	2		○			○	
トルネードエースDF	22A	2			○			
ファインセーブフロアブル	－	3	○	○			○	
フェニックス顆粒水和剤	28	2			○			
ベネピアOD	28	3	○	○	○	○		
モベントフロアブル	23	3	○	○			○	

散布方法	細菌・土壌病害虫防除の薬剤(例)	総使用回数	かいよう病	茎えそ細菌病	青枯病	褐色根腐病	半身・萎凋病	センチュウ類	記載年月日 2021.2.9 使用時は登録 情報を確認
茎葉散布	カスミンボルドー	5	○						抗生物質＋銅剤
	クプロシールド	－							ﾌﾛｱﾌﾞﾙ銅剤/汚れ少
	マイコシールド	2	○						収穫開始7日前まで
	ﾏｽﾀｰﾋﾟｰｽ水和剤	－		○					微生物農薬
土壌施用	キルパー	1					○	○	
	クロールピクリン	1			○		○	○	ほ場1回
	ネマキック粒剤	1						○	ﾈｺﾌﾞｾﾝﾁｭｳ
	バスアミド微粒剤	1			○	○	○	○	同剤/ｶﾞｽﾀｰﾄﾞ微粒剤

13 ペーパーポット栽培

パーパーポット若苗定植

- 成苗に比べ、育苗や定植作業の時間が短い。
- 定植のｽﾄﾚｽが少なく、成苗と同時期の定植でも生育が早いため、収穫の段数が1段しか違わない。
- 早い定植は芯止まりが多いため、6月以降の定植に適している。

ﾍﾟｰﾊﾟｰﾎﾟｯﾄ若苗定植	ｾﾙ成形苗定植
着果節位が揃う 紙付きのため定植が容易	着果節位が不揃い 抜き苗のため茎折れが多い
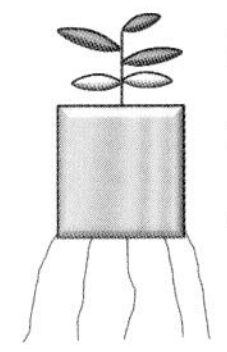 横からの発根を抑制 底から発根	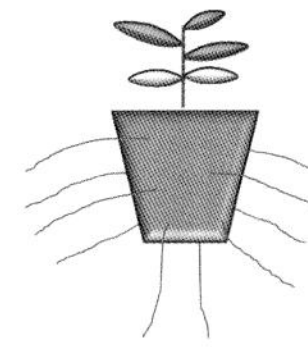 全体から発根

底から発根

果実の肥大が良い

作型とほ場設計/10a

定植月/旬	2	3	4	5	6	7	8	9	10	11	収穫段数
6/上~6/中				●●	○○	-------	■■	■■■	■■	■■	9~10段

※●は種 ○定植 ■収穫

株間.cm	条間.cm	条数×畦数	実株数.株
38	70	2×3 1×1	2,352

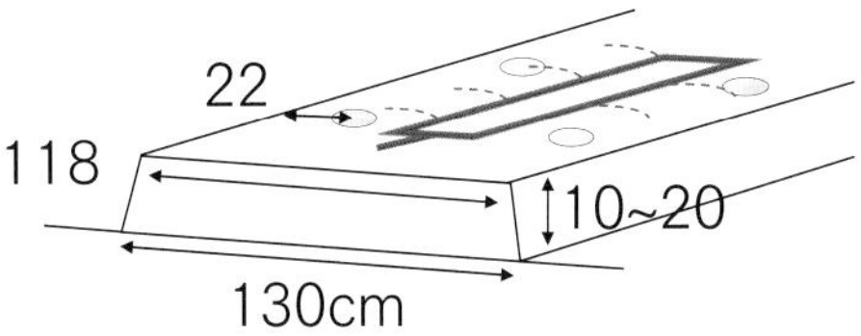

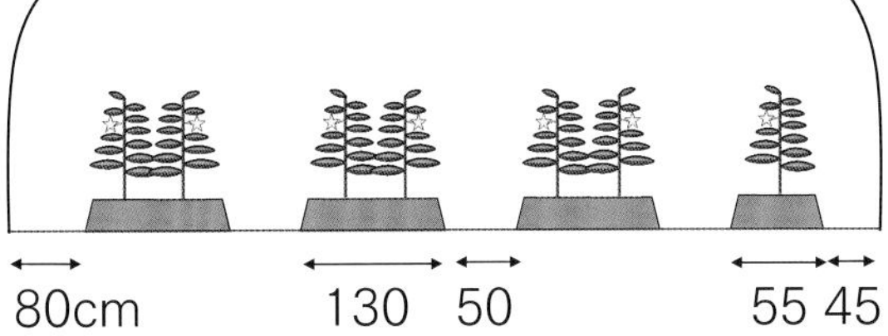

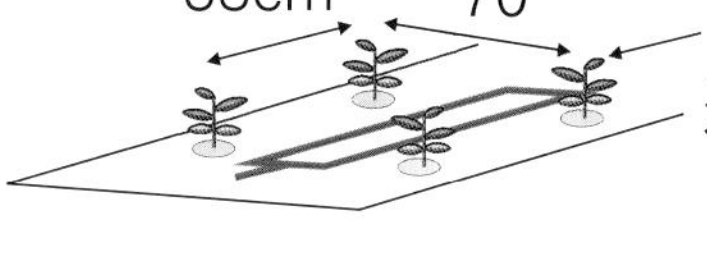

は種に必要な資材

・必要資材(育苗本数2,462株.種子量2,736粒×発芽率90％/10a)

ﾄﾝﾈﾙ用必要資材

資材名	数量・規格	資材名	数量・規格
ｽﾀｲﾛﾌｫｰﾑ	5枚=91cm×182cm	下敷きﾎﾟﾘ	幅95cm×0.03mm
温床枠板	2枚=15cm×91cm 2枚=15cm×7.8m	ﾄﾝﾈﾙﾎﾟｰﾙ	長さ210cm×14本
電熱線	単相1kw/120m	ﾄﾝﾈﾙﾎﾟﾘ	幅95cm×0.05mm

培土詰めと必要資材

資材名	数量・規格	資材名	数量・規格	資材名	数量・規格
ﾍﾟｰﾊﾟｰﾎﾟｯﾄ	No.10(7.5H)	必要枚数	38枚/1枚12ﾘｯﾄﾙ	新聞紙	38枚
展開寸法	28×56cm72穴	たねまき培土	50ﾘｯﾄﾙ×10袋	種子量	2,736粒
規格	角穴4.7cm	水稲育苗箱	38箱	床面積	7.1㎡

は種床配線図(例)

・徒長防止のため、ﾍﾟｰﾊﾟｰﾎﾟｯﾄの面から高さ50cm 以上確保。

電熱温床図

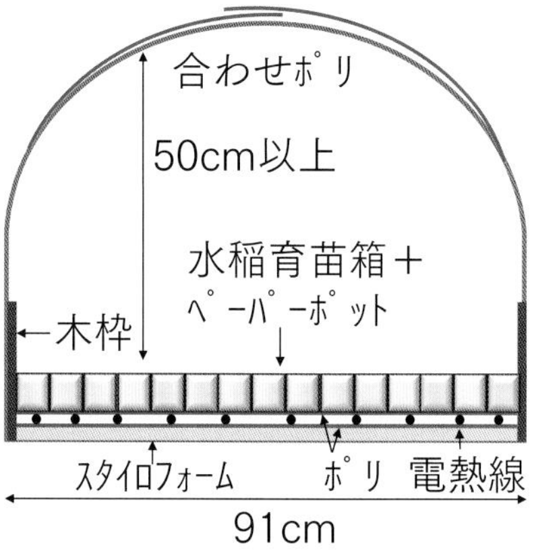

①設置床均し→②ｽﾀｲﾛﾌｫｰﾑ設置→③ﾎﾟﾘ敷き→④電熱線敷き→⑤ﾎﾟﾘ敷き→⑥ﾄﾝﾈﾙ設置

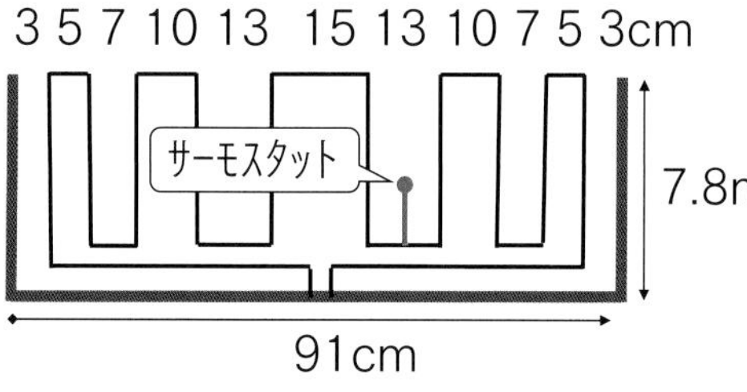

培土詰め・は種の手順

培土詰め　①は種箱に新聞紙を敷く→②ﾍﾟｰﾊﾟｰﾎﾟｯﾄを設置→③培土を満杯詰め→④底から漏れ出すようにかん水

は種　①深さ3mmの穴開け→②は種→③覆土→④温床に設置→⑤不織布をﾍﾞﾀ掛け→⑥覆土が濡れる程度かん水→⑦加温

かん水後
約5mm下がる

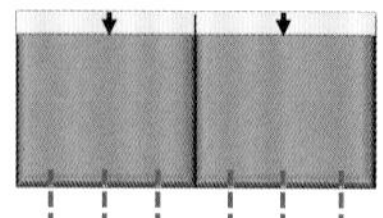

ﾍﾟｰﾊﾟｰﾎﾟｯﾄ

培土詰めとかん水

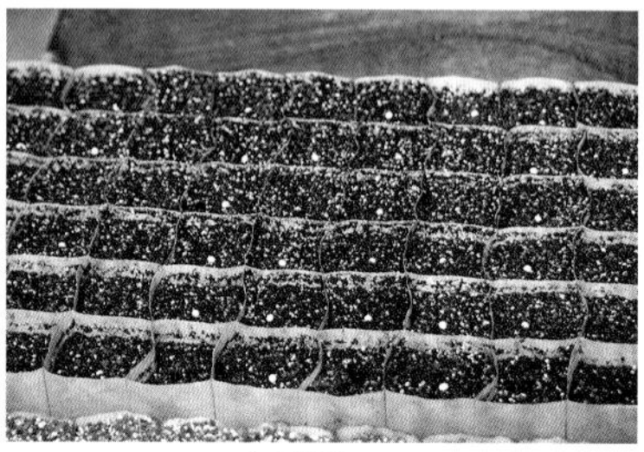
は種

は種から定植までの温度管理

①30%の発芽で不織布を除去→②ﾄﾝﾈﾙの上部を開けて昼夜換気→ ③発芽揃い後角木等の上に置く→④本葉1葉まで子葉が捻れる程度乾燥

30%の発芽で不織布を除去

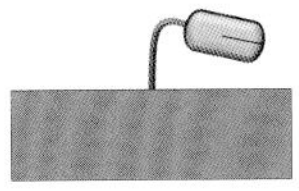

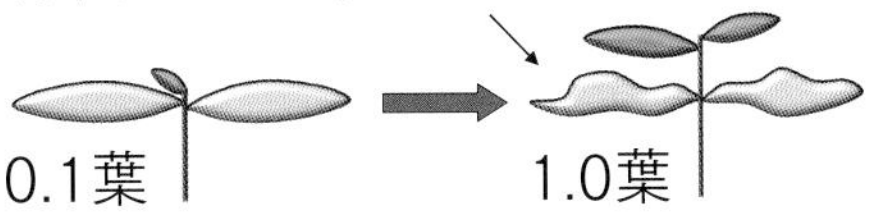

子葉が捻れる程度乾燥

温度 / は種後	気温.℃		地温.℃		主な管理
	昼	夜	昼	夜	
~発芽率 30%	28	25	28	25	不織布除去
~発芽率100%	20~25	18	20		かん水
~3葉まで	20~25	16~18	18~20		0.5~1.5葉乾燥
3葉以降	−	−	−		保温なし

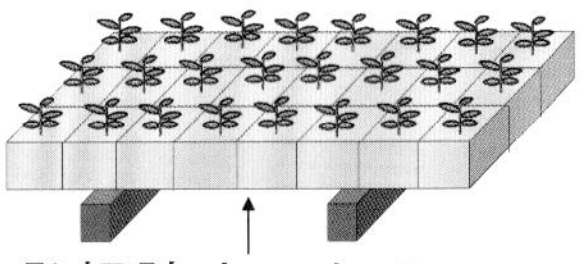
発根防止のため
地面とすき間を作る

基肥の施肥例/2,300株/10a

- 施肥前にECを測定し、ﾁｯｿ肥料を調整 。
- 接ぎ木は、台木品種によって減肥。(本畑の準備参照)

肥料名	現物.kg		成分.kg		
	全面	溝施肥	ﾁｯｿ	ﾘﾝ酸	ｶﾘ
完熟堆肥	2t				
苦土炭ｶﾙ	140				
苦土重焼燐	60			21.0	
ｽｰﾊﾟｰｴｺﾛﾝｸﾞ413		30	4.2	3.3	3.9
ﾛﾝｸﾞｼｮｳｶﾙ		20	2.4		
小 計	−		6.6	24.3	3.9

EC値と施肥量

EC	現物.kg		ﾁｯｿ成分.kg
	ﾛﾝｸﾞ	ｼｮｳｶﾙ	
0.05	15	10	3.3
0.1	10	10	2.6
0.2	無肥料		

※ECを測定し、施肥量を決める。

※ｽｰﾊﾟｰｴｺﾛﾝｸﾞ413(14-11-13)とﾛﾝｸﾞｼｮｳｶﾙ(12-0-0-ｶﾙｼｳﾑ23%)は100日ﾀｲﾌﾟを使用。

定植とかん水・追肥時期

- 4葉が見え始めたらいつでも定植可能。手かん水ができるよう、ﾏﾙﾁは直径12cmに開ける。深植えにならないよう、3葉目を通路側に向け畦面と同じ高さで定植。
- 早くからのかん水は、初期の草勢が強くなるので控える。

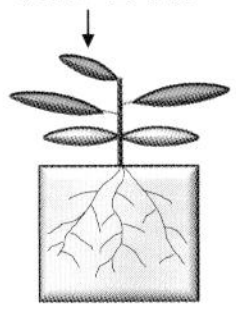

かん水・追肥	2段花房ﾄﾏﾄﾄｰﾝ終了後試しかん水、3段花房ﾄﾏﾄﾄｰﾝ終了以降本格的に
ｶﾙｼｳﾑ剤	1・2・3段花房開花ごと、2~3日おきに2回葉面散布(尻腐れ果防止)

適期定植の苗

3葉目を通路側に向けて定植

かん水と追肥の開始時期

育苗(接ぎ木側枝2本仕立て)

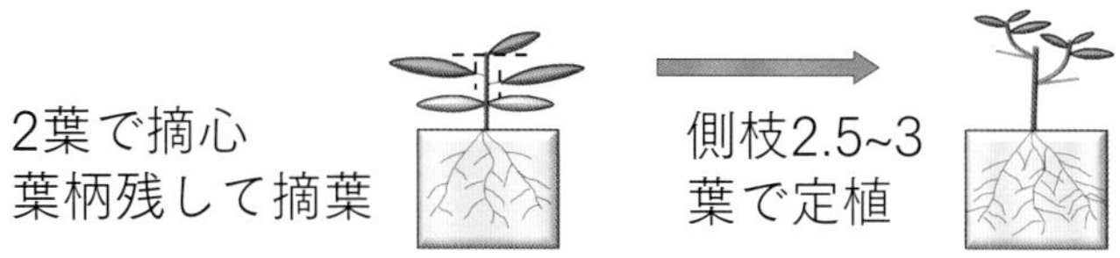

③摘葉8~10日後に子葉取り

作業	は種	接ぎ木	移植	摘心	定植
日数	0日	20日	30日	37~40日	58~63日

①ｾﾙの口径と同じ穴を開けて移植

②移植7~10日後に摘心と摘葉

定植までの管理手順(接ぎ木側枝2本仕立て)

- 移植の適期幅が短いため、作業は計画的に。

作業	日数	管理の要点
は種→接ぎ木	0→20	・接ぎ木は200穴のｾﾙを使用
移植	30	・ｾﾙ径と同じ太さの棒を使用 ・やや深めに移植、株元かん水
葉切り	37~40	・2葉残し摘心、葉柄を残し葉切り ・底から濡れるようにかん水
子葉取り	48~50	・子葉とわき芽を取る ・育苗箱と床の空間を空ける ・底から濡れるようにかん水
定植	58~63	・側枝2.5~3葉

定植とかん水・追肥時期(接ぎ木側枝2本仕立て)

- 定植が遅くなると苗が徒長するため、適期に定植。

作業名	実施時期
定植	側枝2.5~3葉
試しかん水	1段開花最盛期/1株1ﾘｯﾄﾙ(側枝2本を2株)
かん水と追肥	2段開花最盛期以降

かん水と追肥

定植適期の苗

側枝の向きを揃えて定植

試しかん水

14 マルハナバチの利用

放飼時期と導入面積

- 寿命は50～60日。花粉が出る最低気温12℃以上になる5月中旬から使用。
- 花粉量が多い2段花房開花~8月上旬まで放飼。8月中旬以降は果実の肥大促進のため、トマトトーンで処理。

定植	月	5		6			7			8			9	
	旬	中	下	上	中	下	上	中	下	上	中	下	上	中
5月上旬	開花	②	③	④	⑤	⑥	⑦	⑧	⑨	⑩	⑪	⑫	⑬	⑭
	回数	1回目						2回目			トマトトーン処理			
6月上旬	開花			①	②	③	④	⑤	⑥	⑦	⑧	⑨	⑩	⑪
	回数				1回目						トマトトーン処理			

導入坪数	備考
200~400坪	200坪以下→柱頭を強く噛んで着果が悪い
	400坪以上→バイトマーク(噛み跡)が薄く着果が悪い

ネットの張り方

- ハチがハウス間を往来できるように、連結して張る。
- 強風で切れないように、ハウス間は弛ませて張る。
- 編み目4ミリ四方のマルハナバチ専用のネットを使用。
- 防虫ネットなど細かい編み目の物は、温度が上昇しやすいので使用しない。

雑草の花粉集め

ハウス間のネットは弛ませて張る

ネットはすき間なく張る

雨除け栽培のネット

巣箱の設置

- 東側や北側の日陰になる場所に設置。

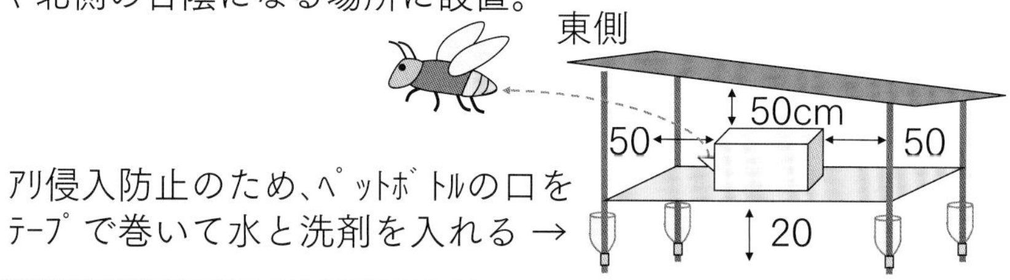

簡易な設置

冷風装置があると効果的

ｱﾘ侵入防止用のﾍﾟｯﾄﾎﾞﾄﾙ

バイトマーク(嚙み跡)の確認とハチの管理

- 放飼した2日後にﾊﾞｲﾄﾏｰｸを確認。開花数の70~80％に付いていると正常。柱頭が濃く曲がりが強いのは、ﾊﾁの数が多すぎる。1~2日おきの放飼や餌を増量する。
- 巣箱の1箇所の滞在期間は2日程度。元のﾊｳｽにﾊﾁが残っている場合、巣箱に似せた箱を置き、中に砂糖水を浸したﾃｯｼｭﾍﾟｰﾊﾟｰを皿の上に乗せておく。
- 巣箱の交換は、1回目の利用から50~60日。ﾊﾞｲﾄﾏｰｸ50％以下が目安。

ﾊﾞｲﾄﾏｰｸが適正

過剰

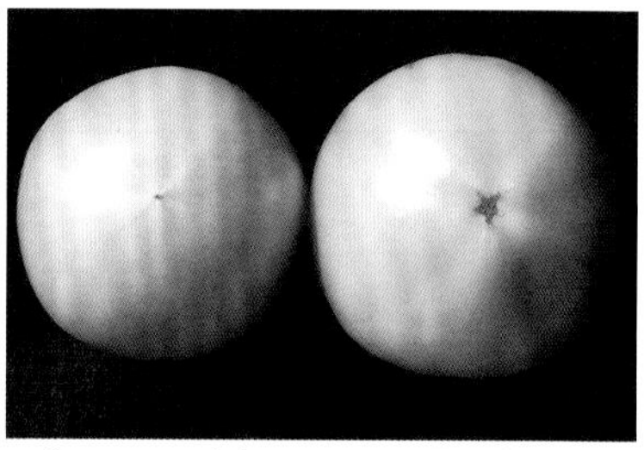

ﾊﾞｲﾄﾏｰｸ適正果　過剰果

農薬対策と角玉の発生原因

- 殺虫剤に対して非常に弱い。影響のない農薬は少ないので適期防除に努める。※ﾊﾁに影響がある農薬が付着した花粉団子が、巣箱に持ち込まれると全滅。
- 農薬を散布する時、巣箱を移動させ、巣箱の設置台にも薬剤を飛散させない。隔離したﾊﾁには、人工花粉を与える。
- ﾄﾏﾄﾄｰﾝ処理に比べて、果実は養水分の要求量が高い。かん水と追肥の間隔は、毎日~2日おきに。特に草勢が弱くなると、角玉が発生。

花粉の収集

花粉団子

角玉

15 簡易雨除け栽培

栽培の特徴と作型

- ﾊｳｽ雨除け栽培に比べて、高温障害が少なく建設ｺｽﾄが安い。
- 強風など、災害の影響を受けやすいが、高温期に品質の良い果実が収穫できる。
- 9月下旬以降は気温の低下とともに、裂果や果実の汚れが多くなる。

定植月/旬	2	3	4	5	6	7	8	9	10	11	収穫段数
6/上~6/中	●●△△-○○--------■■■■■■										6~7段

※●は種 △移植 ○定植 ■収穫

基肥の施肥例/2,200株/10a

- 気象条件に左右されるため、肥効調節型の肥料を中心に、基肥重点の施肥体系。
- 接ぎ木は、台木品種によって減肥。(本畑の準備参照)

肥料名(自根施肥例)	現物 kg	成分.kg		
		ﾁｯｿ	ﾘﾝ酸	ｶﾘ
完熟堆肥	3t			
苦土炭ｶﾙ	140			
苦土重焼燐1号(0-35-0)	40		14.0	
CDU複合燐加安S555(15-15-15)	40	6.0	6.0	6.0
ｽｰﾊﾟｰｴｺﾛﾝｸﾞ(14-11-13)S140	100	14.0	11.0	13.0
小　計		20.0	31.0	19.0

2条植えのほ場設計/10a

- ﾊﾟｲﾌﾟの中をﾄﾗｸﾀｰで耕起、ﾏﾙﾁ可能な規格幅を使用。
- 畦幅が広いため、かん水ﾁｭｰﾌﾞを敷きやすく、定期的なかん水と追肥が可能。
- 被覆ﾎﾟﾘは骨組みﾊﾟｲﾌﾟに固定。強風時はﾎﾟﾘだけ飛散するよう、加減して固定。

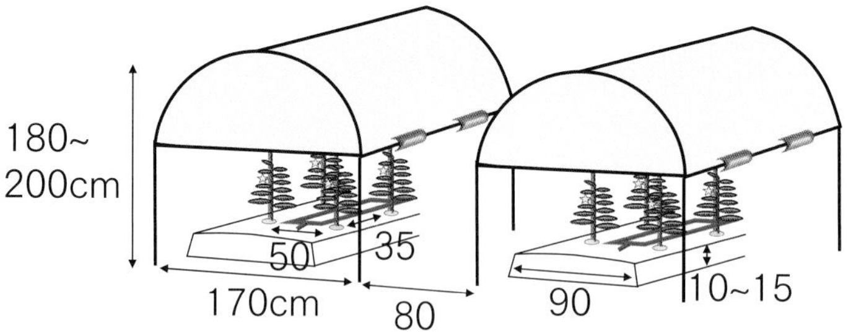

畦幅.cm	株間.cm	条間.cm	条数	実株数.株
250	35	50	2	2,216

※ﾊﾟｲﾌﾟ長から両ﾂﾏ1.5m/合計3mを除いた株数×4雨除け。

1条植えのほ場設計/10a

- ﾊﾟｲﾌﾟの中に通路を作るため、雨天時でも収穫や管理作業が可能。
- 畦幅が狭いため、畦の高さを低くして地温の上昇を防ぐ。
- かん水ﾁｭｰﾌﾞを敷かない通路追肥に適している。

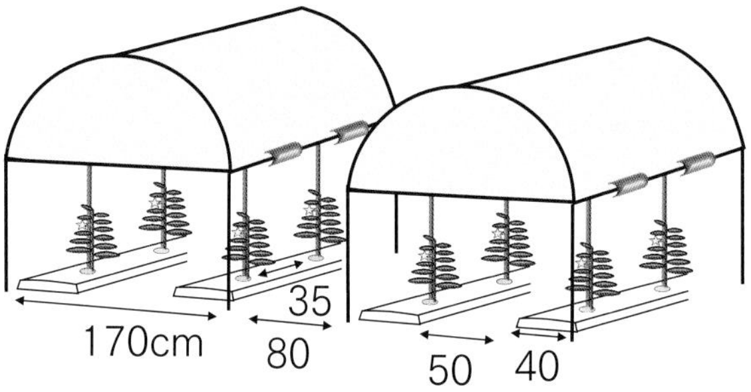

畦幅.cm	株間.cm	条間.cm	条数	実株数.株
250	35	90	1	2,216

※ﾊﾟｲﾌﾟ長から両ﾂﾏ1.5m/合計3mを除いた株数×4雨除け。

側枝2本仕立てのほ場設計

- 初期生育が過繁茂になりにくく、栽培管理が容易。
- 種苗ｺｽﾄが1/2に抑えられるため、大規模な栽培に適している。
- 中央植えはひも誘引に、並列植えは支柱誘引に適している。

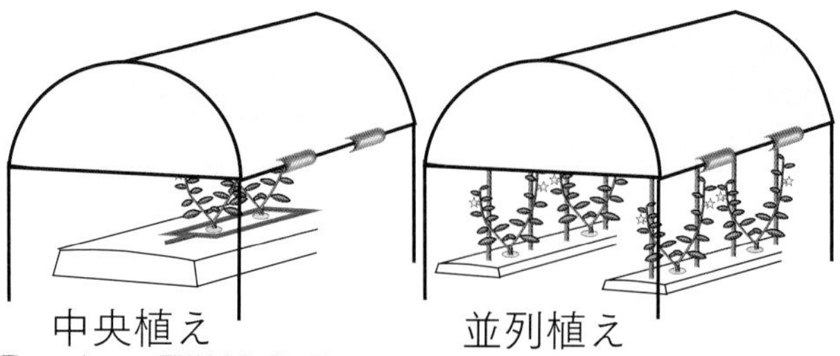

中央植え　　並列植え

トマトトーン処理とブロワー交配

- ﾄﾏﾄﾄｰﾝの倍数は、ﾊｳｽ栽培に比べてやや濃く、花を集めないで処理。確認のために食紅を加用。
- ﾌﾞﾛﾜｰ交配は午前中に。8月上旬以降は、果実の肥大促進のため、ﾄﾏﾄﾄｰﾝ処理に切り換える。

ﾄﾏﾄﾄｰﾝ処理

花房段	倍数
1~2段	80~ 90
3~5段	100~120
6段~8月上旬	120~130

ﾌﾞﾛﾜｰ交配

月/旬	6/上~6/中	6/下~7/下
時間	8~11時	7~10時
間隔	2~3日おき	1~2日おき

マルチの方法と風雨対策

- 畦内にかん水ﾁｭｰﾌﾞを設置。通路にも基肥があるので、根が張りやすいよう、ﾏﾙﾁのｽｿは浅く押さえる。
- 土の跳ね上がりによる病害の発生防止と、ﾏﾙﾁが飛ばされないよう、稲わらでｽｿを押さえる。
- 風や降雨の影響を受けやすい。排水対策を行い、ほ場の周囲に防風ﾈｯﾄを張る。

稲わらでｽｿを押さえる

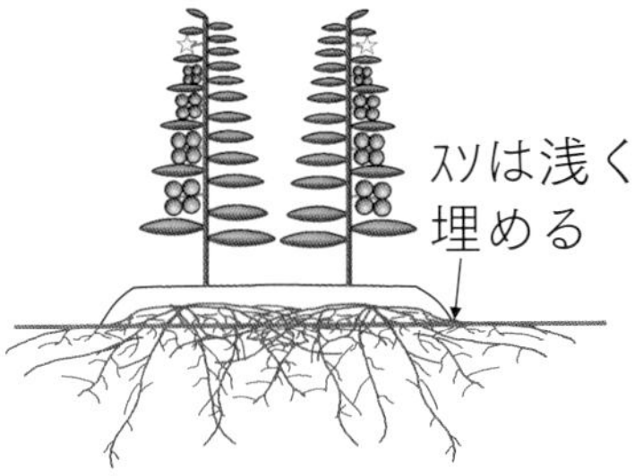

追肥は通路に

- かん水ﾁｭｰﾌﾞを敷かない場合は、通路に追肥。9月以降に肥料が多いと、裂果が多くなるので、遅くまで追肥しない。

肥料名	現物.kg/10a	追肥時期	追肥方法
CDU複合燐加安S555(15-15-15)	30	4段花房開花	敷きわらの上から
燐硝安加里S646(16-4-16)	20	8月中旬	草勢の状態で判断

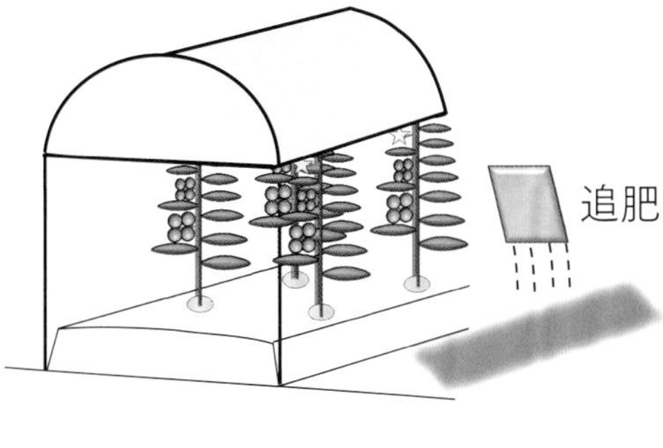

通路に追肥

摘心とエスレル処理

- 9月中旬以降、急激な気温の低下で着色が進まない。収穫打ち切り予定の日から逆算して摘心日を決定。
- 開花直前の花房上葉2葉残して、一斉に摘心。上葉から出たわき芽は放任。
- 9月上旬以降、着色が遅くなるので、着色促進のためｴｽﾚﾙ10を散布。

摘心月日

開花月日	8月1日	8月10日
収穫月日	9月中旬~下旬	9月下旬~10月上旬

ｴｽﾚﾙ10処理

回	散布月日	収穫最盛期	倍数	散布方法
1	9月 5日	9月20日	350	下段2段花房中心
2	9月15日	10月 1日	300	1回目以外

※処理方法は、定植と定植後の管理を参照。

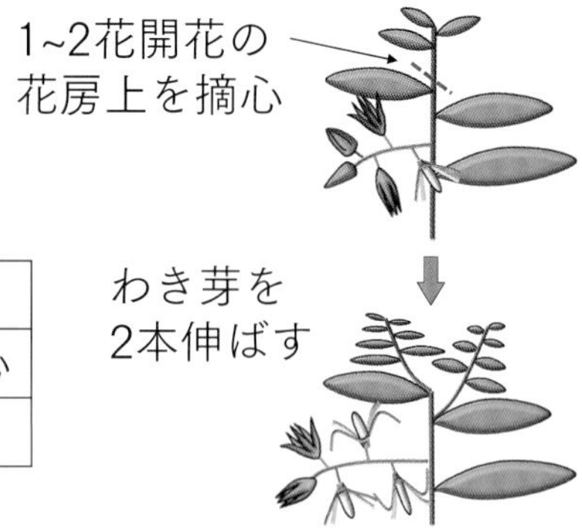

9月下旬に全摘葉

- 9月下旬に、裂果や果実の汚れを防ぐため全摘葉。
- 最初から全部摘葉すると、ｼｮｯｸで落果が多くなる。最初に、最終果実の上葉を残し、すべて摘葉。10日後に上葉を摘葉。
- 病害の罹病した葉の落葉が少なく、翌年の病害発生対策としても必要。

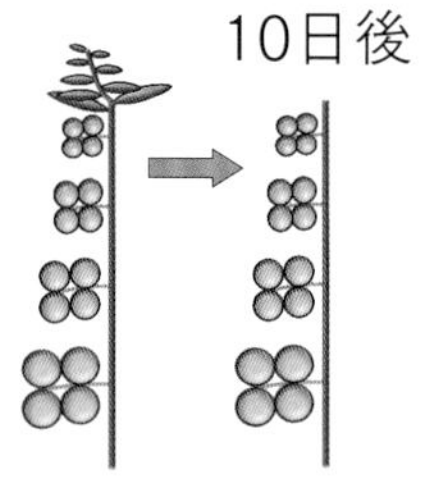

全摘葉は裂果や果実の汚れが減少

発生しやすい果実障害

- 高温期は、直射日光で果実の温度が、ﾊｳｽより高くなる。果実に薬害や汚れが発生しやすい。
- 薬剤散布は、果実の温度が上がらない午前9時頃まで。
夕方散布は、果実を握って冷めているのを確認。
- 肥料の葉面散布は、果実が汚れやすい。基準の希釈倍数を順守。

高温時の薬剤散布で発生

雑菌が繁殖した汚れ

16 高温対策

夏秋季の主な気象現象と障害

- 7~8月は高温で生育が早く、各種の障害が発生。
- 作業の遅れなどで、障害が拡大。

気象現象	茎葉・花・根	果 実
高温・多日照	落花・萎れ・徒長・葉焼け・根の活性低下	日焼け果・ｱﾐ入り軟果・肩部へこみ軟果・ｸﾞﾘｰﾝﾊﾞｯｸ果・条線果・菊型空洞果・つやなし果・早期白熟果・緑斑点果
日照不足	徒長・弱小花・少数花	空洞果・着色不良果・すじ腐れ果
集中豪雨・過湿	萎れ・葉先枯れ	果壁水浸状軟果・尻部軟果
最高・最低温度差拡大	ー	変形果・花痕部つゆ果・裂皮果・裂果

主な管理作業の遅れ	温度・かん水・追肥・摘果・誘引・わき芽取り

高温対策の必要性

- 近年は温暖化によって夏季の気温が高くなっている。特に真夏日や猛暑日、熱帯夜などが多くなった。
- ﾄﾏﾄは比較的冷涼な気候が適しており、夏秋栽培では栽培が難しくなってきている。今後は、高温対策が栽培の重要なﾎﾟｲﾝﾄとなる。

①耕種による主な高温対策

- 吸水力が衰えにくい、10段花房前後で摘心する栽培(基本事項参照)。
- 3段花房ﾄﾏﾄﾄｰﾝ終了頃まで、かん水を抑制した深根誘導(かん水と追肥参照)。
- 地温の影響を受けにくい、「やや深根や深根」の台木を使用(基本事項参照)。

②資材を活用した高温対策(次項以降)

- 換気、白黒ﾏﾙﾁ、遮光、散乱光ﾌｨﾙﾑ。

呼称	詳 細
真夏日	最高気温30℃以上の日
猛暑日	〃 35℃以上の日
熱帯夜	最低気温25℃以上の日

資材を活用した対策

- 高温期は地温や果実の温度上昇で、多くの障害が発生。
- 地温や果実の温度上昇防止の対策が重要。

方法	効　果
換気	高温の防止
白黒ﾏﾙﾁ	地温を下げて根を活性
遮光	果実の温度・地温の上昇防止
紫外線ｶｯﾄ＋ 散乱光ﾌｨﾙﾑ	果実の温度上昇防止 果皮の硬化防止(裂果防止)

※ﾏﾙﾊﾅﾊﾞﾁ導入ほ場は 紫外線ｶｯﾄでない
　散乱光ﾌｨﾙﾑを使用。

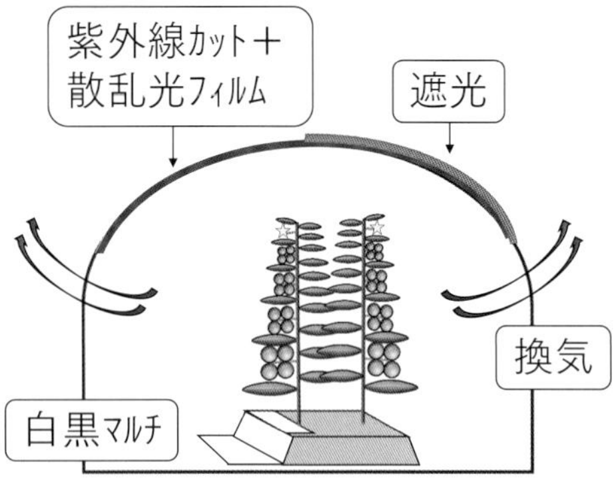

換気の方法

- できるだけ換気場所を多くする。

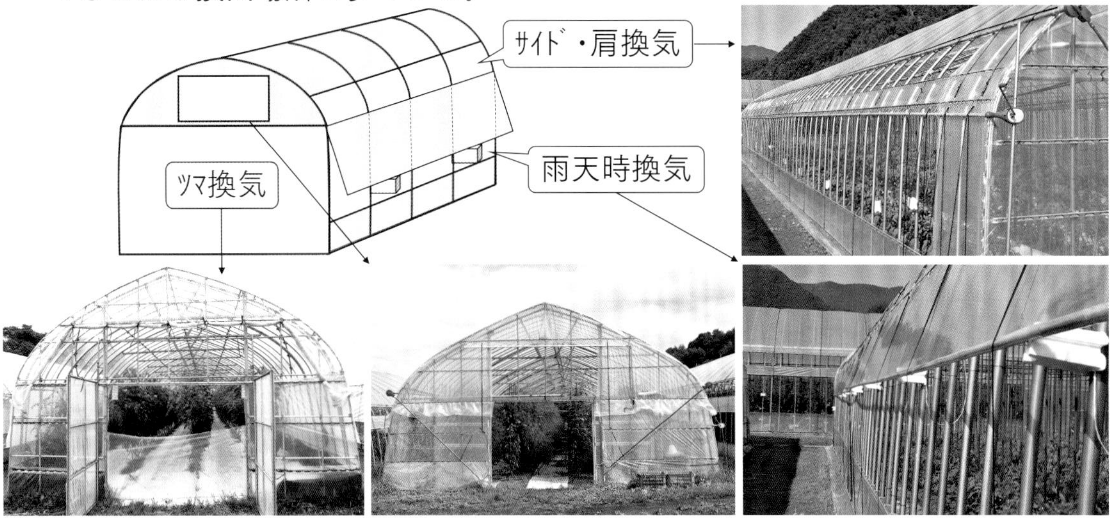

白黒マルチの利用

- 白色の部分はｸﾞﾘｰﾝﾏﾙﾁや黒ﾏﾙﾁに比べて、地温上昇抑制の効果がある。
- 光の反射が強く、日陰になりやすい下葉に、光を与える効果が期待できる。※空洞果防止等。
- 高温期は畦の肩まで白黒ﾏﾙﾁ。

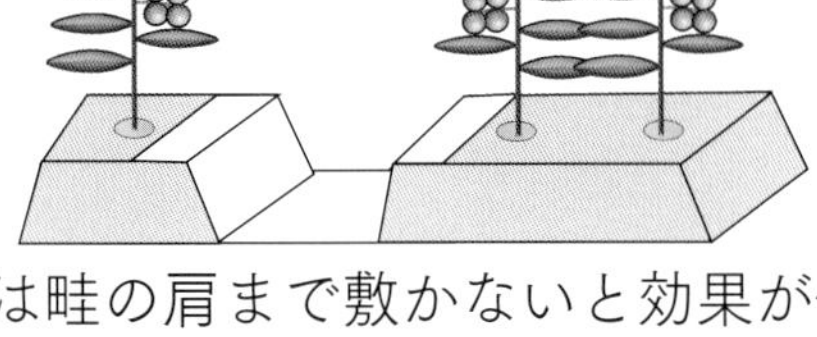

ﾏﾙﾁは畦の肩まで敷かないと効果が低い

表白・裏黒

地温の推移

- 根の活性適温は15~22℃。
- 高温期は最高地温が30℃以上になる日が多い。
- 7月下旬~9月上旬まで、平均地温が22℃以上で根の活性が弱い。
- 地温を下げる工夫が必要。

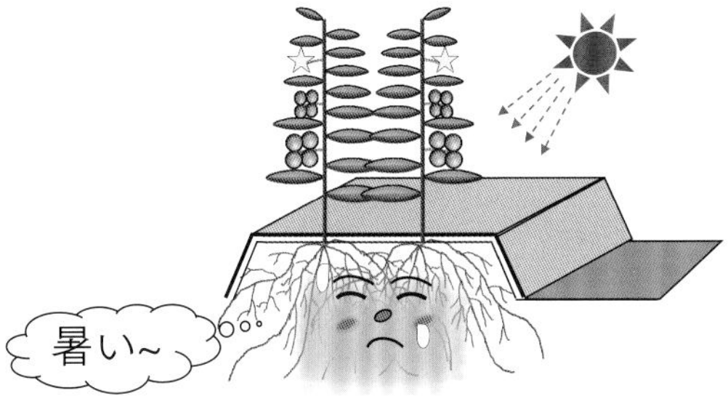

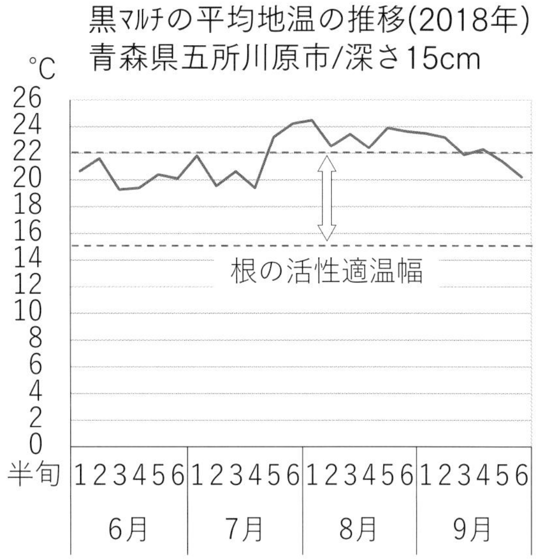

遮光の効果と問題点

- 7段花房開花以降は、養水分の吸収力が弱まり、葉からの蒸散量が少なくなる。高温による各種障害が発生。
- 遮光によって茎葉や果実の温度上昇を防ぎ、障害を回避。

効果	①落花・萎れ・裂果減少 ②地温上昇抑制で根が活性 ③作業時の日除け
問題	①日照不足/落花・小玉 ②肥料過剰/着色不良果 ③水分過剰/空洞果
対策	①追肥・かん水量5~10%減 ②曇天時は硝酸態ﾁｯｿを追肥

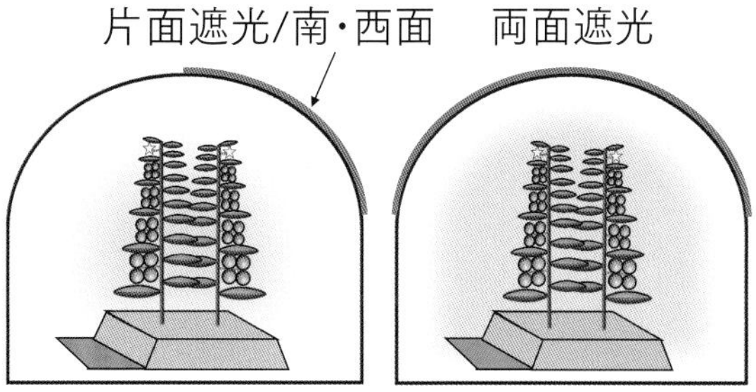

被覆と除覆作業

- 遮光は晴天の日は効果が高いが、曇天や雨天が続き日照不足になると、落花や弱小花が発生、草勢が低下。
- 日照不足の時に除覆できる遮光方法が、理想的。
- 除覆作業が楽な軽い素材のものを選ぶ。

遮光方法	11~14時
遮光率	35~40%
遮光条件	最高気温28℃ 以上の晴天日

①遮光幕を肩に乗せて置く

②反対側から引き上げる

③被覆完了

終日遮光の方法

- 両面遮光は、遮光率20~25％、片面遮光は30％前後が最適。
- 作業が楽な軽い素材を選ぶ。
- ﾊｳｽｻｲﾄﾞの換気部分まで遮光すると、通気が悪くなるので、肩まで張る。

遮光方法	両面遮光	片面遮光
遮光率	20~25％	30％前後
遮光時期	7月下~8月下旬	

○屋根の肩まで

×肩より下は換気不良

2段換気は片側1/2遮光

塗布資材の特性

- 被覆遮光に比べて遮光ﾑﾗは大きいが、動力噴霧機などで散布できるため、使用しやすい。降雨の状況によって残効は違ってくる。

資材名	主成分	形状	容量
ﾌｧｲﾝｼｪｰﾄﾞ短期	炭酸ｶﾙｼｳﾑ剤にｱｸﾘﾙ系樹脂配合	液状	8ﾘｯﾄﾙ
ﾎﾜｲﾄｸｰﾙ	炭酸ｶﾙｼｳﾑ剤に固着剤を配合	粉状	10kg
簡易遮光資材	炭酸ｶﾙｼｳﾑ剤	粉状	10kg

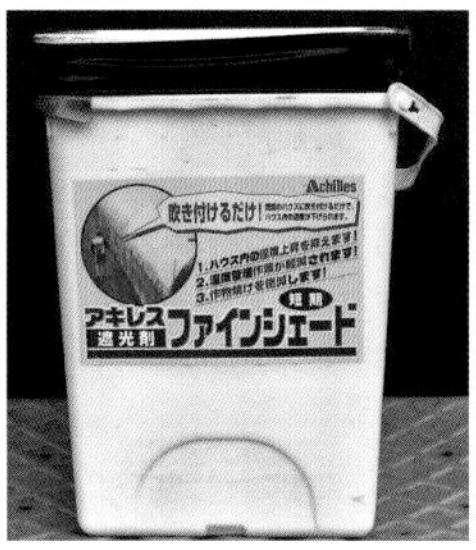

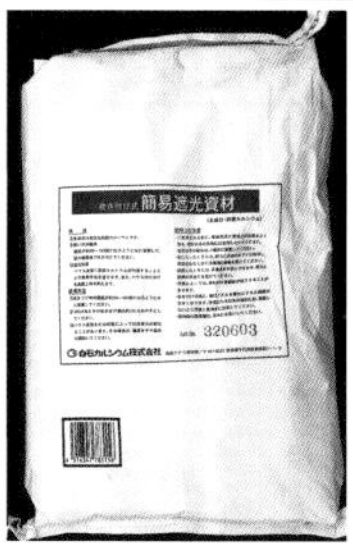

塗布資材の残効期間

- 新しいﾌｨﾙﾑやﾋﾞﾆｰﾙ系、PO系ﾌｨﾙﾑの一部は、特に残効が長い。
- ﾎﾜｲﾄｸｰﾙは、簡易遮光資材(炭酸ｶﾙｼｳﾑ)と混合して使用。
  ※ﾎﾜｲﾄｸｰﾙは残効が長く、冬季間の被覆は雪の滑りが悪いので注意。
- 混合の割合で残効が違うため、地域に適した配合で調整。

<table>
<tr><th>資材名</th><th>残効期間.日</th><th>遮光率.％</th><th>対策</th></tr>
<tr><td>ﾌｧｲﾝｼｪｰﾄﾞ(短期)</td><td>30~50</td><td rowspan="4">15~25</td><td rowspan="3">高温</td></tr>
<tr><td>ﾎﾜｲﾄｸｰﾙ</td><td>60~90</td></tr>
<tr><td>ﾎﾜｲﾄｸｰﾙ50~60％：
簡易遮光資材50~40％</td><td>30~60</td></tr>
<tr><td>簡易遮光資材100％</td><td>1回の降雨で流亡</td><td>萎れ</td></tr>
</table>

※残効期間は、青森県で2回散布の実施結果。
　降雨量の程度や回数で違う。

塗布資材の使用時期と回数

- 1~2年目のﾌｨﾙﾑは光の透過率が高いので、7月下旬に1回目散布。その後8月上~中旬に2回目散布。
- 3年目以降のﾌｨﾙﾑは透過率が悪いので、7月下旬~8月上旬に1回散布。
- 萎れ防止には、萎れ発生時や、日照不足から急に晴れて萎れが予想される場合に散布。

散布時期・方法

ﾌｨﾙﾑ使用年数	7		8			散布回数	倍数	10a散布量.ﾘｯﾄﾙ	散布場所
	中	下	上	中	下				
1~2年						2回	10倍	40	南又は西の片面
3年以降						1回		20	
萎れ防止	発生時・予想される場合					2回		40	

※ﾒｰｶｰの散布方法とは異なる。PO系ﾌｨﾙﾑの光透過率は、新品約90%、3年後70~80%。

塗布資材の散布方法

- 定置式や背負式動噴(ﾋﾟｽﾄﾝﾀｲﾌﾟ)に、遠距離散布用の噴口を付けて使用。
- 無風で屋根に露がない時間帯に、南又は西の片面に散布。
- 多量散布は液だれにより、遮光率が高くならないので注意。

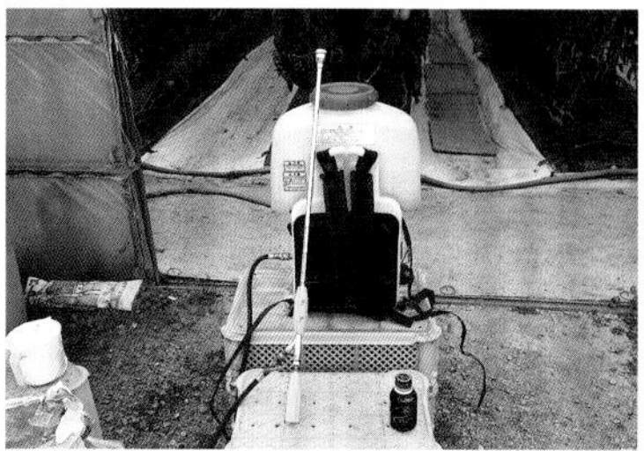

遠距離散布用の噴口

背負式動噴を使用

散布　　無散布

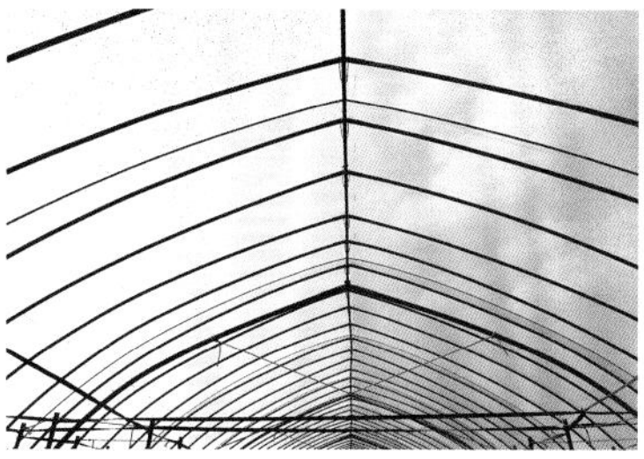

散布　　無散布

紫外線カットフィルムの効果と問題点

- 裂果や病害虫発生の抑制効果が高い。
- かん水量や追肥肥料を天候によって変える。
  ※ﾏﾙﾊﾅﾊﾞﾁは、導入できない。

効果	ｸﾞﾘｰﾝﾊﾞｯｸ果・裂果抑制 灰色かび病・ｽﾘｯﾌﾟｽ・ｺﾅｼﾞﾗﾐ抑制
問題	日照不足で肥料・水分過剰 水疱症が発生しやすい
対策	かん水量を5~10%減 曇天時は硝酸態ﾁｯｿを追肥

※水疱症の発生は品種で差が見られる。

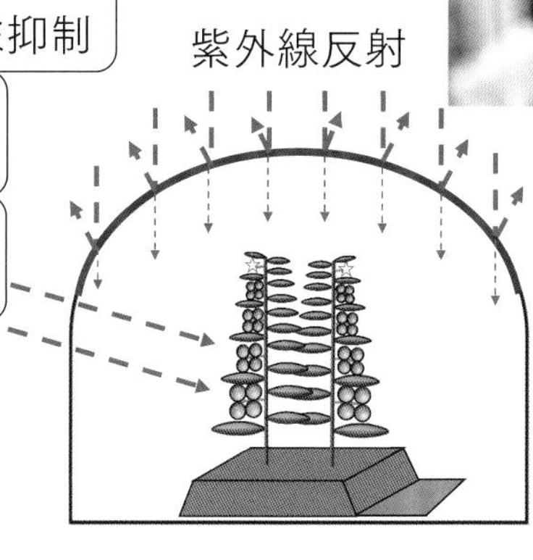

水疱症

散乱光フィルムと透明フィルムの違い①

- 高温による果実の障害は、果実の温度が高くなることが主な原因。
- 果実に直射日光が長くあたらない、大きな葉を作ることが重要。長期収穫の上段花房の葉は大きくなれず、直射日光があたりやすい。
- 散乱光ﾌｨﾙﾑは、透明ﾌｨﾙﾑに比べて早期白熟果の軽減や裂果の減少、着果向上の効果が認められた。

調査結果2020年10月1日

散乱光/透明ﾌｨﾙﾑ	
裂果率	散乱光着果率(透明比)
3.5/15.1%	121.5%

※紫外線ｶｯﾄ散乱光ﾌｨﾙﾑ(ｼｬ乱光)、紫外線ｶｯﾄ透明ﾌｨﾙﾑ(ｸﾘｰﾝｿﾌﾄｽｰﾊﾟｰﾛﾝｸﾞUVC)
両製品ともｵｶﾓﾄ株式会社。

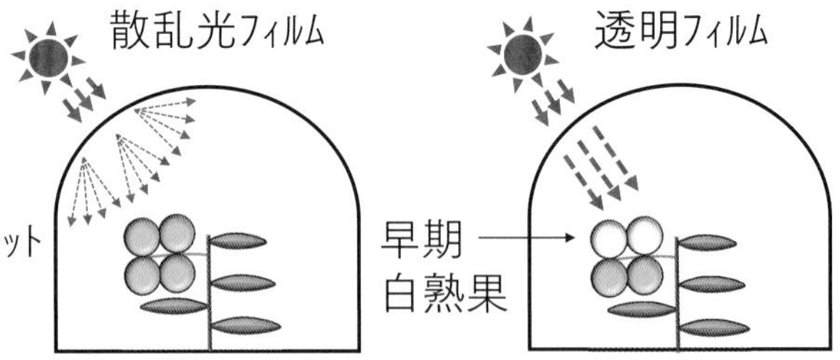

散乱光フィルムと透明フィルムの違い②

光が散乱し、影が淡い　　光が直射し、影が濃い

サイトカイニンと裂果や着果との関係

- ｻｲﾄｶｲﾆﾝは着果促進、老化阻害等の働きがある植物ﾎﾙﾓﾝ、根で生産され、葉や果実へ移動。※日本光合成学会「光合成事典」(Web版)を参考。
- ｻｲﾄｶｲﾆﾝの活性を有するﾌﾙﾒｯﾄが、放射状裂果の軽減に農薬登録があることから、裂果にｻｲﾄｶｲﾆﾝが関与していると思われる。
- ｻｲﾄｶｲﾆﾝの効果が期待できるｻｲﾄﾆﾝを散布した結果、裂果の減少や着果向上の効果が認められた。

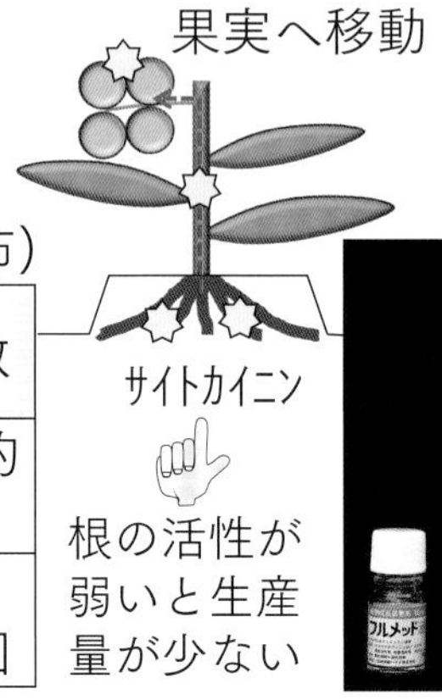

ｻｲﾄﾆﾝの散布結果(開花花房~下3段中心に40ﾘｯﾄﾙ/10a散布)

調査年	使用倍数	裂果率.% ｻｲﾄﾆﾝ/無散布	ｻｲﾄﾆﾝ着果率 無散布比.%	散布間隔/回数
2020 ﾊｳｽ	400	3.9/15.1	136.6	8月20日より約5日間隔/5回
		−	114.3	
2019 露地	300	35.3/60.0	113.3	8月9日より約5日間隔/5回

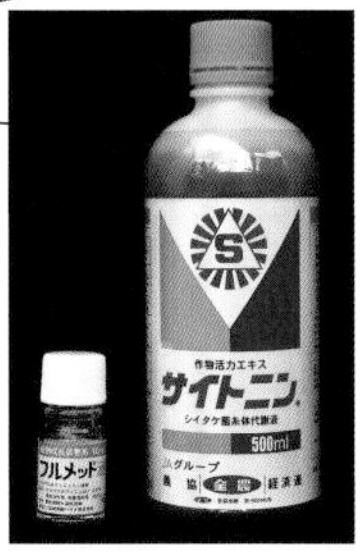

ミニトマト

1 栽培の前に押さえておきたい基本事項

夏秋ミニトマトの生理生態

- 大玉ﾄﾏﾄに比べて生育ｽﾋﾟｰﾄﾞが早く、定植後は葉が3枚と1花房が7~10日間で形成。栄養成長と生殖成長が、同時進行で生育。
- 花数が多く1段花房の開花終了までに、上の2段花房が開花する。
- 葉からの蒸散量が少なく、養水分の吸収が弱い。
- 単為結果性が強く着果は良いが、不完全受精で種子が少ない果実が多い。つやなし果などの障害果が発生しやすい。
- 生育適温は、茎葉部が14~25℃、根部が15~22℃。
- 近年7~8月の異常高温で、落花やｸﾞﾘｰﾝﾊﾞｯｸ果、軟果玉などの発生が多く、収量や品質の低下を招いている。今後は、ﾊｳｽ内の温度や地温上昇防止の対策が重要。

生育ステージと草姿

- 4段花房開花まで(草勢おう盛期)
  茎葉や根の伸長が早く、養水分を過剰に吸収。
- 5~7段花房開花(草勢維持期)
  果実の肥大が進み、茎葉への負担が大きく、養水分の吸収が高い。
- 8段花房開花以降(草勢安定期)
  1段花房の収穫がほぼ終了。養水分の吸収が安定。

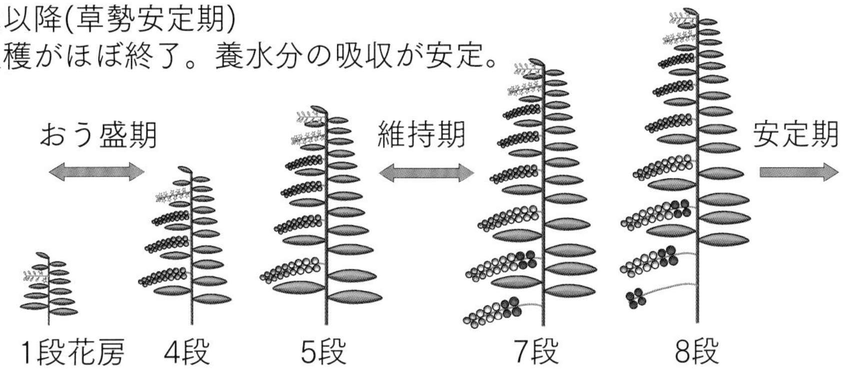

作型と吸水力の関係

- 吸水力は、栽培日数が長いほど弱くなる。①草丈が長くなること、②8月以降は日照時間が短くなることが主な原因。
- 5月定植は、高温期の8月に14段花房開花以上に達するため、葉からの蒸散量に応じた吸水ができない。かん水量が適正であっても水分不足で、落花やｸﾞﾘｰﾝﾊﾞｯｸ果、つやなし果が発生。

作型/月	2	3	4	5	6	7	8	9	10	11
5月上旬定植	●------△------○---------■■■■■■■■■■■■■■■■■■■■									
開花花房段	①②③④⑤⑥⑦⑧⑨⑩⑪⑫⑬⑭⑮⑯⑰⑱⑲									
6月上旬定植		●-----△------○--------■■■■■■■■■■■■■■■■■■■								
開花花房段				①②③④⑤⑥⑦⑧⑨⑩⑪⑫⑬⑭⑮						
●は種 △移植 ○定植 ■収穫　吸水力→○強 ○中 ○弱										

※定植(1段開花始め)~9月上旬摘心。

定植時期と茎長

- 大玉ﾄﾏﾄに比べて生育ｽﾋﾟｰﾄﾞが早く、収穫の花房段数が多い。高温期に徒長しやすく、着果が悪い。

例年の9月上旬摘心の茎長

定植時期	花房段数.段	茎長.cm
5月上旬	18~19	400~430
6月上旬	14~15	310~340

例年の大玉ﾄﾏﾄ・9月上旬摘心の茎長

定植時期	花房段数.段	茎長.cm
5月上旬	13~14	310~330

※茎長430cm/2018年5月5日定植、9月5日摘心(品種ｻﾝﾁｪﾘｰﾋﾟｭｱ、台木ｸﾞﾘｰﾝｶﾞｰﾄﾞ)。

夏秋季の主な気象現象と障害

- 7~8月は高温によって生育が早く、各種の障害が発生。
- 作業遅れなどで、障害が拡大。

気象現象	茎 葉	果 実
高温・多日照	落花・萎れ・葉焼け	ｸﾞﾘｰﾝﾊﾞｯｸ果・肥大不揃い
日照不足	徒長・花数減少	小玉
集中豪雨・多湿	萎れ・葉先枯れ	軟果・裂皮果・出荷果実かび
最高・最低温度差拡大	−	裂果・つやなし果

主な管理作業の遅れ	温度・かん水・追肥・摘果・誘引・わき芽取り

花・果実の素質を決める要因

- 開花している花房の花の素質は、約15日前の花芽分化期の気温や草勢の影響を受けて決定。
- 開花花房の2段上の花房が花芽分化。

花芽分化の場所

現在の状況		15日後に開花する花房	
状態	発生原因	花の素質	果実の品質
生育状態	肥料不足	弱小花	着果不良
	水分不足	開花不揃い	肥大不揃い
強草勢	多水分・多ﾁｯｿ・低温	花数過多	過剰着果
昼夜温度差小	過剰保温	花数減少	着果数減少

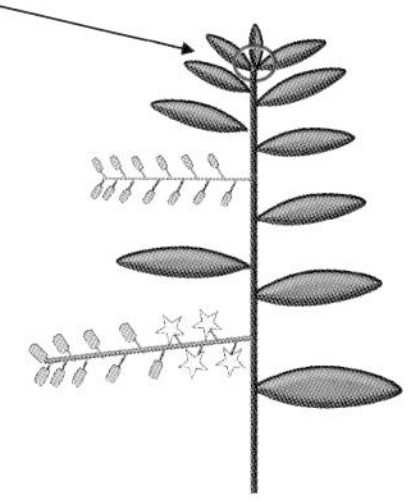

収量を構成する要素

項目	特　徴
着果数	適正着果数が収量に最も影響、確実に着果させる対策が必要
作型	長期収穫ほど収量は多いが、後半は草勢が弱り果実の肥大が悪い
栽植本数	密植にするほど収量は多いが、果実の肥大が悪い

花房段別の花数/2015年(5月1日定植、9月5日摘心、品種ｻﾝﾁｪﾘｰﾋﾟｭｱ)

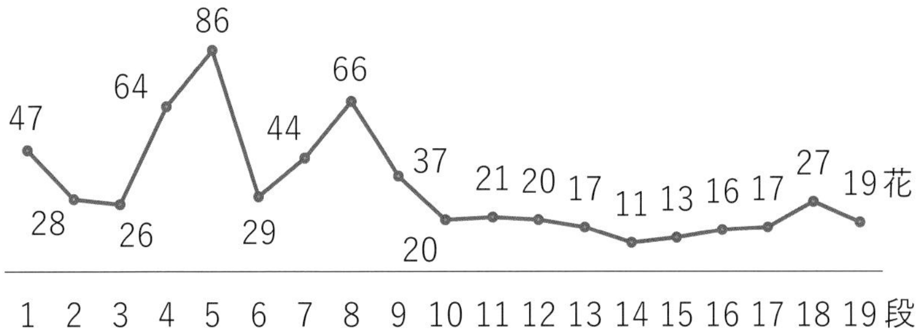

主要品種の特性(2021年2月時)

- 品種の特性は、栽培や気象条件で変わるため、地域で試験を行い検討。
- 食味(甘み・食感)は、品種の特性が影響しやすい。多品種の作付けは、食味のﾊﾞﾗﾂｷが多くなって、産地の評価を落とす原因。

項目／品種名	平均果重.g	平均花数.花	草勢		ｸﾞﾘｰﾝﾊﾞｯｸ	つやなし	耐裂果
			~7段	8段~	1少→5多	1少→5多	1弱→5強
ｷｬﾛﾙ10	12	30~40	中	弱	3	2	2
ｷｬﾛﾙｽﾀｰ	17	15~30	強	中	1	3	3
ｻﾝﾁｪﾘｰﾋﾟｭｱ	18	15~30	強	中	3	4	4
〃 ﾋﾟｭｱﾌﾟﾗｽ	16	20~35	中	中	3	2	4
ｻﾏｰ千果	19	15~30	強	中	3	2	3

※種苗ﾒｰｶｰのｶﾀﾛｸﾞ及び生育観察の結果より。

主な作型

- 4月下旬~5月上旬定植(ﾊｳｽ雨除け栽培)
  長期栽培のため、生育後半は草勢が衰えて、落花や小玉が多く栽培が難しい。
- 5月下旬~6月上旬定植(ﾊｳｽ雨除け栽培)
  夏秋栽培の代表的な作型。定植後の外気温が生育に適しており、栽培が容易。

定植月/旬	2	3	4	5	6	7	8	9	10	11	収穫段数
4/下~5/上	●●	△△---	○○	-------	■■	■■	■■	■■	■■	■	18~20段
5/下~6/上		●●	△△---	○○	------	■■	■■	■■	■■	■■	15~17段

※●は種 △移植 ○定植 ■収穫

定植月/旬	主要品種
4/下~5/中	ｻﾝﾁｪﾘｰﾋﾟｭｱ・ｷｬﾛﾙｽﾀｰ・ｷｬﾛﾙ10・ｻﾏｰ千果
5/下~6/上	ｷｬﾛﾙ10・ｻﾝﾁｪﾘｰﾋﾟｭｱﾌﾟﾗｽ(花数が多い品種を選定)

1株1本支柱斜め誘引

- 1株に1本の支柱を立て、最初は30cmと20cmの2段に横ひもを張って誘引。
- その後は、節間が長くなるので、直接隣の支柱に誘引。
- 茎葉が整然として、収穫作業が容易。

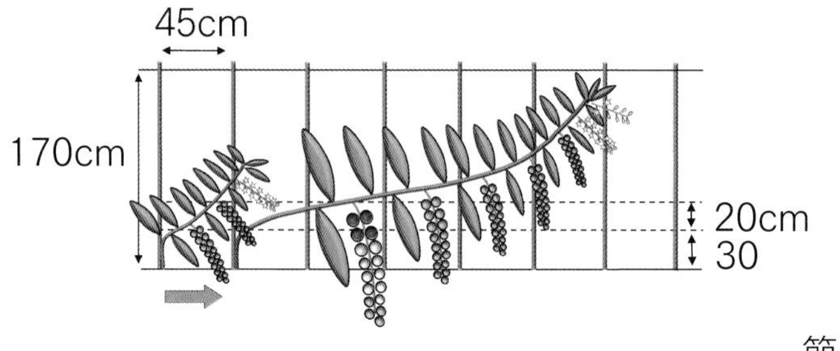

2段に横ひもを張る

節間が長くなると直接支柱に誘引

2株1本支柱斜め誘引

- 2株に1本の支柱を立て、PE平ﾃｰﾌﾟを張る。最初は20cm、その後30cm間隔に張る。
- ﾃｰﾌﾟ貼りに時間を要するが、ﾃｰﾌﾟに弾力があるため誘引が容易。
- 誘引が遅れると茎葉が混むので、定期的に実施。

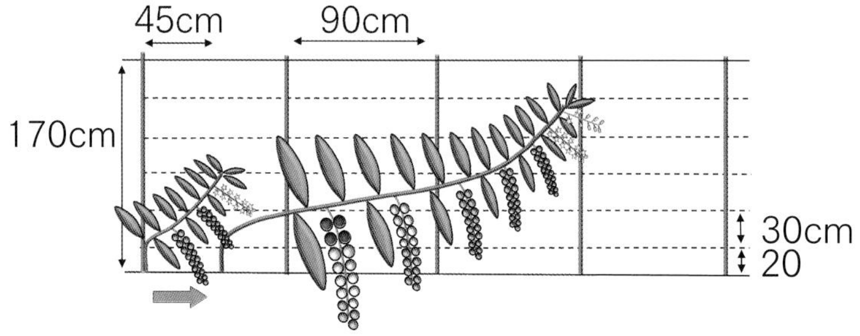

1段目は20cmに張る

2段以降は30cm間隔に張る

2 本畑の準備

基肥の施肥例(高畦)/1,700株/10a

- 土壌診断に基づいて施肥量を決める。
- ﾘﾝ酸過剰なほ場は､ﾘﾝ酸資材を施用しない。
- 平畦は基肥のﾁｯｿ量を約10％増量。

肥料名(自根例)	現物kg	成分.kg		
		ﾁｯｿ	ﾘﾝ酸	ｶﾘ
完熟堆肥	2t			
苦土炭ｶﾙ	140			
苦土重焼燐1号(0-35-0)	40		14.0	
CDU複合燐加安S555(15-15-15)	20	3.0	3.0	3.0
ｽｰﾊﾟｰｴｺﾛﾝｸﾞ(14-11-13)S100	50	7.0	5.5	6.5
小 計		10.0	22.5	9.5

EC値と台木の品種別チッソ減肥率/10a

- 施肥前にECを測定し､ﾁｯｿ肥料を調整 。EC値が0.05以下は基準量を施肥。
- 接ぎ木は台木品種によって初期の草勢が違うため､基肥量を調整。

EC	残存ﾁｯｿ成分.kg	現物.kg		ﾁｯｿ成分.kg
		CDU	ﾛﾝｸﾞ	
0.05	3.3	15	35	7.2
0.1	4.0	10	32	6.0
0.2	5.5	0	32	4.5
0.3	6.9	0	22	3.1
0.4	8.4	0	12	1.7
0.5~	無肥料			

使用台木	減肥率.%
ｸﾞﾗﾝｼｰﾙﾄﾞ	0
Bﾊﾞﾘｱ・ﾊﾞｯｸｱﾀｯｸ	5~10
ｷﾝｸﾞﾊﾞﾘｱ・ｱｼｽﾄ	10~15
ｸﾞﾘｰﾝﾎｰｽ	15~20

ECからの硝酸態ﾁｯｿ算出量（洪積埴壌土）
夏秋ﾄﾏﾄの数式　Y=(29.3×Z＋5.1)÷2
Y＝土壌中の硝酸態ﾁｯｿ　Z＝EC値
千葉県農業総合研究ｾﾝﾀｰの数式を参考に独自に試算。

畦の高さと基肥量の考え方

- 高畦は通路の土を畦に盛ることから、肥料の濃度は高くなる。
- 平畦は盛らないため、畦と通路は肥料の濃度が同じ。高畦に比べてﾁｯｿ肥料を約10％増量。

高畦　　　平畦

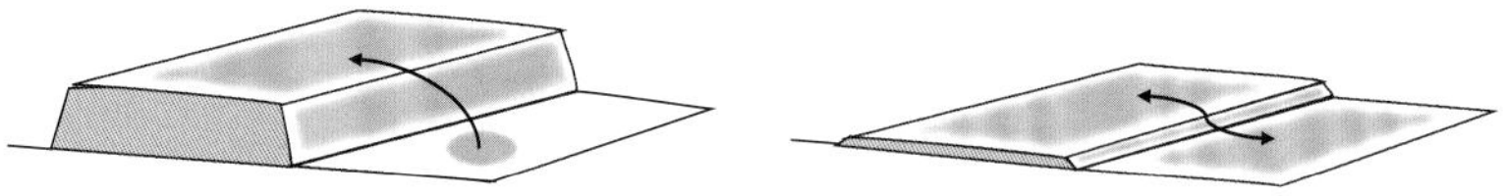

通路の肥料も畦に集中　　　畦と通路は同量の肥料

肥料名	特 性
CDU複合燐加安S555	低温でも初期から肥効が安定、活着や生育の揃いが良い
ｽｰﾊﾟｰｴｺﾛﾝｸﾞS100	初期の肥効は遅いが、生育ｽﾃｰｼﾞに応じた肥効が得られる

ほ場設計/10aと作型

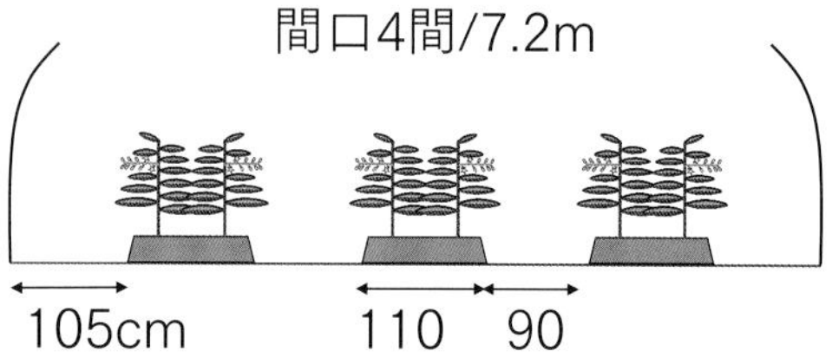

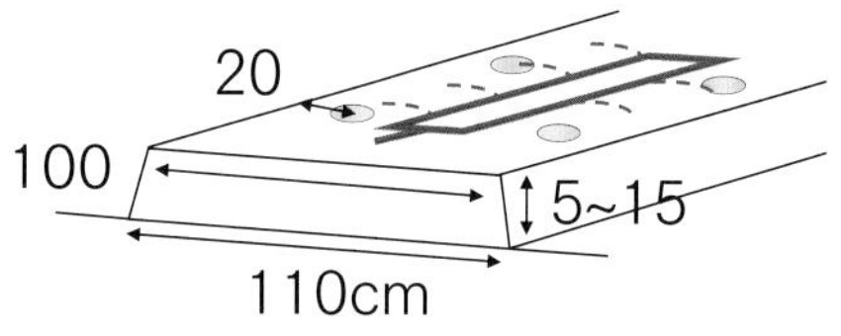

作型月/旬	株間.cm	条間.cm	条数×畦数	実株数.株
4/下~5/中	45	60	2×3	1,713
5/下~6/上	40			1,926

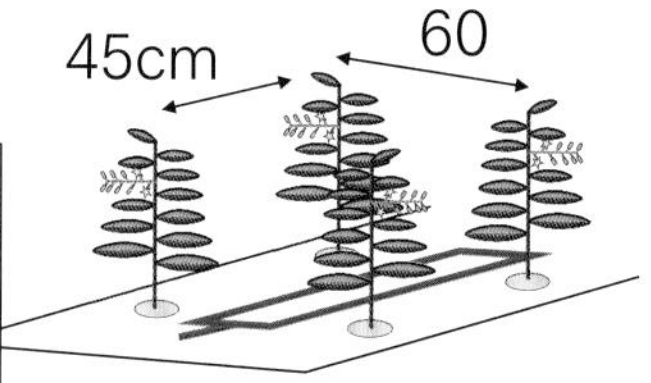

※実株数：間口4間の100坪ﾊｳｽで両ﾂﾏから1.5m/合計3mを除いた株数×3棟。

ハウスの土壌水分

- 大玉ﾄﾏﾄに比べて生育初期の根張りが弱いため、土壌の水分が適湿な状態で畦を作る。
- 冬季間ﾌｨﾙﾑを除覆しない場合は、土壌が乾燥しているので、耕起前に散水。手で軽く握って崩れない程度で耕起。
- 土壌水分が多いと浅根。6段花房以降の草勢が弱く、萎れが多い。

ﾁｭｰﾌﾞでの散水

ﾎｰｽでの散水

湿りは深さ約10cmまで

適正な株間と条間

- 株間や条間が狭いと、根絡みが多く生育が不揃いになるので、適正な距離で定植。

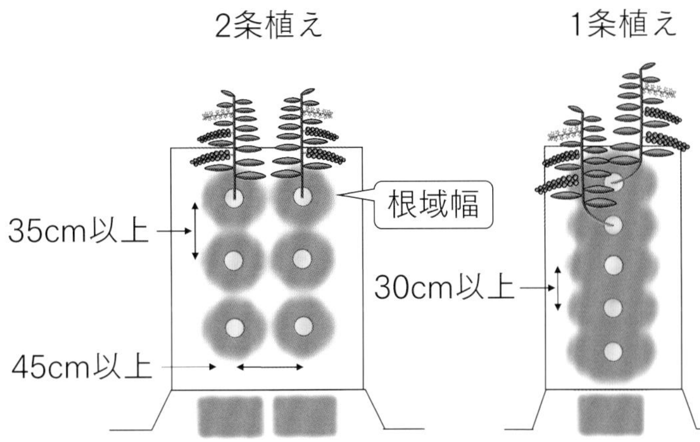

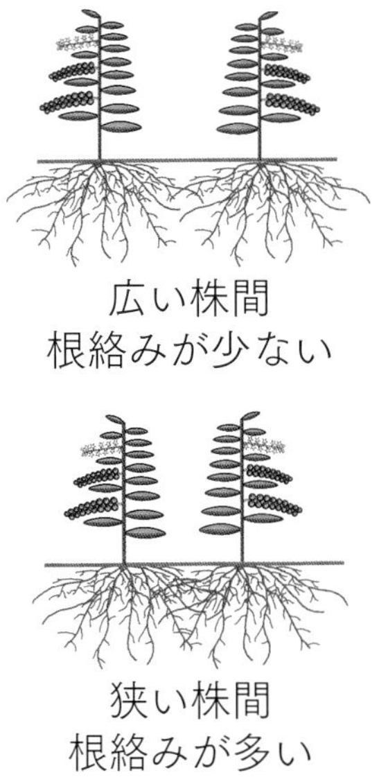

畦の作り方

- 平畦は高畦に比べて通路の根量が多くなるため、通路にもかん水ﾁｭｰﾌﾞを敷く。
- 畦の高さは地下水の高低によって調整。

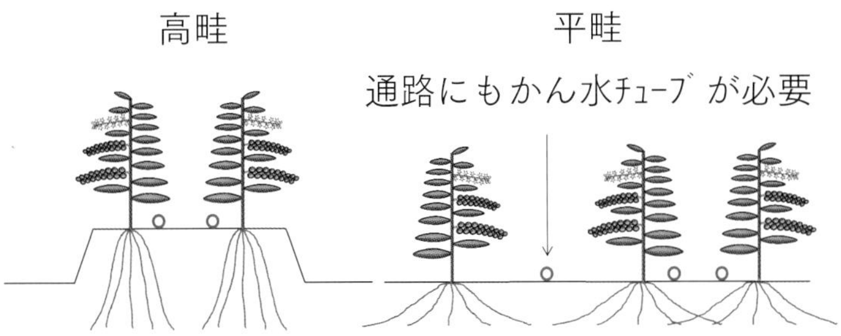

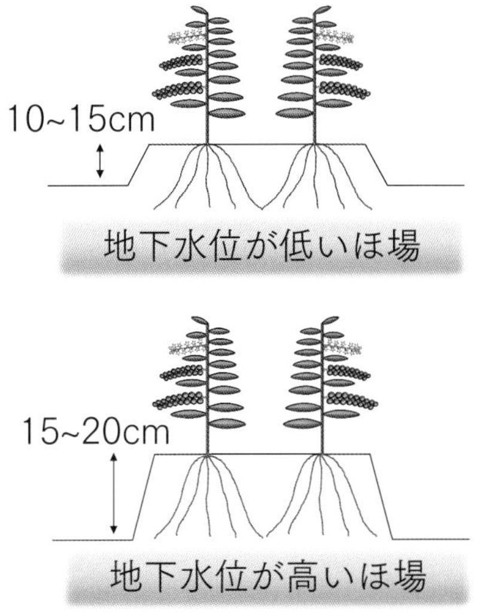

溝施肥の効果

- 溝を掘って施肥すると、畦の中央に根が集まる。
- かん水や追肥の効果が高く、生育後半まで草勢が衰えにくい。

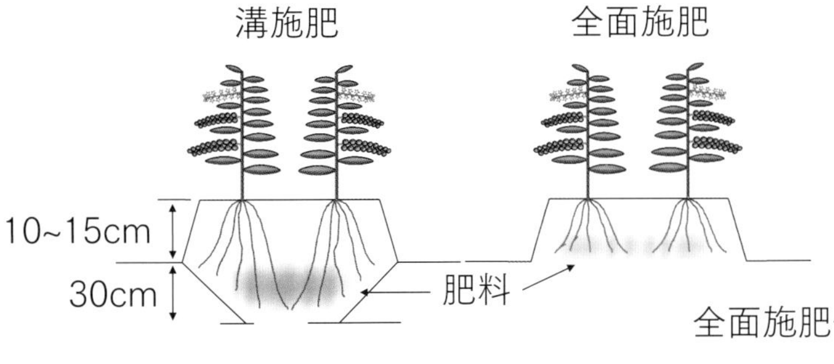

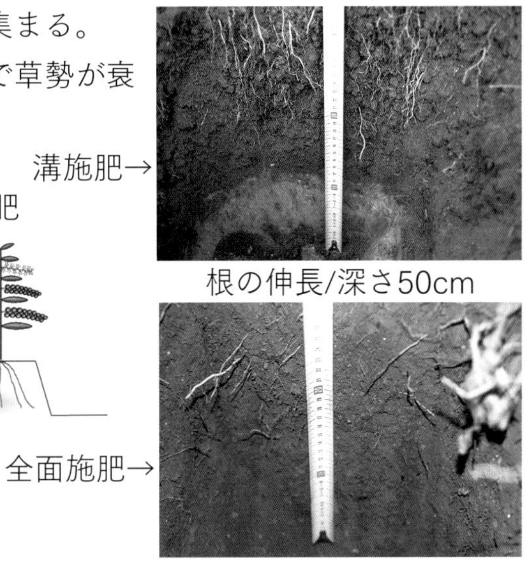

溝施肥の方法

①堆肥・改良資材散布

②耕起

③溝切り2回

④基肥散布

⑤埋め戻し

⑥畦成形

かん水チューブの種類と配置

- 離れすぎると、初期のかん水効果が低い。
  ※生育初期は養水分の吸収が弱いため、散水幅が狭い点滴ﾁｭｰﾌﾞは3本敷くと、効果が高い。
- 畦が乾いている場合は、ﾏﾙﾁ前にかん水ﾁｭｰﾌﾞで1株あたり約1ﾘｯﾄﾙかん水。

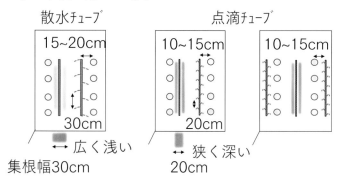

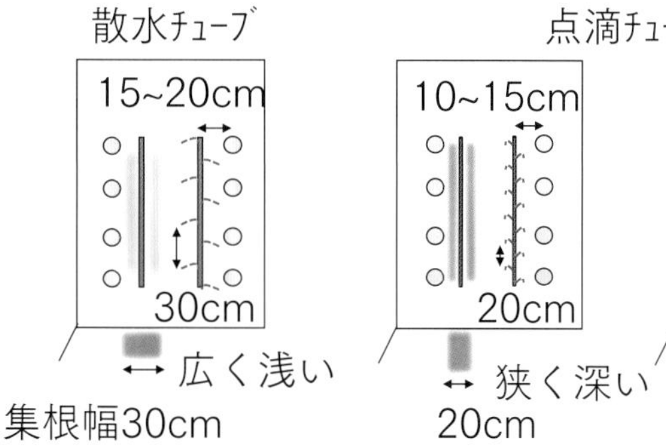

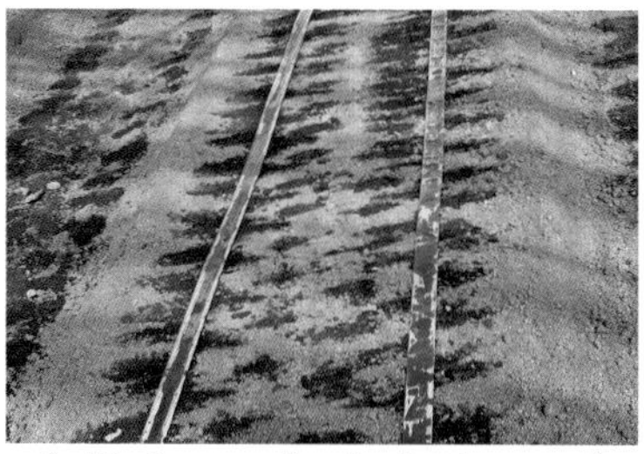
↑散水ﾁｭｰﾌﾞ　↓点滴ﾁｭｰﾌﾞ

畦マルチの種類

- ﾏﾙﾁの種類は、定植の時期や畦の高さで決める。
- 平畦は地温の上昇が遅いため、早い定植はｸﾞﾘｰﾝﾏﾙﾁ。
  ※雑草抑制のため、厚さ0.03mmを使用。
- 遅い作型は、地温が上昇しやすいので白黒ﾏﾙﾁ。
- ｸﾞﾘｰﾝﾏﾙﾁや黒ﾏﾙﾁの場合、定植後30日頃に地温上昇防止のため、通路や畦の肩まで白黒ﾏﾙﾁ。

月/旬 種類	4	5			6		
	下	上	中	下	上	中	下
ｸﾞﾘｰﾝﾏﾙﾁ	●	●					
黒ﾏﾙﾁ		●	●	●	●		
白黒ﾏﾙﾁ					●	●	●

遅い作型は白黒ﾏﾙﾁ

3 定植と定植後の管理

定植

- 早めにﾏﾙﾁを行い、深さ10cmの地温15℃以上を確保。
- 花房を通路側に向け、鉢の回りを両手で押して、土と根鉢を密着させる。掘った土は周囲に置き、1株0.2~0.5ﾘｯﾄﾙかん水。

鉢直径	仕立て方法	定植時期
12cm	1本仕立て	開花3~5日前(第1~2花がｶﾞｸ割れ)
	2本仕立て	開花7~10日前(蕾が見え始め)

1本仕立て

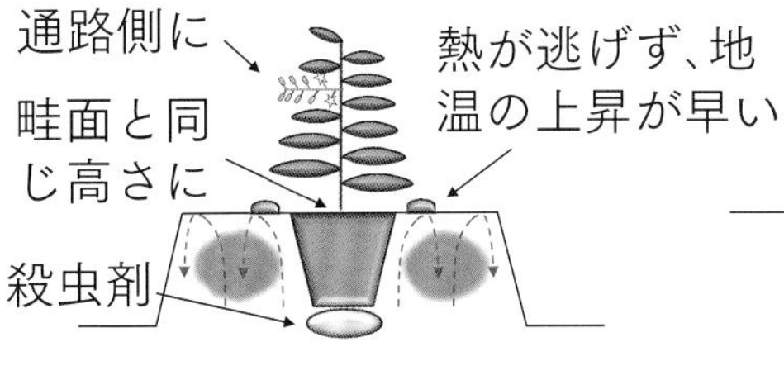

2本仕立て

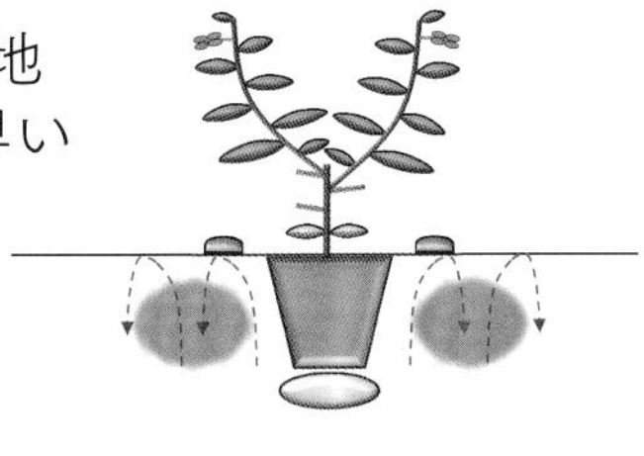

地温15℃以上確保

活着遅れの対策

- 活着遅れは1~4段花房に影響。活着が遅れた株は着果すると、草勢の回復が遅れるので、追肥を兼ねて手かん水。

活着不良による影響

生育状況	発生状況	発生する障害	発生花房段
開花中	受精不良	落花	1段
蕾	花粉形成が不良	落花・開花が不揃い	2段
花芽分化	花芽分化が停滞	花数が減少・弱小花	3~4段

かん水のみでよい

葉色が淡い株はかん水と追肥が必要

植え穴からの熱風による活着遅れ

- 大玉トマトに比べて、生育初期の根張りが弱く、活着が遅れる。
  ※生育初期は葉の繁茂量が少ないため、養水分の吸収が弱い。そのため活着が遅れると思われる。
- 植え穴の周囲を盛り土しない場合は、マルチ内の熱風が株元に集中して逃げるため、葉焼けが多い。
- 植え穴の周囲に盛り土や株元に育苗培土を施用し、株元から熱風を逃がさない。

活着遅れ

株元からの熱風で葉焼け

手かん水の方法

- 株元手かん水は、葉露が付かない株にピンポイントで。
- 回数が多いと土や肥料が流亡、活着が遅れる。
- 株間手かん水は、土中に水分が行き渡り活着が早い。

株間かん水

株元かん水	1株0.4~0.7リットル
株間かん水	2株1.0~1.5リットル

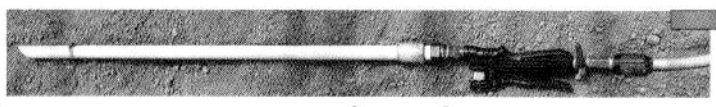
かん水用パイプ（自作）

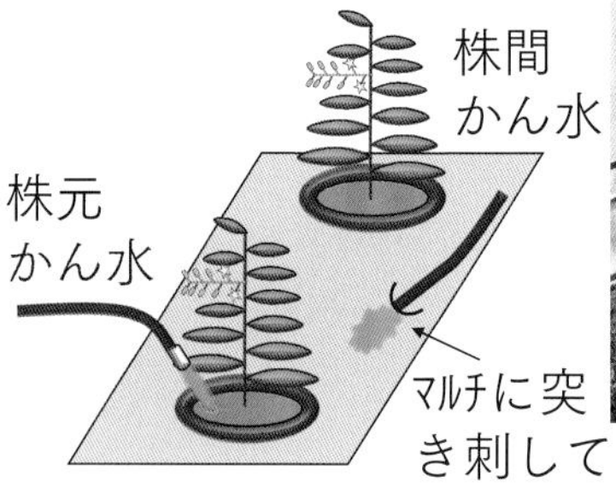

株元かん水

回数が多いと根が露出

活着不良時の培土散布

- 手かん水の回数が多いと、株元が洗われて根が露出したり、根鉢周辺にすき間ができやすい。
- 活着が遅れるので、株元に育苗培土を散布、根や根鉢周辺のすき間を埋める。

育苗培土	1株散布量	方　法
タキイたねまき培土	150~200cc	散布後培土が流れないようシャワーかん水

根が露出して活着不良

育苗培土を散布

手前/培土を散布　奥/なし

通路マルチの方法

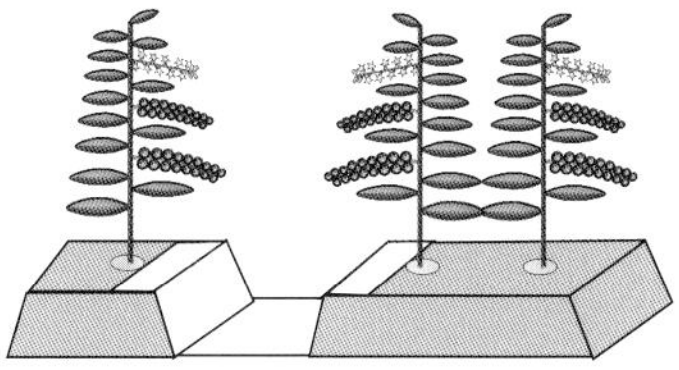

- 定植後30日以降、地温上昇防止のため、畦の肩まで白黒マルチ。
- 平均地温22℃以上で、根の活性が悪くなる。
  ※8月草勢低下の原因。
- 通路かん水のために、かん水チューブをマルチの下に敷く。

畦の肩まで白黒マルチ

かん水チューブを敷く

わき芽取り

- 花房直下のわき芽は、早く伸びるため、開花始めまでに取る。

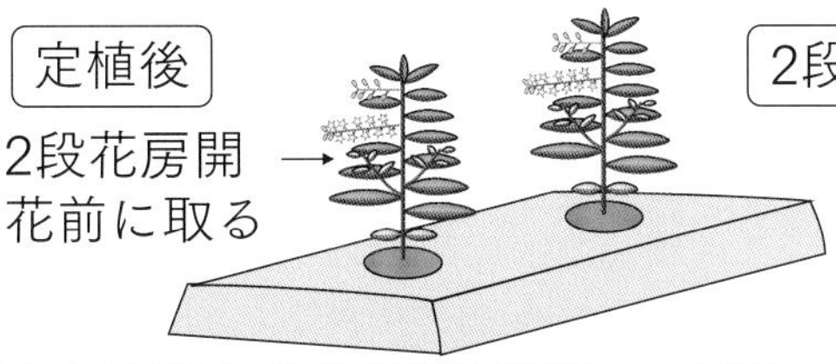

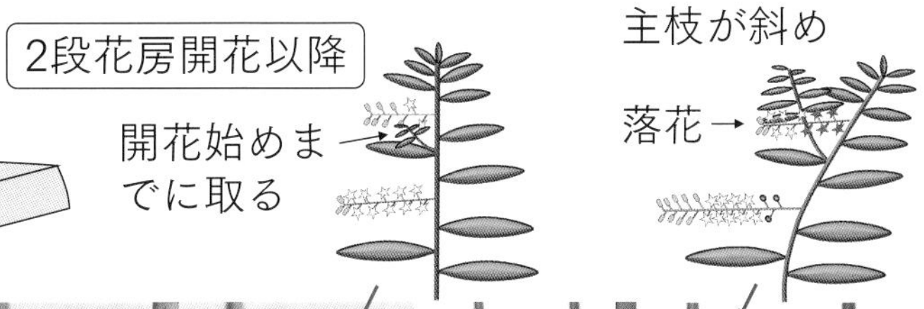

花房下のわき芽は早く取る

開花始めまでに取る

遅いと落花が多くなる

温度管理のポイント

- 30℃以上の高温で、落花や花芽分化が弱くなる。
- 15~20日後に開花する花房に、弱小花が発生。着果不良が多くなるので、成長点から上を換気。

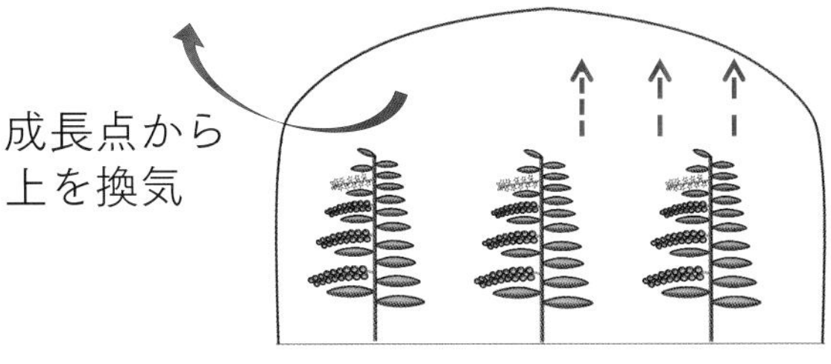

肩まで換気

月	5			6			7			8			9			10
旬	上	中	下	上	中	下	上	中	下	上	中	下	上	中	下	上~
温度	12↔22℃					外気温								15↔25℃		
管理	徒長防止を重点											果実肥大を重点				

適正着果数

- 生育が早く草勢が低下しやすいので、花数が多い場合は、蕾のうちに摘んで草勢を維持。
- 目標の着果数を確保したら、残りは摘花や摘果。

花房	ｻﾝﾁｪﾘｰﾋﾟｭｱ ｻﾏｰ千果	ｷｬﾛﾙ10・ｷｬﾛﾙｽﾀｰ・ﾋﾟｭｱﾌﾟﾗｽ
1段	15果	20果
2段	20果	25果
3段~	20~25果	30~35果

摘花が必要

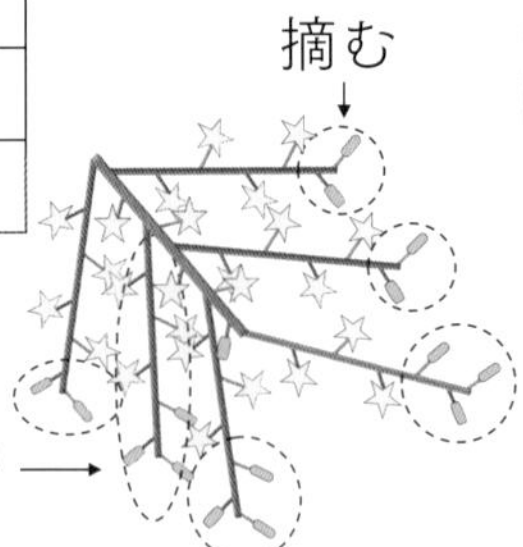

肥大が悪い果実は摘果

トマトトーン処理 (5月上旬定植)

- ﾄﾏﾄﾄｰﾝの効果は、開花2日前~3日後、1~3日おきに処理。

処理月/旬	倍数	処理間隔
5/上	150~160	3日おき
5/中~5/下	160~180	3日おき
6/上~6/下	200	2~3日おき
7/上~9/上	200	1~2日おき

ﾄﾏﾄﾄｰﾝ1本/20ccの倍数別の水量

倍数	150	160	170	180	190	200
水量.ﾘｯﾄﾙ	3.0	3.2	3.4	3.6	3.8	4.0

一度に2~3段花房を処理

ｼﾝｸﾞﾙ花房2回処理

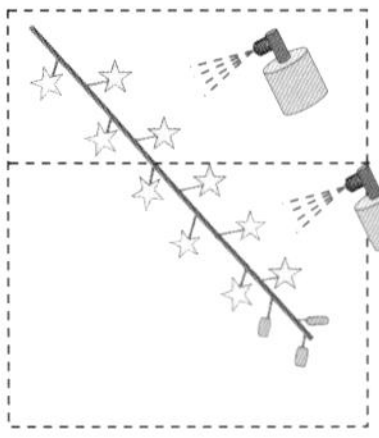

ﾀﾞﾌﾞﾙ花房3回処理

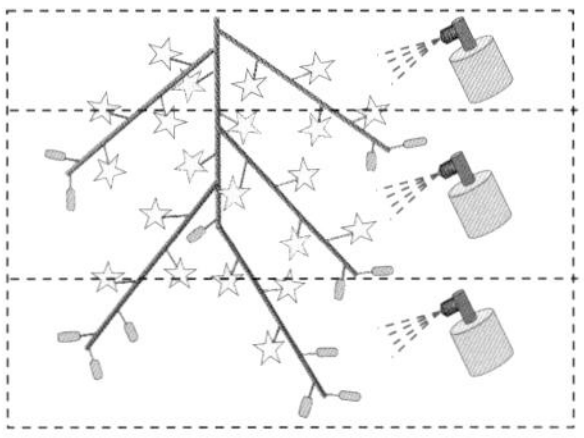

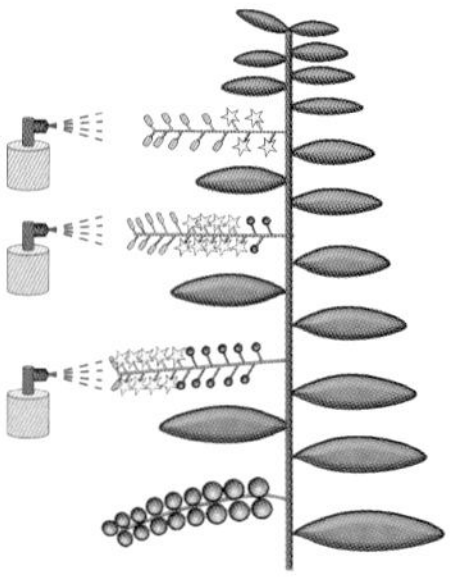

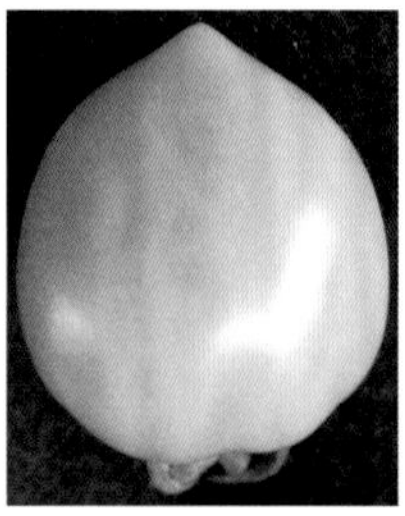
高濃度で先とんがり果

噴霧器の種類

- 花数が多いため、均一に飛散できる噴霧器を選定。噴霧角度が狭く霧が細かいﾄﾏﾄﾄｰﾝ処理専用の蓄圧式の噴霧器を使用。
  ※農薬散布用の噴霧器で、ﾄﾞﾘﾌﾄﾚｽ噴口のものは霧が粗く適さない。
- 蓄圧式で噴口ﾉｽﾞﾙが長いものは、上段花房の高処理に適している。
- 加圧式の噴霧器は、噴霧角度が広く霧が粗いため適さない。

○蓄圧式 ↑高所処理ﾀｲﾌﾟ ×加圧式

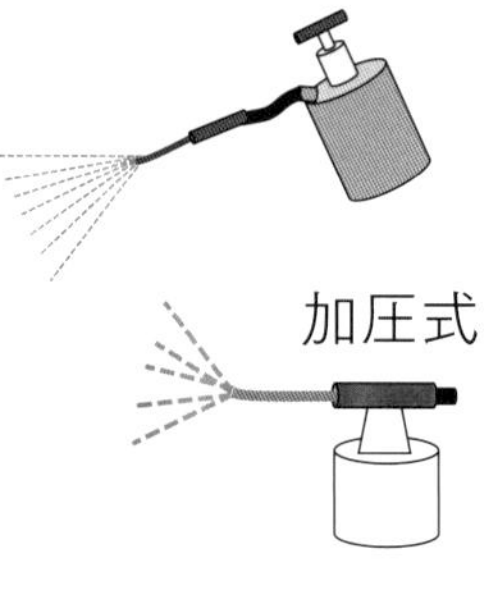

処理方法

- 1回目の処理は、ｼﾝｸﾞﾙ花房4花、ﾀﾞﾌﾞﾙ花房4~5花。
- 処理時間帯は、朝日が昇ってから沈む4時間前まで。

※処理後2時間以内の気温が25℃以下の時間帯に。

- 花より果梗・ｶﾞｸ片に噴霧。※処理後4時間以内の薬剤散布は、洗い流されて効果が劣る。

ｼﾝｸﾞﾙ花房は4花開花

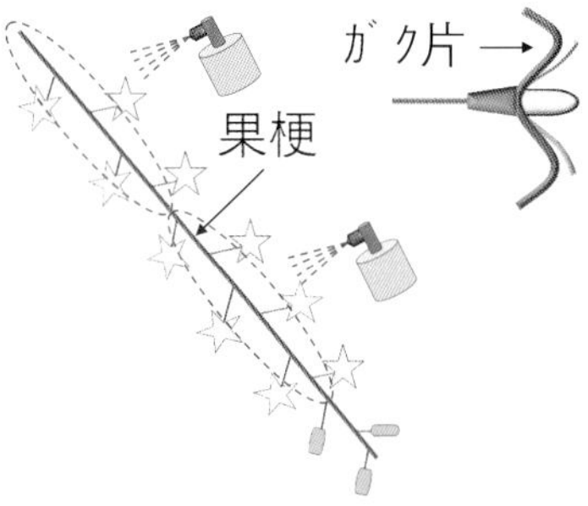

花より果梗めがけて噴霧

ﾀﾞﾌﾞﾙ花房は4~5花開花

開花不揃いの発生原因と対策

- 主に水分不足や、1回目のﾄﾏﾄﾄｰﾝ処理が早い場合に発生。
- 花房全体の開花期間が長いため、開花不揃いになるとﾄﾏﾄﾄｰﾝの適期処理が難しく、着果不良や肥大不揃い、つやなし果発生の原因に。
- 定期的なかん水や追肥、ﾄﾏﾄﾄｰﾝの適期処理。

開花 | 水分不足・ﾄﾏﾄﾄｰﾝ処理が早い → 開花が不揃い →（ﾄﾏﾄﾄｰﾝの適期処理が難しい）→ 肥大が不揃い

ﾄﾏﾄﾄｰﾝ処理が早い

ﾄﾏﾄﾄｰﾝ処理の間隔が長い

ﾄﾏﾄﾄｰﾝ処理が遅い

成長点付近への飛散防止の工夫

- ﾄﾏﾄﾄｰﾝが成長点に飛散すると、糸葉が発生。草勢が低下しやすい。
- 特に高所処理の場合は、上向きの噴霧になるので注意。

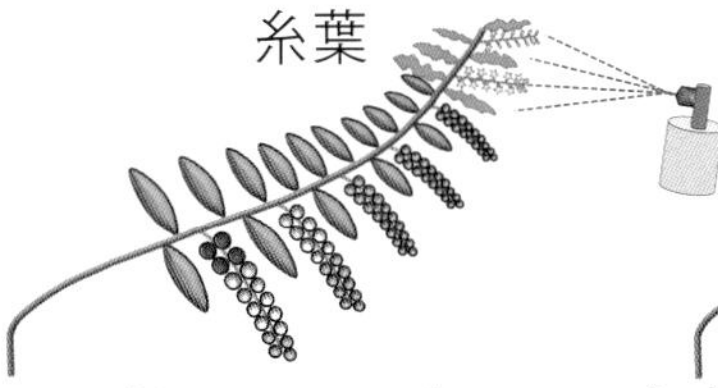

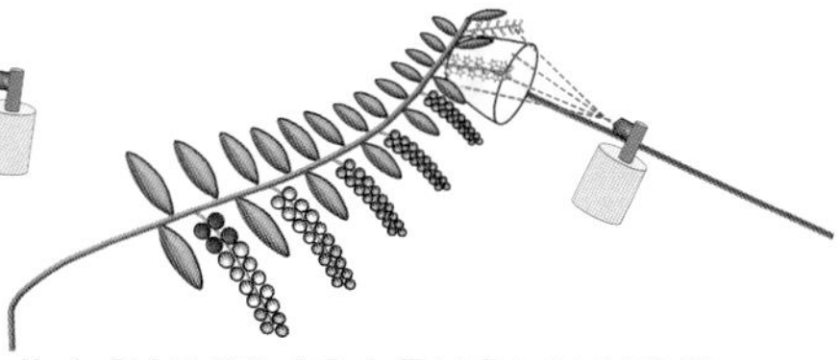

←竹を割って
ｶｯﾌﾟを挟み
ﾃｰﾌﾟで留める

長さ約70cm

飛散防止の用具
(ﾐﾆｶｯﾌﾟ麺の容器で自作)

ブロワー交配

- 1段花房はトマトトーンで処理。2段以降は、花粉が出る気温12~20℃の午前中に。
  ※午後は、柱頭が乾いて着果が悪い。着果してもつやなし果が多い。
- 送風口から0.5~1m(バッテリー式ブロワー)離し、1歩1秒の速度で、花が弱く揺れる程度の弱風で処理。
- 8月中旬以降は、着果向上と肥大促進のため、トマトトーンに切り換える。

	5/下~6/中	6/下~8/上
時間	8~11時	7~10時
間隔	2~3日おき	1~2日おき

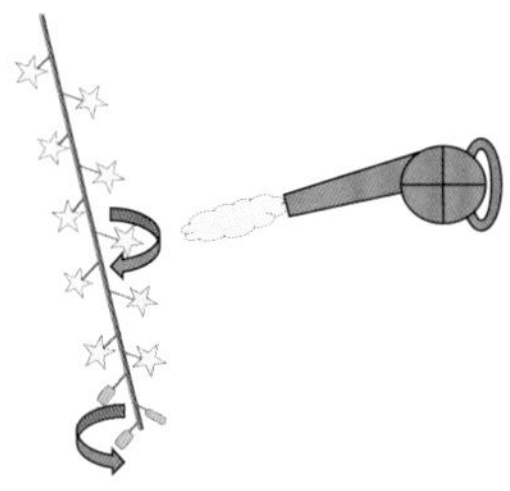
揺れを確認

バッテリー式ブロワー

花房の揃え

- 3~5段花房開花までに、効率良く収穫ができるよう、花房を通路側に向ける。※一度向けると最後まで向く。
- 難しい株は、茎や着果花房の果梗を捻って向ける。
- 調整は、茎葉が水分不足で軟らかくなる午後に行う。

花房を通路側に向ける

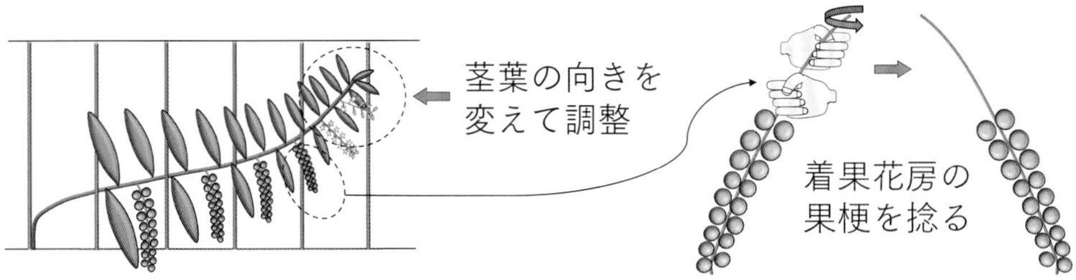

収穫始めの摘葉と葉切り

- 1~2段花房は葉が混むと、収穫する果実を見逃したり、時間を要する。
- 収穫作業が優先のため、果実が見えるように摘葉や葉切り。※収穫作業の目線位置で、収穫する方向に向かって行う。
- 1段花房の1~2果が着色始めとなったら、花房の上1葉と下の葉をすべて摘葉。
- 花房の上2葉目以降、花房が見えにくい場合は、1/2程度葉切り。

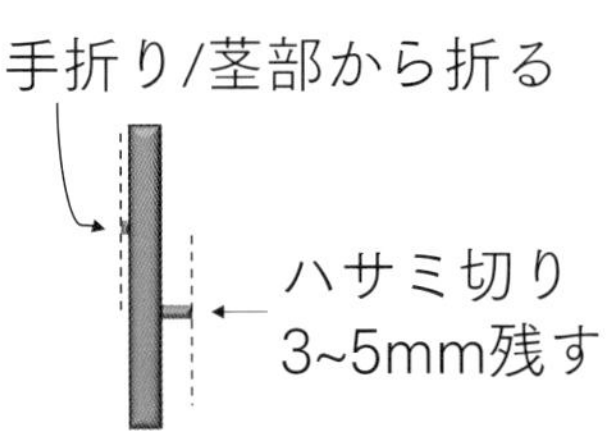

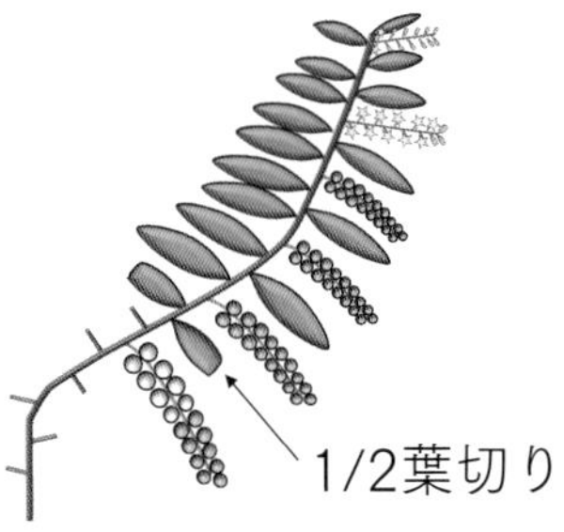

花房の上1葉~下葉すべて摘葉

花房段別の摘葉

- 効率的な収穫と果実の均一な着色を促すため、収穫段が進むごとに順次摘葉。
- 傷口が乾燥しやすい、天気の良い午前中に。

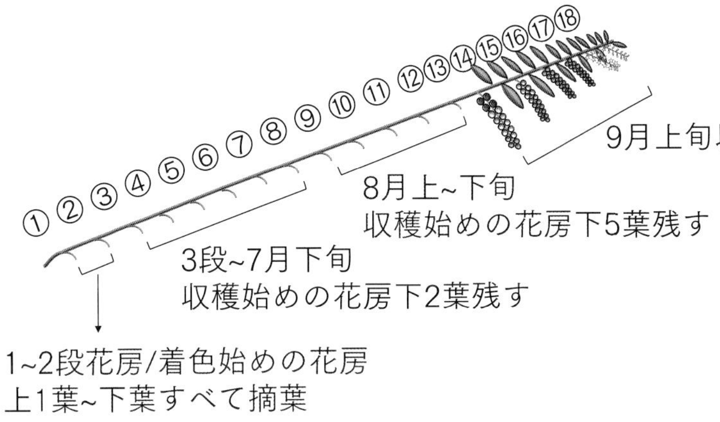

定期的に摘葉

8月の摘葉

- 地温の上昇防止と吸水促進のため、葉を多く残す。
- 摘葉する場合は、遮光して地温の上昇を防ぐ。

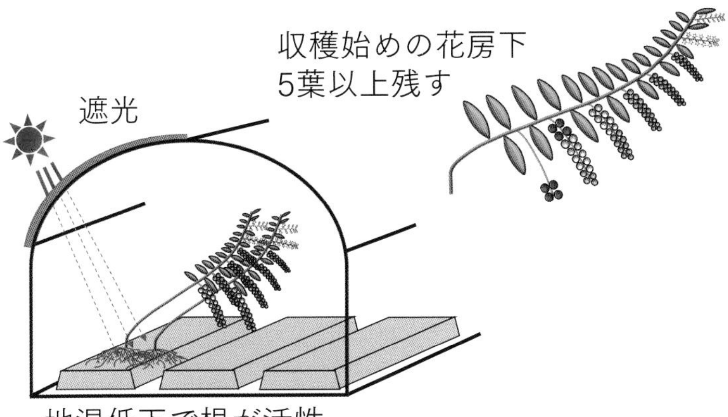

地温低下で根が活性

直射日光で地温上昇

遮光資材を散布

9月以降の摘葉

- 夜間ﾊｳｽを閉め切る時期までに、下葉を最低60cm以上摘葉。
- 地温上昇によるﾊｳｽ内の対流を促し、湿度を下げる。
- 灰色かび病(ｺﾞｰｽﾄｽﾎﾟｯﾄ含む)の発生低減に効果あり。

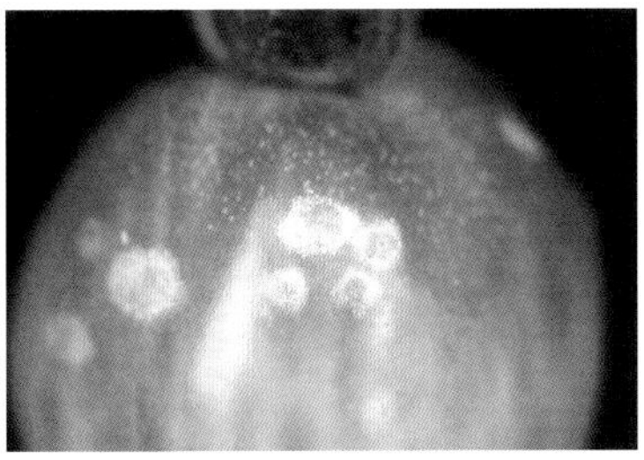
ｺﾞｰｽﾄｽﾎﾟｯﾄ(灰色かび病)

摘葉

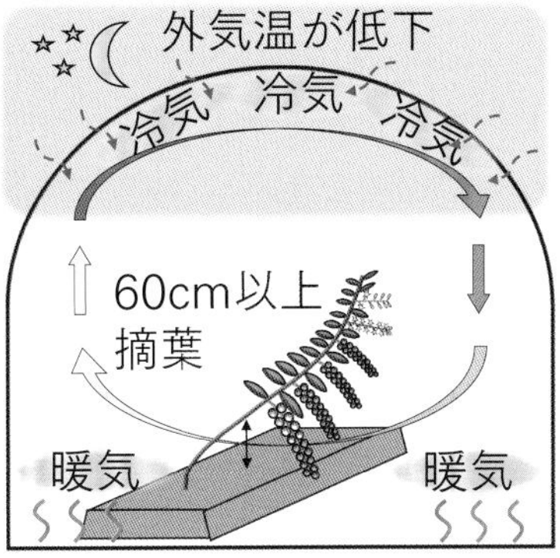

灰色かび病

摘心の方法

- 収穫打ち切り予定日の45~55日前を目安に、1回以上ﾄﾏﾄﾄｰﾝ処理した花房が、約70％に達したら上の2葉残し、一斉に摘心。
- 花房上1葉目のわき芽は取って、2葉目から発生したわき芽を放任。混んできたら、適宜途中から切る。

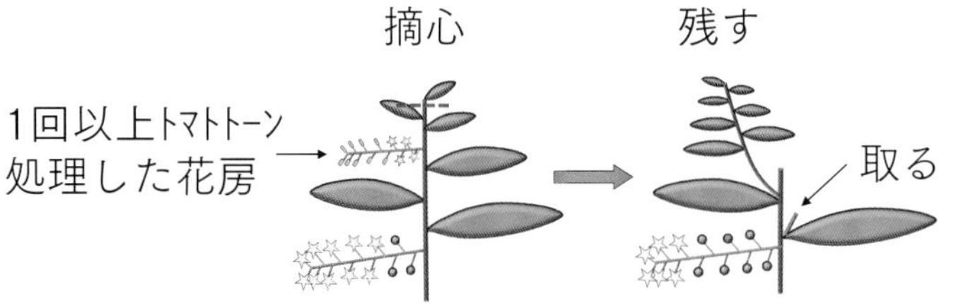

開花月日	9月1日	9月5日	9月10日
最終収穫月旬	10月中旬	10月下旬	11月上旬

2葉残して摘心

エスレル10(着色促進剤)の処理方法

- 晴れが2~3日続く日を選び、果実の温度が低い午前中に散布。
  ※果実から滴るほどの量や2回散布は、軟果が発生。
- 散布後2~3日は、日中の気温25~29℃で管理。
- 一斉に着色するので、時期をずらし2回に分けて処理。

一斉に着色

回数	散布月日	収穫最盛期	倍数	薬量
1	10月　1日	10月15日	400	下段2花房
2	10月10日	10月30日	350	1回目以外

散布後の温度管理

日	1	2	3	4~12	13	14	15	16
作業	散布	→			収穫			
	25~29℃			通常温度で管理				

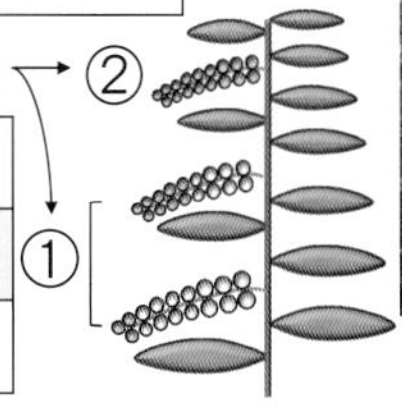

花房下から散布

収穫の方法

- 着果後30～40日で収穫適期。
- 完熟で糖度が最高となるので、鮮明な赤色に着色してから収穫。
- 赤色になる前に収穫し、着色させても、食味が悪いので早穫りはしない。
- 高温期は過熟になるのが早く、日持ちが悪いので、指定された選果基準の着色程度を順守して収穫。

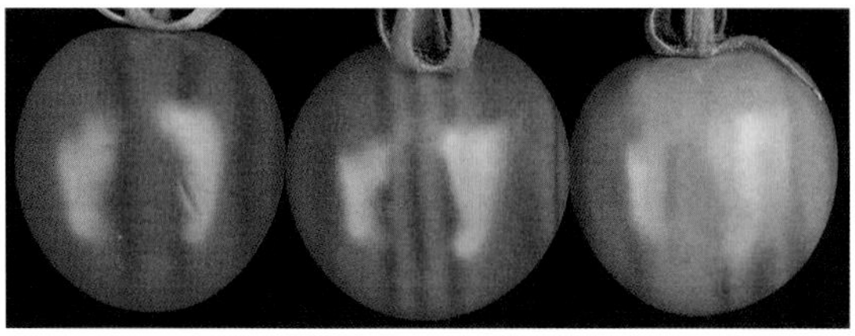
適期収穫　高温期の収穫　未熟果

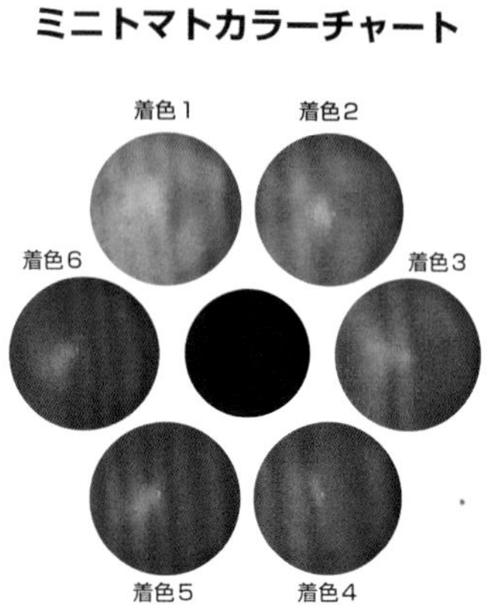

4 かん水と追肥

摘葉とかん水・追肥量

- 花房段の収穫終了後に順次摘葉するため、かん水と追肥は、時期別の基準量を目安に。
- ただし、摘葉後は葉の繁茂量が一時的に少なくなるため、摘葉後7日間は追肥量を減らす。
  ※かん水量は変えない。

摘葉すると一時的に葉の繁茂量が少なくなる

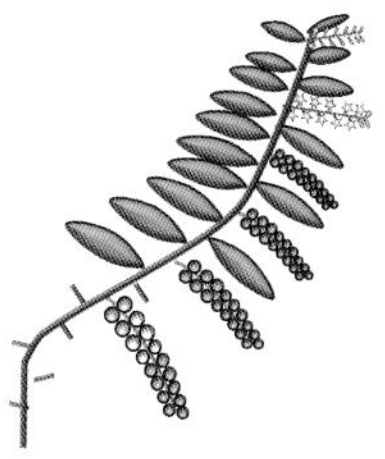

摘葉方法	葉の繁茂量	かん水と追肥量
収穫後 随時摘葉	摘心まで 常に一定量	時期別の基準量を目安 摘葉後7日間は追肥量を約10％減

かん水の方法

- 試しかん水で、葉露や葉色などの生育状況を確認、かん水や追肥始めを決定。
- 8段開花まで水量を変えず、毎日~2日おきのかん水間隔で、根域層の形成を促進。
- かん水は水分の要求量が高まる直前の8~10時の時間帯に。

時間別の水分要求量(ｲﾒｰｼﾞ)

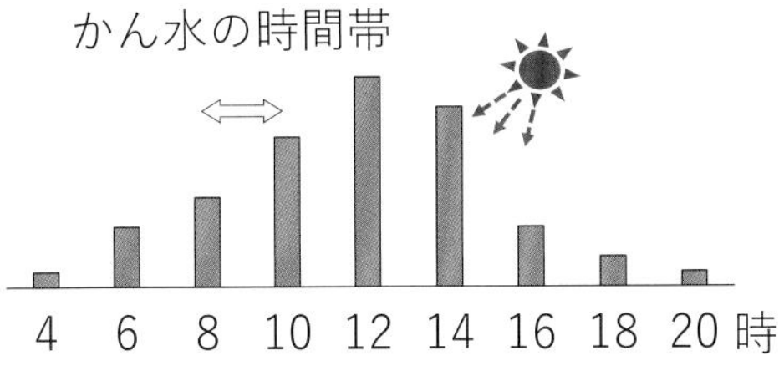

根域層の形成(ｲﾒｰｼﾞ)

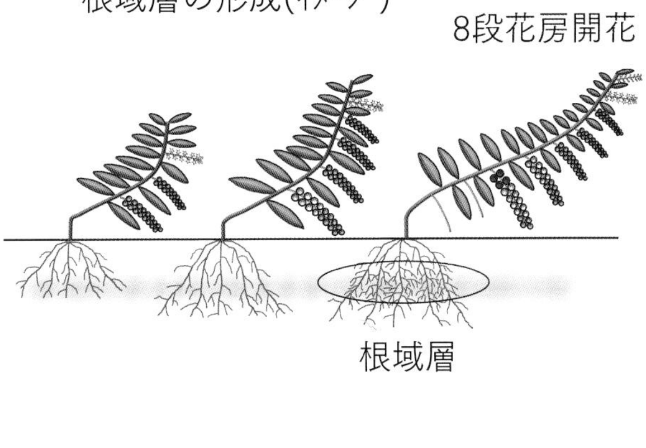

かん水と追肥始め

- 早期のかん水は浅根になり、6段花房の開花以降、萎れやすい。

1本仕立て栽培		
定植月/旬	試しかん水	かん水と追肥
4/下~5/中	1段花房ﾄﾏﾄﾄｰﾝ終了後/1株1ﾘｯﾄﾙ	2段ﾄｰﾝ処理終了後
5/下以降		2段開花最盛期

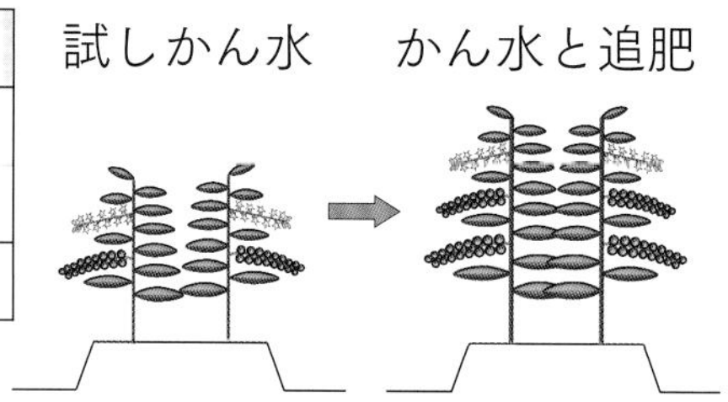

2本仕立て栽培		
定植月/旬	試しかん水	かん水と追肥
4/下~5/中	1段開花最盛期 側枝2本/2ﾘｯﾄﾙ	2段開花最盛期
5/下以降		2段開花始め

※2本仕立ては2株で計算。

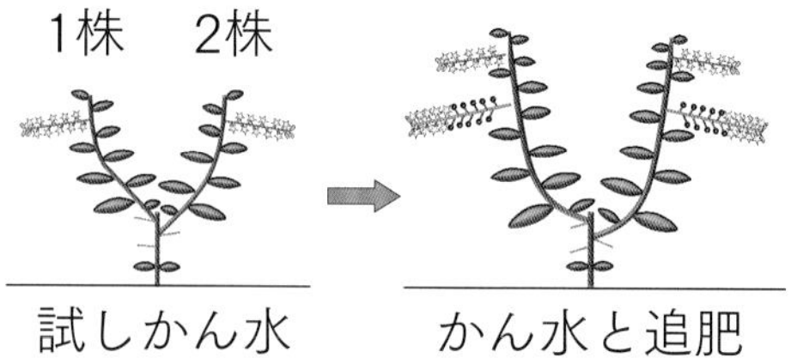

かん水と追肥量(5月上旬定植)/1,700株/10aの目安

- かん水と追肥の間隔は、天候に関係なく毎日~2日おき。
- 3日以上の曇天や雨天続きで、かん水量10~20％減、施肥量約10％減。
- ﾁｯｿ成分の形態が違う多種の肥料を使用しない。

項　目	ﾁｭｰﾌﾞ	実施方法
1株のかん水量.ﾘｯﾄﾙ	散水	1.5~2.0ﾘｯﾄﾙ
	点滴	1.2~1.8ﾘｯﾄﾙ
かん水回数/時間 ※1株の量を分割	散水	回数1回/8~10時
	点滴	回数2~3回/8・10・12時 ※1回0.7ﾘｯﾄﾙ以内
かん水と追肥の間隔		毎日~2日おき
10日間の合計ﾁｯｿ成分量		5/下~6/上・9/上→1.0~1.2kg・6/中~8月→1.5~1.8kg
追肥の方法		かん水する度に追肥「かん水と同時追肥」

主な追肥肥料の種類と使用方法

- 果実が着色(赤色)する野菜のため、硝酸態ﾁｯｿとｶﾘの効果が高い。
- 追肥の間隔を4日以上空けたり、途中で肥料の種類を変えると、花芽分化に影響。安定した養水分の供給が必要。

ﾁｯｿ態	形状	肥料名	N-P-K	硝酸態ﾁｯｿ	適合天候・ほ場	
硝酸 尿素or ｱﾝﾓﾆｱ	粒状 10kg	勝酸ｱﾘ 鉄0.2%	18-5-21	7.2%	全天候	ﾘﾝ酸過剰・鉄欠乏・着色不良果
		硝酸入り野菜配合 鉄0.2%	17-5-20	6.5%		
		OKF-1 石灰6%	15-8-17	8.5%		尻腐れ果多発
尿素 ｱﾝﾓﾆｱ	液状 20kg	e・愛菜 鉄0.2%	8-2-8	—	晴天	ﾘﾝ酸過剰・鉄欠
		ﾄﾐｰ液肥ﾌﾞﾗｯｸ	10-4-6	—		ｶﾘ過剰
		くみあい液肥2号	10-4-8	—		ｶﾘ過剰

月別のかん水と追肥量(5月上旬定植)/1,700株/10a

月	旬	かん水方法と水量/1株ﾘｯﾄﾙ			10日間10a ﾁｯｿ成分.kg	備　考
		散水ﾁｭｰﾌﾞ	点滴ﾁｭｰﾌﾞ	間隔		
5	中	1.0	0.6	試し1回	－	･8段まで水量一定 ･肥料過剰の吸水力低下注意 ･徒長時は葉面散布 ･9月下旬以降葉露付着ならかん水不要
	下	1.5	1.2	1~2日おき	1.0~1.2	
6	上					
	中	1.5~2.0	1.2~1.8	毎日~1日おき	1.5~1.8	
	下					
7	上~下					
8	上~下					
9	上	1.5	1.2	1~2日おき	1.0~1.2	
	中~下	1.0~1.5	0.8~1.2	2~3日おき	↑ﾄﾏﾄﾄｰﾝ終了まで	
10	上	1.0	0.8	3日おき		

月別のかん水と追肥量(6月上旬定植)/1,900株/10a

月	旬	かん水方法と水量/1株ﾘｯﾄﾙ			10日間10a ﾁｯｿ成分.kg	備　考
		散水ﾁｭｰﾌﾞ	点滴ﾁｭｰﾌﾞ	間隔		
6	中	1.0	0.6	試し1回	－	･6段まで水量一定 ･肥料過剰の吸水力低下注意 ･徒長時は葉面散布 ･9月下旬以降葉露付着ならかん水不要
	下	1.5	1.2	1~2日おき	1.1~1.3	
7	上					
	中	1.5~2.0	1.2~1.8	毎日~1日おき	1.7~2.0	
	下					
8	上~下					
9	上	1.5	1.2	1~2日おき	1.1~1.3	
	中~下	1.0~1.5	0.8~1.2	2~3日おき	↑ﾄﾏﾄﾄｰﾝ終了まで	
10	上	1.0	0.8	3日おき		

過剰な追肥とその障害

- 栽培期間中の施肥量(ﾁｯｿ・ﾘﾝ酸・ｶﾘ)の約70％は追肥で。
- 過剰な追肥で多くの障害が発生、特に果実の障害が多い。
- 生育診断を行い、適正な肥培管理を。

過剰追肥	主な欠乏症状	発生時期	主な障害
ﾁｯｿ・ﾘﾝ酸・ｶﾘ	水分吸収抑制 ｶﾙｼｳﾑ欠乏	7~8月	根焼け・小葉 ｸﾞﾘｰﾝﾊﾞｯｸ果・尻腐れ果・小玉果
ﾁｯｿ	ｶﾘ欠乏	7~9月	茎葉過繁茂・葉先枯れ ｸﾞﾘｰﾝﾊﾞｯｸ果・ｸﾞﾘｰﾝｾﾞﾘｰ果 着色不良果
ﾘﾝ酸	鉄欠乏	6~7月	草勢低下
ｶﾘ	ｶﾙｼｳﾑ欠乏	7~8月	尻腐れ果
ｶﾙｼｳﾑ	ﾁｯｿ・鉄欠乏	6~8月	小玉果

4･5段花房開花期の葉面散布

- 4･5段花房の開花頃は、茎葉の繁茂量が多い割に根量が少ないため、草勢が強くても成長点付近は、肥料不足になりやすい。
- 6･7段花房の花芽分化強化のため、草勢に関係なく葉面散布。
 ※開花花房の2段上の花房が花芽分化。

開花花房段	1段	2段	3段	4段	5段
花芽分化段	3	4	5	6	7

肥料名	倍数	回数
ﾒﾘｯﾄ黄	400	2~3日おき2回

散布場所

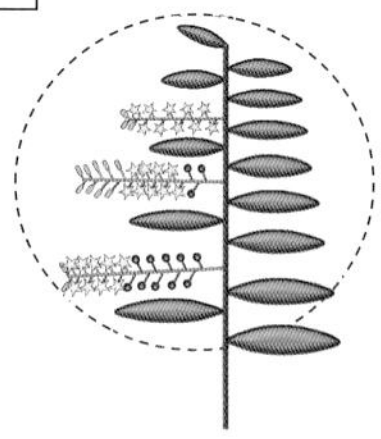

成長点の付近を中心に散布

徒長時の葉面散布

- 最高気温30℃以上、最低気温22℃以上、約5時間以下の日照不足が、3日以上続くと徒長。
- 成長点付近が肥料不足で草勢が低下、花芽分化の弱体や落花が発生。
- 追肥では間に合わないため、葉面散布で対応。

徒長しやすい時期

月	7			8		
旬	上	中	下	上	中	下

葉面散布（7月下旬～8月中旬）

肥料名	倍数	回数
ﾒﾘｯﾄ黄	400	2~3日おき2回

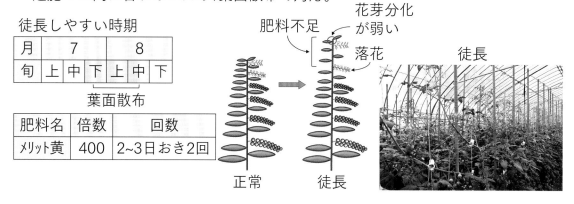

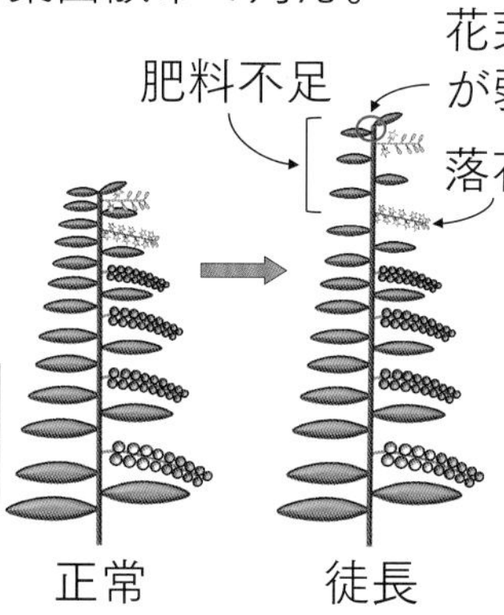

徒長

葉面散布剤等の種類

- 生育促進より、①花芽分化の促進、②落花防止、③微量要素欠乏に効果が高い 。
- 成長点付近の葉を中心に散布。散布時の適温は15~25℃、28℃以上は避ける。
- 効果は3~4日、1段開花ごとに2回以内で使用。
 ※過剰な散布は葉の老化を早め、蒸散量を少なくする。その結果、根からの養水分の吸収が悪くなるので注意。

要素欠乏 ＼ 肥料名	ﾒﾘｯﾄ黄	ｶﾙﾀｽ	ｶｰﾎﾞﾘｯﾁ	鉄力あくあ
	400倍	600倍	800倍	10,000倍
花芽分化の促進･落花防止	●			
葉先枯れ(ｶﾘ欠乏)	●		●	
尻腐れ果(ｶﾙｼｳﾑ欠乏)		●		
成長点黄化(鉄欠乏)				●
使用方法	葉面散布			追肥

5 生育診断

葉露による水分の診断

葉露の付着

- 早朝に葉露が付いていると、開花の勢いが強い。
- 適正な付着の範囲は、成長点から開花花房の周辺葉が中心。
- 成長点付近ではなく、中段花房の周辺葉に付着している場合は問題がない。
- 6段花房の開花まで葉露が多いと、浅根になって萎れやすい。

葉露が付かない原因

原因	対策
土壌が乾燥	水量を多く
肥料の濃度が濃い	付着までかん水のみ
根の活性が弱い	←過湿/水量を減らす
夜間ﾊｳｽを解放	葉色で診断

葉露の付着範囲

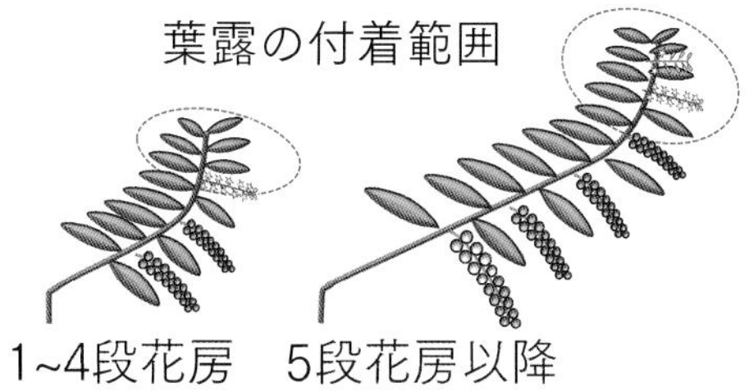

育苗~3段花房開花までは葉色で診断

- 葉露が付きにくいので、成長点付近の葉色で診断。

4段花房開花以降は茎の太さで診断

- 適正な茎径より細い株が約30％以上になると、肥料不足と判断。
- 肥料不足の草姿は、①茎が細い、②葉色が淡い、②成長点付近が立葉。※肥料が適正でも、徒長すると茎が細くなるので注意。

適正な草姿

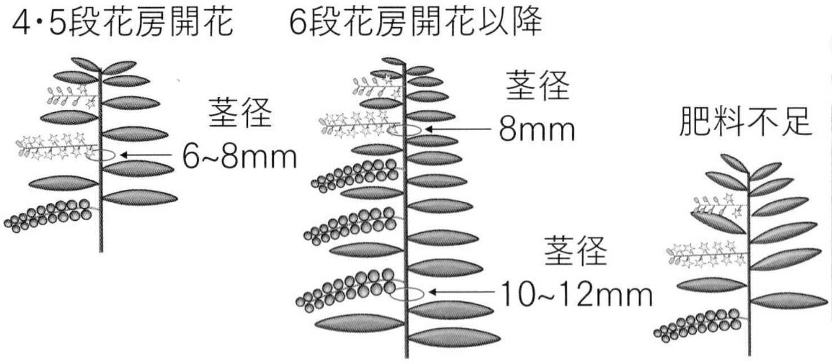

肥料不足

草勢回復の対策

- 草勢が弱い株は、花房摘みや主枝更新、着果数制限。
- 花房摘みは、草勢が低下した株の蕾花房を行う。
- 主枝更新は、生育を揃えるため一斉に実施。側枝は5葉で開花するため、花房摘みより効果が高い。
- 6月下旬の主枝更新は、8月の収量は減るが、9月以降は果実の肥大が良く、裂果が少ないため増収。

主枝更新

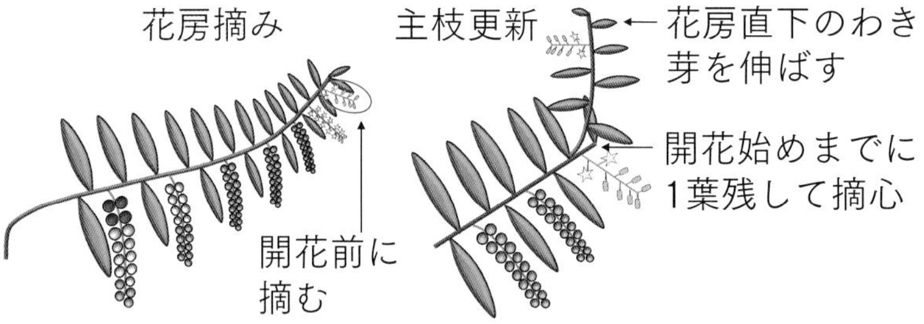

9月以降の増収目的

摘心日	6月25日前後
収量減少	8月上~下旬
収量増加	9月上旬以降

誘引による草勢の強弱

- トマトトーン終了後に、花房の下を誘引して草勢を維持。
- 早いと成長点が横這いとなって、草勢が低下。

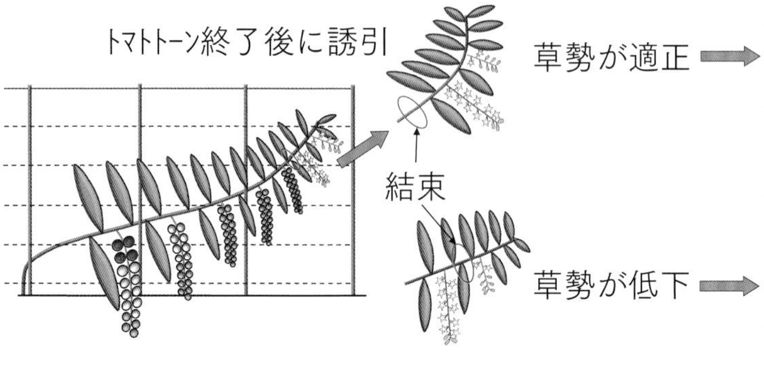

トマトトーン終了後に誘引

開花始めに誘引

6 茎葉の障害と対策

高温による落花

- 30℃以上で花粉の機能が低下、35℃以上で落花が多くなる。
- 常に成長点より上を換気。
- 定期的にかん水、土壌の乾燥を防ぐ。
- 落花が多い場合は遮光。

高温と直射日光が強いため落花↑↓

高温による落花

高温による葉焼け

- ﾐﾆﾄﾏﾄは通路幅を広く確保するため、直射日光が強くあたる。あたり続けると葉焼けが発生。
- 葉焼けの症状は、かいよう病の発生初期と似ているが、同じ畦の同じ高さに発生するため、判別ができる。※かいよう病は、葉枯れ症状が伸展。
- 定期的にかん水し土壌の乾燥を防ぐ。症状が強い場合は遮光。

葉焼け症状

同じ高さに発生

換気不良による徒長

- 草丈が長く茎葉の繁茂量が多いと、換気が不十分になりやすく、ﾊｳｽ内の温度が高くなって発生。
- 換気の徹底、特に成長点から上を換気。雨天時にも換気ができるよう工夫。

成長点から上を換気

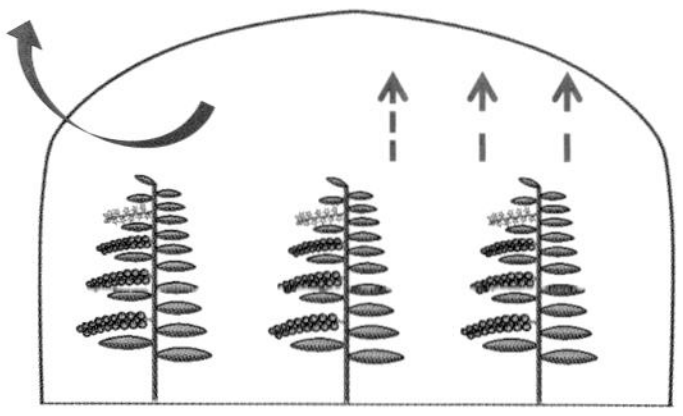

「換気位置が低い」

成長点から上を換気できないため徒長

ｻｲﾄﾞを下げてもすき間が空くため、換気が可能

ハウスサイドのネットと換気

- 風による茎葉や果実の傷付き防止のため、ﾊｳｽｻｲﾄﾞにﾈｯﾄを張るほ場が多い。
- 耐久性のある防風ﾈｯﾄ(4mm目)は、糸が太いので、換気が悪い。
- ﾏﾙﾊﾅﾊﾞﾁ用の4mm目ﾈｯﾄは、糸が細く換気が良い。

↑防風ﾈｯﾄ(4mm目)↓

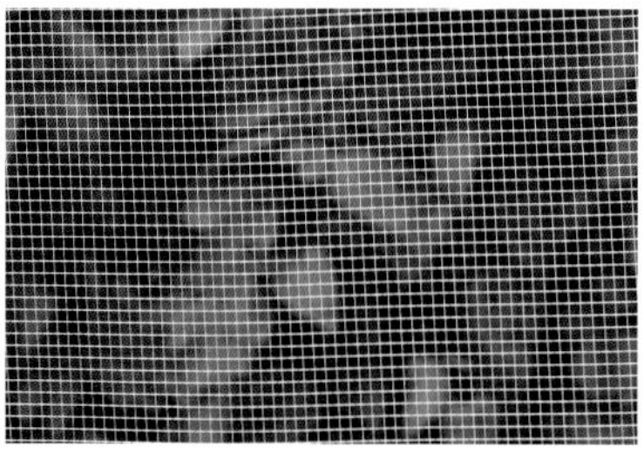

ﾏﾙﾊﾅﾊﾞﾁ用ﾈｯﾄ(4mm目)は換気が良い

換気が良くない

過湿と根の活性

- かん水量が多いと過湿になって土壌中の酸素が欠乏、根の活性が弱くなる。
- 活性が弱いと養水分の吸収が悪く、葉先が濃緑で葉縁の内巻きや船底型状に巻き、葉先が枯れる。

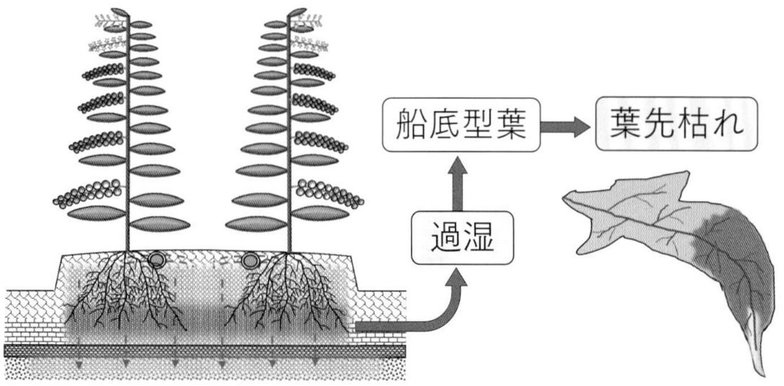

葉縁が内側に巻く

葉が濃緑で船底型の症状

茎葉の萎れ

- 浅根で早い時間にかん水すると、根域層より下に水が流亡して発生。かん水は8~10時の時間帯に。
- 日照不足が3日以上続くと、徒長軟弱になって、急に晴れると発生。換気を徹底。
- 萎れたら、1株0.7ﾘｯﾄﾙかん水。

萎れが強い

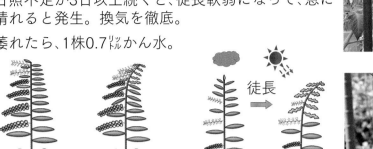

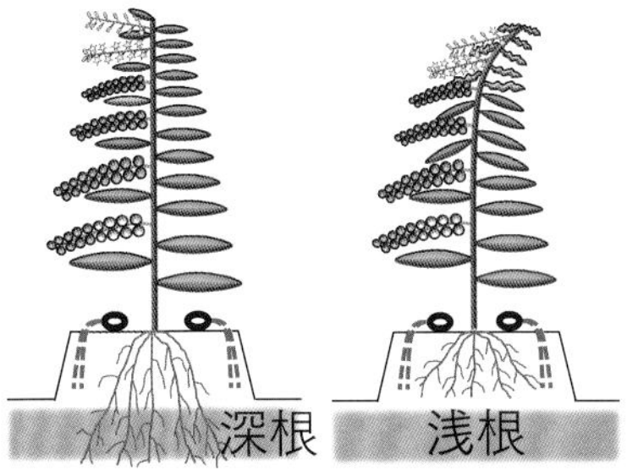

吸水が悪いと萎れる

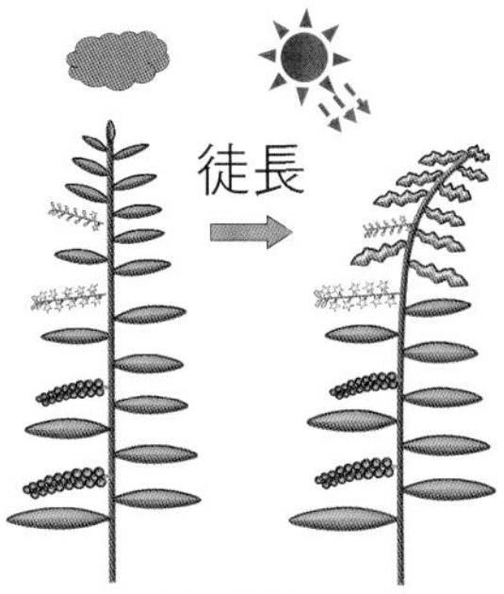

徒長軟弱になると萎れる

葉焼け症状

低温障害葉

- 日照不足と12℃以下の低温、ﾁｯｿ過剰で葉に褐変症状が発生。
- 日照不足になる下葉や、外気温の影響を受けやすいﾊｳｽのｻｲﾄﾞ側に多い。
- 生育にほとんど影響はないが、多い場合は摘葉。

ﾁｯｿ過剰 →（低温・日陰）→ 褐変葉

日陰の葉や秋の低温時期に多い

ホウ素欠乏

- 欠乏すると、花や葉の分化が不規則になって、ﾒｶﾞﾈ症状や芯止まりが発生。若苗定植や初期生育の早い6月上旬以降の定植に多い。ﾎｳ素入り肥料を定期的に葉面散布。適正量の施肥や開花始めの定植を順守。
- 芯が止まった場合は、開花花房直下のわき芽を伸ばす。

肥料名	倍数	散布回数	散布方法
ﾊｲｶﾙｯｸ	1,000	2~3日おき2回	開花花房中心

ﾒｶﾞﾈ症状

芯が止まり複数の側枝が発生

草勢が適正でも発生

カリ欠乏による葉先枯れ

- ﾐﾆﾄﾏﾄは症状が出にくいが、土壌中のｶﾘが適正でも、ﾁｯｿ過剰で草勢が強くなるとｶﾘの吸収が抑制。葉内のｶﾘが果実に移行して発生。症状が強い場合は、ｶﾘ成分の高い肥料を葉面散布。

肥料名(成分.%)	倍数	散布回数	使用時期
ｶｰﾎﾞﾘｯﾁ(0-0-46)	800	4日おき2回	ｶﾘの吸収不足
ｶﾘｸﾞﾘｰﾝ(0-0-37)	800		

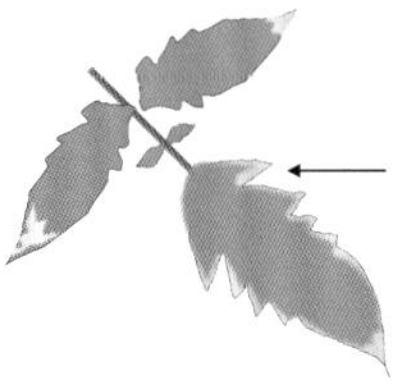

ｶﾘが葉内から果実に移行

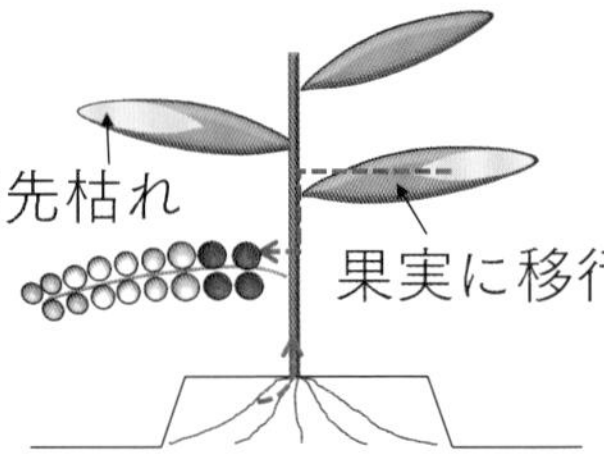

マンガン過剰

- 中~上位葉に発生し、葉裏に褐色の斑点が見られる。症状が強い場合は、葉脈に沿って褐色となる。
- pHが低く有機物が多い土壌は、過湿で可溶性のﾏﾝｶﾞﾝが多くなって発生。
- pHを矯正(6.0～6.5)し、堆肥などの有機物は、10aあたり2t以上施用しない。
- 過湿にならないよう、適正量をかん水。

葉裏に褐色の斑点

葉表は日焼け症状

過湿で発生しやすい

鉄欠乏

- 主にﾘﾝ酸と結合して吸収されず、成長点の付近が黄化。日照不足で症状が強く現れる。症状が強いと茎が細くなって、弱小花の発生や花数が減少。
- 発生時は鉄資材をかん水と一緒に施用。ﾘﾝ酸過剰のほ場では、基肥や追肥に低ﾘﾝ酸の肥料を使用。

資材名	倍数	時期	使用時期	回数	使用方法
鉄力あくあF10	10,000	予防	6・8段開花	1回	かん水時
		発生	5日おき	2回	

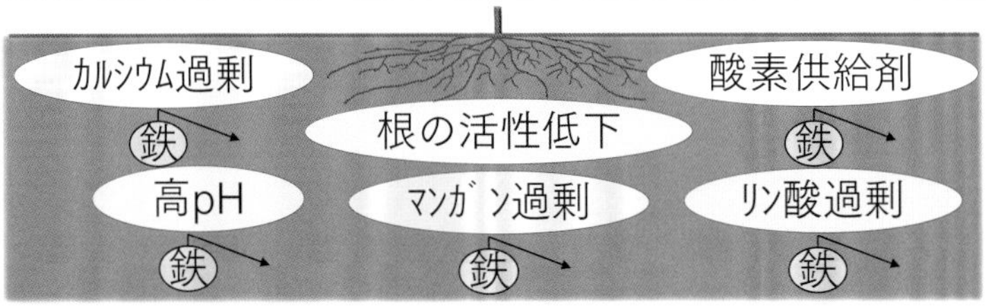

成長点付近が黄化

7 果実の障害と対策

グリーンバック果・グリーンゼリー果

- 主にﾁｯｿ過剰が原因、基肥や追肥は適正量を施用。
- ｸﾞﾘｰﾝﾊﾞｯｸ果は、果実障害の中で最も多く発生。果実に直射日光を長くあてないことと、土壌の乾燥防止を徹底。
- ｸﾞﾘｰﾝｾﾞﾘｰ果は、日あたりが悪い1~2段花房に多い。基肥が多いと発生しやすい。

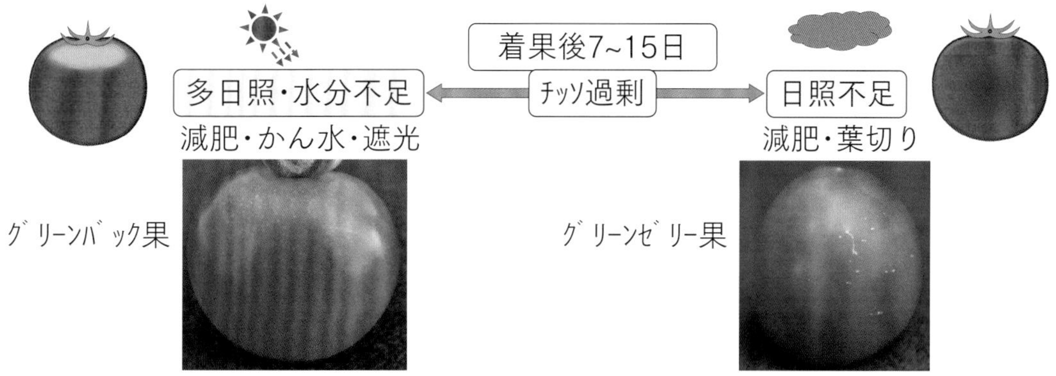

グリーンバック果の発生原因

- 着果後7~15日の間に、土壌の乾燥や肥料の過剰により、水分の吸収量が少ない状態で、果実に直射日光が強くあたると発生。
- 追肥は「かん水と同時追肥」で行い、摘葉後7日間は追肥量を約10％減量。肥料過剰にしない。
- 8~9月は、葉からの蒸散量を多くし、養水分の吸収を促すため、葉を多く残す。※摘葉する場合は遮光。

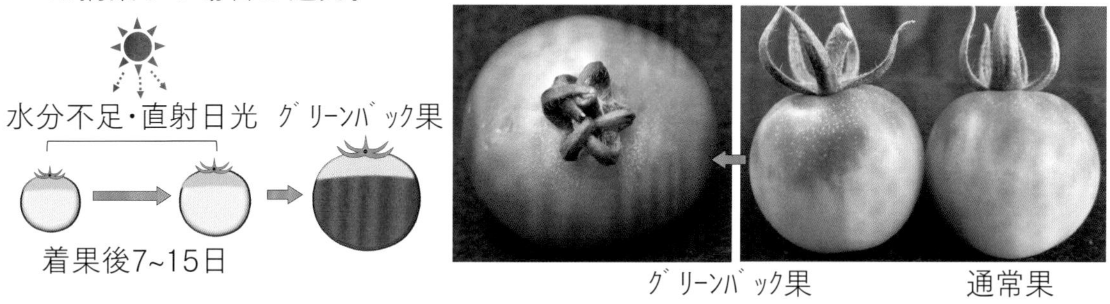

軟果

- 軟果の素質は、花芽分化~着果までに決定。
- 土壌乾燥時の多量な吸水と収穫遅れで発生。
- 雨天続きでも2日おき以内でかん水を行う。

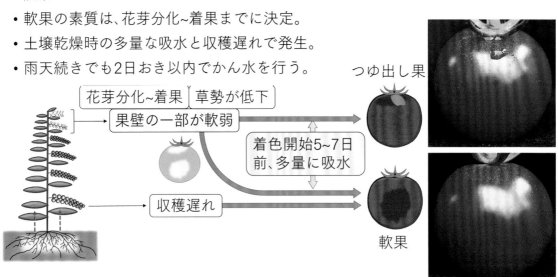

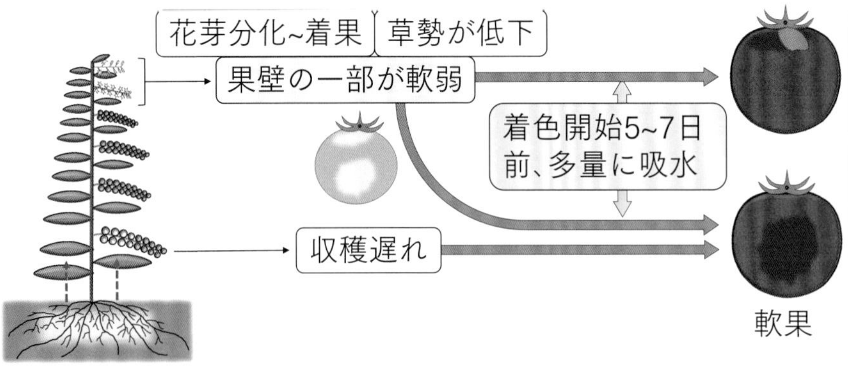

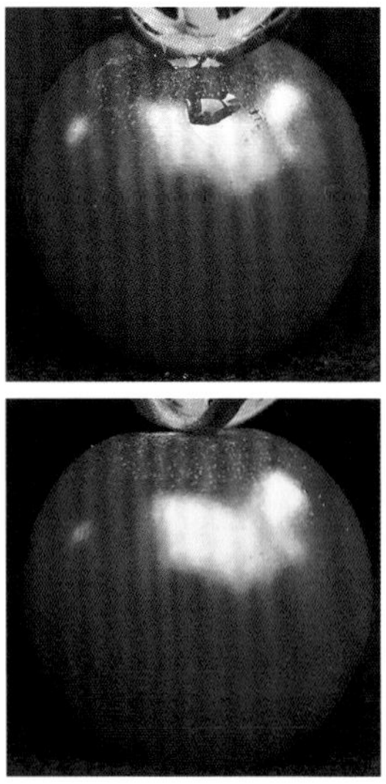

つやなし果①

- 高温の条件下や萎れが発生すると、不完全受精で、種子が少ない果実が多くなる。完全受精した種子の多い果実に、養水分を奪われて発生 。
- ﾄﾏﾄﾄｰﾝ処理が遅れた花や蕾は効果が低い。適期処理で肥大が早い果実に、養水分を奪われて発生。※ﾄｰﾝ処理は、開花2日前~3日後が最も効果が高い。

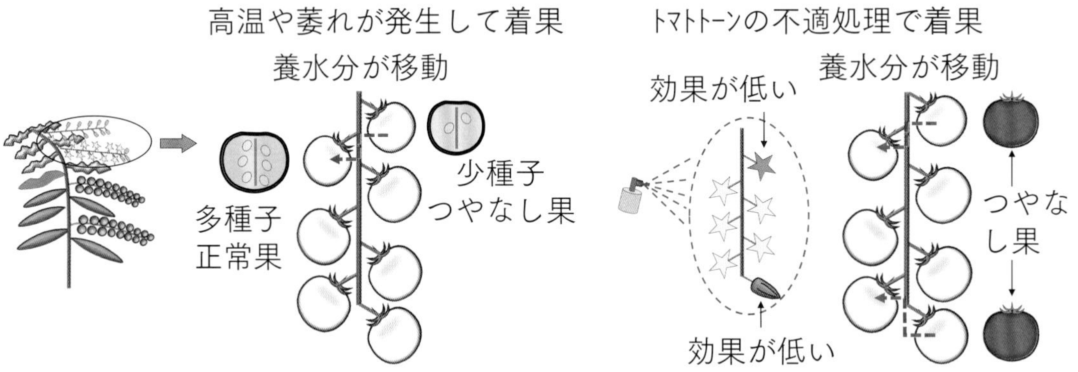

つやなし果②

- 蕾肥大~着果まで、30℃以上の高温や萎れを防ぎ、受精して種子ができる稔性花粉を多くする。
- ﾄﾏﾄﾄｰﾝ処理は1花房1~2日おきに3回処理。
- 水分不足にしない。遮光を行い、果実に直射日光をあてない。

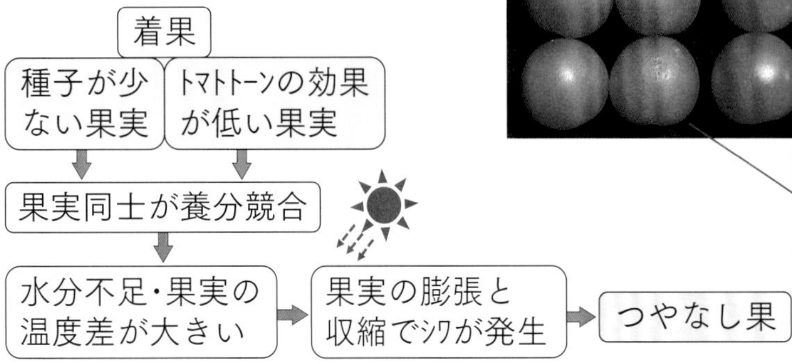

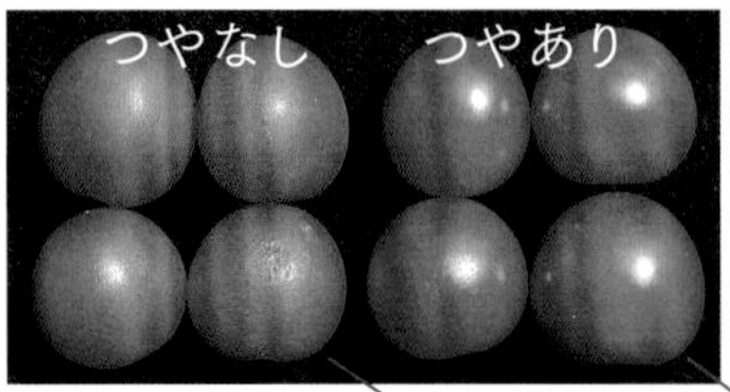

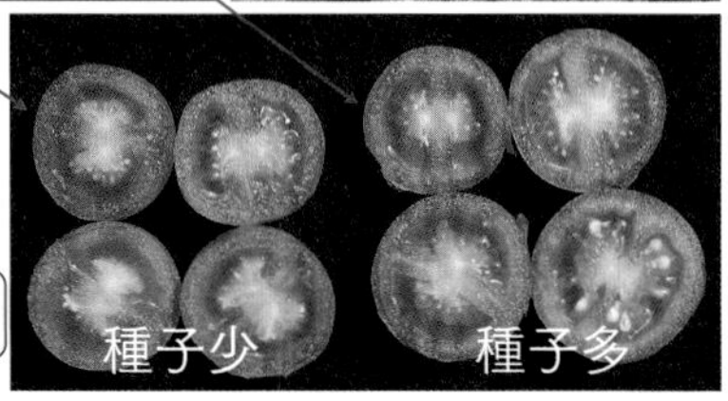

出荷果実のかび

- 割れ玉やつゆ出し果の汁液の付着が原因。付着した手で選別しない。
- ﾊﾟｯｸ詰めや集荷、運送時に強い振動を与えない。

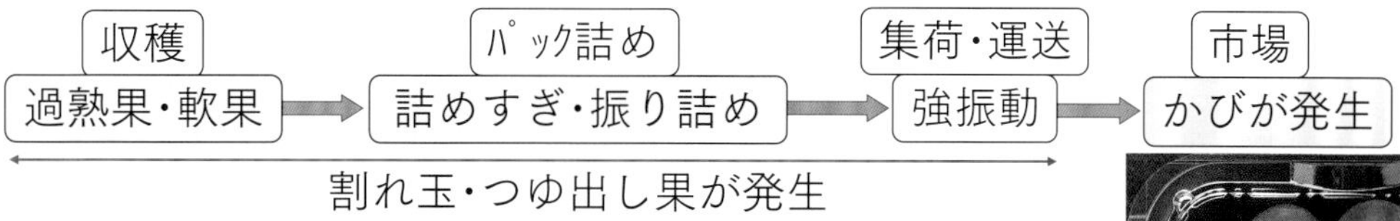

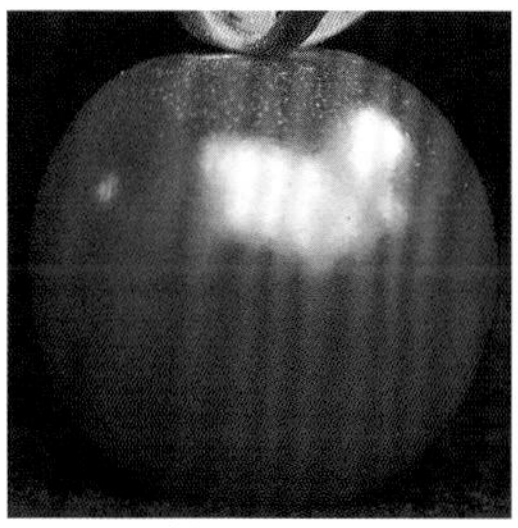
過熟果・軟果

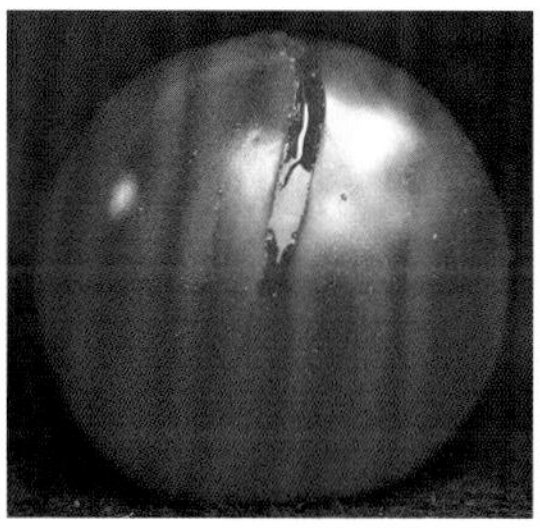
割れ玉

つゆ出し果

汁液の付着部分にかび

長形果

- 肥大期の肥料不足で発生。かん水と追肥は、常に一緒のかん水と同時追肥で。
- 9月の追肥打ち切り後は、1株1.5ﾘｯﾄﾙ以上のかん水を行わない。

緑熟期　白熟期　着色開始期　収穫期

肥料不足で肥大

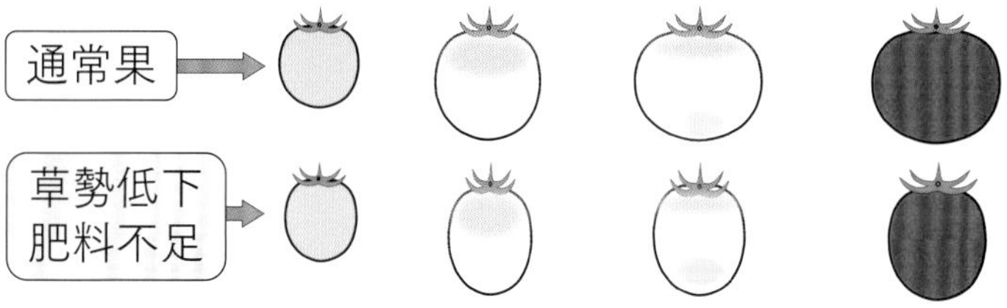

果実の肥大
最初は縦に、遅れて横が肥大。白熟期までに肥料不足になると、横の肥大が悪く長形果に

尻腐れ果

- ｶﾙｼｳﾑ不足で発生。土壌改良の石灰資材は適正量を施用。
- ｶﾙｼｳﾑの吸収抑制を防ぐため、ﾁｯｿ過剰や土壌を乾燥させない。

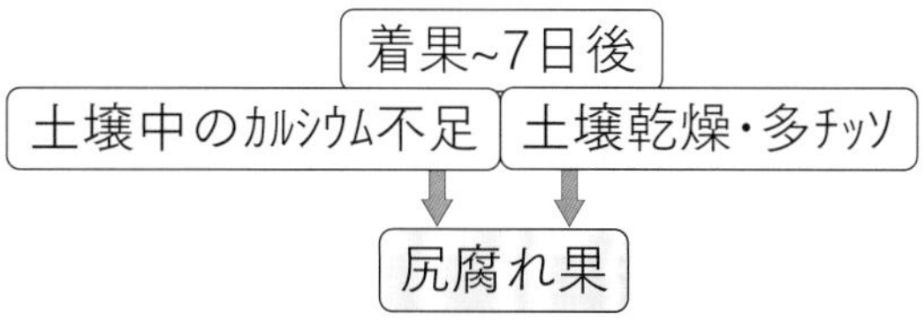

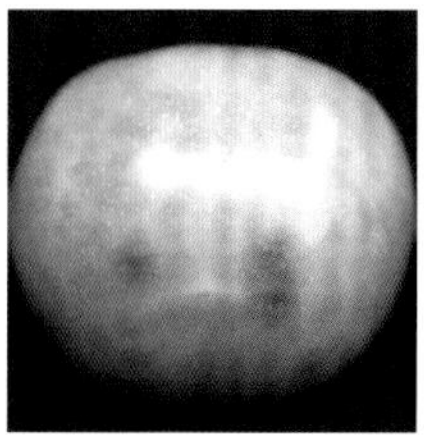

ﾁｯｿ過剰や土壌乾燥で発生

土壌中にｶﾙｼｳﾑが少ない

変形果

- 不完全受精で種子が少ない果実に発生。蕾~着果期に、30℃以上の高温や萎れを防ぎ、受精して種子ができる稔性花粉を多くする。

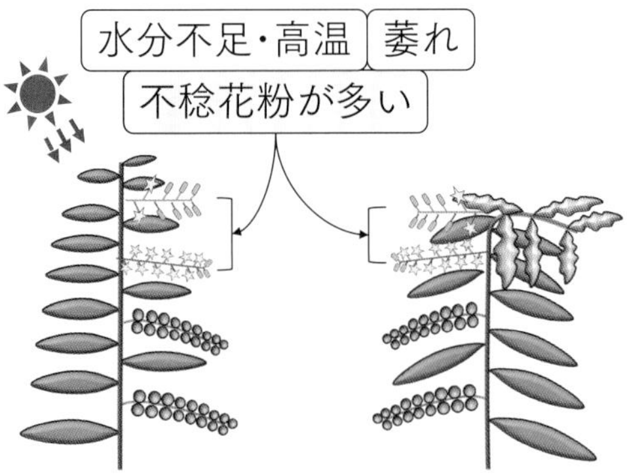

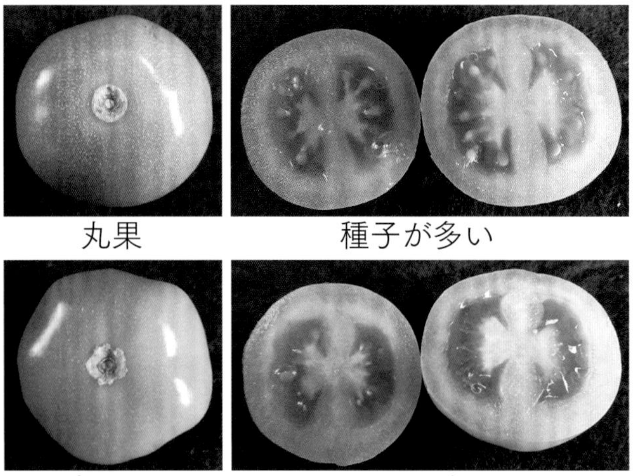

丸果　種子が多い

変形果　種子が少ない

果実の落果

- 白熟期(着果15~25日)に肥料が不足し、草勢が低下した場合、離層が離れやすくなる。着色が進むと落果。
- 草勢維持のため、かん水と追肥の間隔を3日以上空けない。追肥打ち切り後は、残存肥料の流亡を防ぐため、1株1.5リットル以上かん水しない。
- 落果が多い場合は葉面散布。

資材名	倍数	散布回数
メリット黄	400	2~3日おき3回

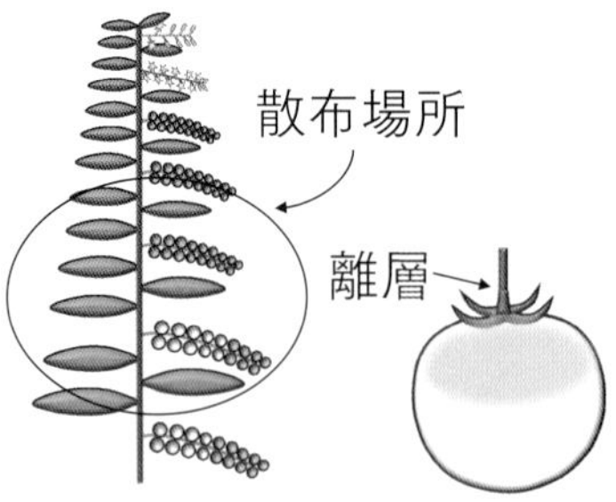

肥料不足で落果が多くなる

裂果

- 直射日光があたり、果実の温度が高くなって、果皮が硬化すると発生。
- 着色期に、低温と肥料や水分の過剰で特に多くなる。
- かん水は10月上旬まで 。
  ※9月下旬以降、朝に葉露が確認される場合は不要。
- 高温期は遮光、果実の温度を上げない。

果実が直射日光にあたりやすい

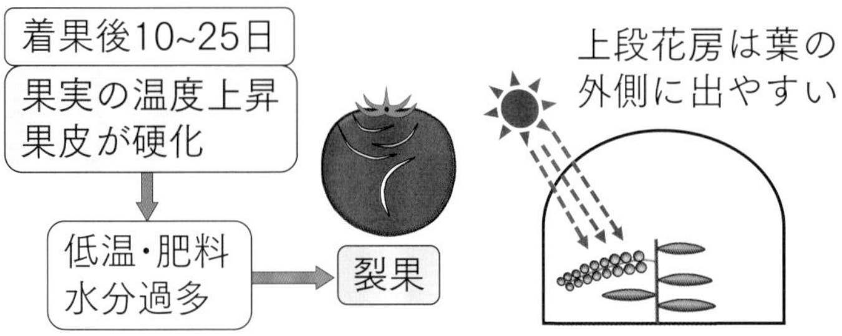

裂果

高温障害果の発生原因と対策

- ﾐﾆﾄﾏﾄは効率的に収穫できるよう、通路側に花房を向けるため、直射日光にあたりやすい。
- 直射日光に長時間あたると、果実の温度が高くなって障害が発生。
- 特に高温時には、換気やかん水管理だけでは、対応が難しい。遮光やﾊｳｽのﾌｨﾙﾑは散乱光ﾌｨﾙﾑを使用。(ﾄﾏﾄの高温対策参照)

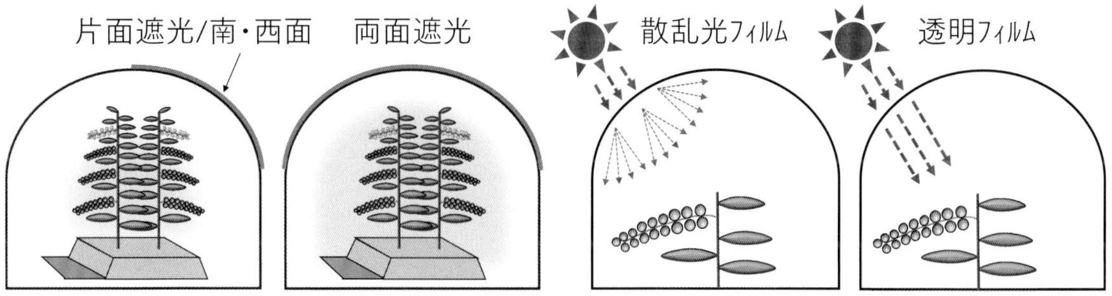

高温障害果(着色不良果)

- ﾁｯｿ過剰で果実の温度が15℃以下の場合や、28℃以上ではﾘｺﾋﾟﾝの発色が抑制され、ｶﾛﾃﾝが優先発色。※ﾘｺﾋﾟﾝの発色程度は品種によって違う。
- 全体が赤色になる前に熟期を迎え、橙色が残るため、着色不良果になりやすい。
- 温度管理の徹底、低温や日照不足の場合は、硝酸態ﾁｯｿの入った肥料を追肥。

発色適温	ﾘｺﾋﾟﾝ(赤色)	19~24℃	ｶﾛﾃﾝ(黄色)	10~30℃

※農文協ﾄﾏﾄ大事典より

過剰な摘葉で果実が直射日光にあたりやすい

高温でｶﾛﾃﾝの黄色が優先発色

高温障害果(日焼け果・裂果)

- 日焼け果は、直射日光が強くあたった果面の温度が高くなって発生。
- 裂果は、着色期に果実の温度が高くなって内部のｾﾞﾘｰが暖められて膨張すると、果壁が耐えきれず発生。
  ※低温期の裂果は、果実の肥大が完了しても内部のｾﾞﾘｰの発育が進むため、果壁が耐えきれず発生。

日あたり面が焼け症状

果実が急激に膨張して裂果

高温障害果(萎縮果)

- 萎縮する果実は、他の果実に比べて種子が少ない。
- 種子が多い果実に、養水分を奪われ、果実の温度が高くなって萎縮。
  ※ﾐﾆﾄﾏﾄは2子室のため、片面だけが萎縮すると思われる。

日があたる面が萎縮

片面だけ萎縮

ミニトマト障害果図① (通常の名称以外も含む)

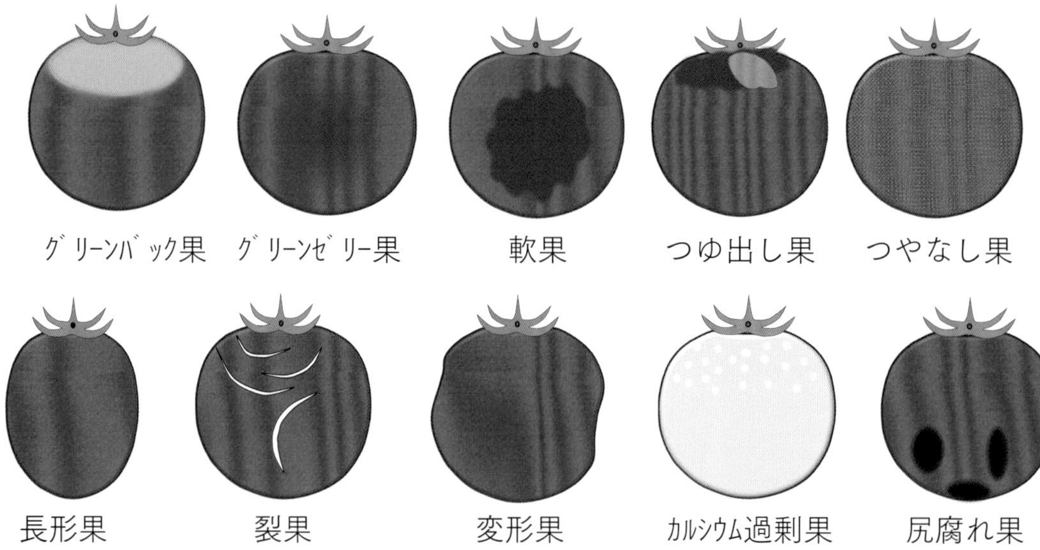

ミニトマト障害果図② (通常の名称以外も含む)

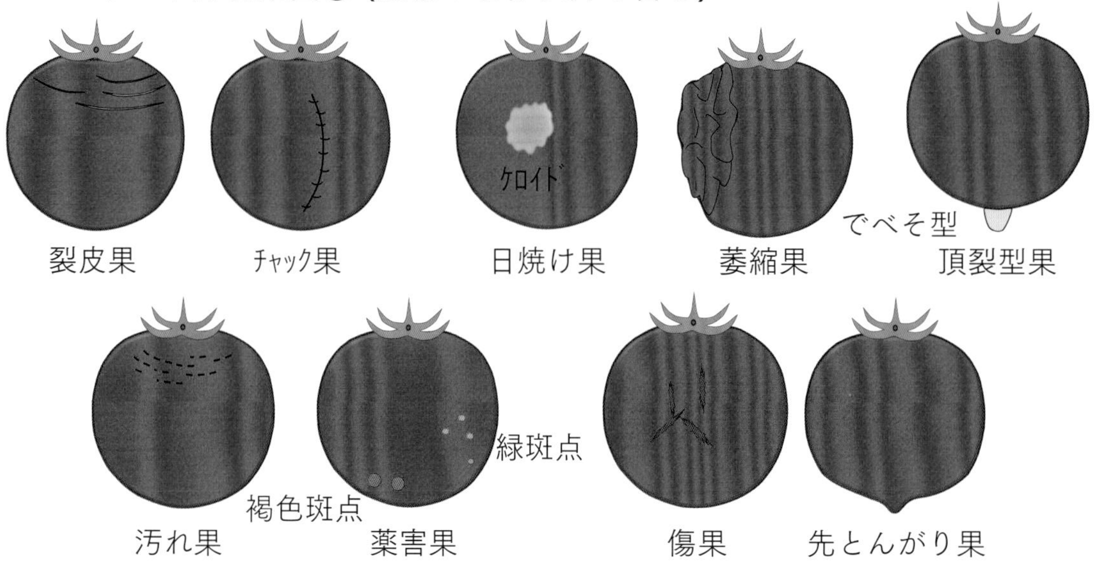

8 主な病害虫防除

立枯病

- 土壌の過湿やﾏﾙﾁ穴からの熱風で、株元の湿度が高いと発生。発生した株は早めに下葉を摘葉し、株元を乾かす。
- 植え穴の周囲に盛り土を行い、ﾏﾙﾁからの熱を逃がさない。
- かん水は表層が乾きやすい晴天日の午前中。

↑成長点が急に萎れる↓

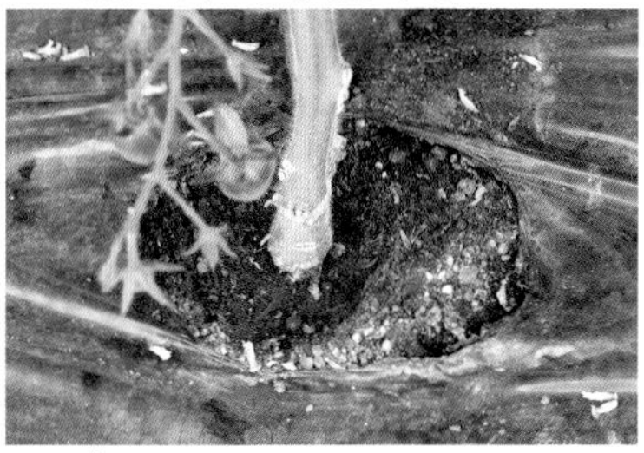

地際部がくびれる

斑点病

- 気温20~25℃、多湿で多発。毎年発生するほ場は、前年の土壌残存菌が原因。植え穴を密閉、早めに通路ﾏﾙﾁ。
- かん水量が多くなる5段花房以降に多発。

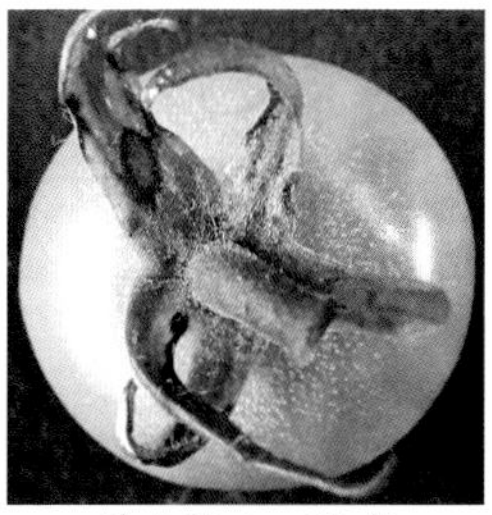

ｶﾞｸ片に発生

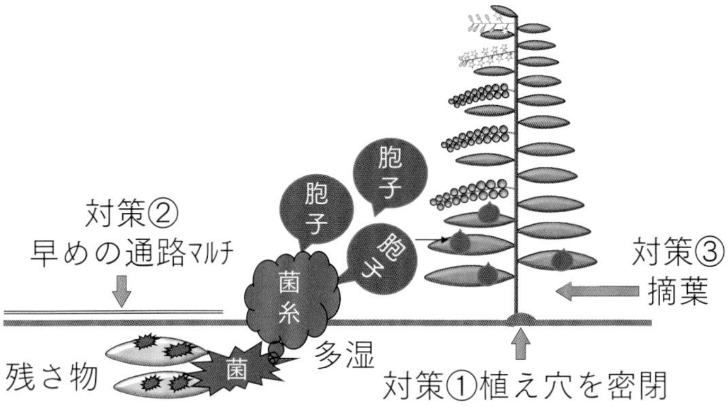

褐色の斑点

疫病

ｹﾛｲﾄﾞ症状

- 昼夜の温度差が大きく、葉露の付着量が多い6月と9月以降に発生が多い。
- 発病後は急激に蔓延。茎葉に比べて果実に発生が多く、被害が大きい。
- 発生初期に防除を徹底しないと、感染拡大の阻止は難しい。

煮え湯をかけた症状←病斑部に白かび→茎・葉柄が黒褐色

急激に蔓延

灰色かび病

↑ｺﾞｰｽﾄｽﾎﾟｯﾄ

- ﾊｳｽ内の過湿が主な発生原因。通路ﾏﾙﾁや換気を行って、湿度を下げる。
- 葉先枯れから菌が侵入しやすいので、枯れた部分を葉切り。
- 薬剤耐性菌ができやすいため、作用性の違う薬剤を交互に使用。

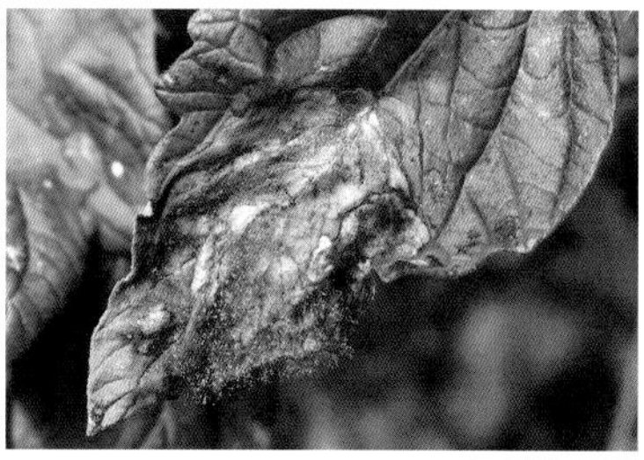

病斑部に灰色のかびが発生

ゴーストスポット

- 灰色かび病の菌が幼果の果面に付着。発芽した胞子が表皮に侵入して 止まった病斑。※果実が肥大すると病斑が拡大。
- 朝早く換気、果実の温度を外気温に馴らし、果面を早く乾かす。
- 発生が心配される場合は、灰色かび病の防除を徹底。

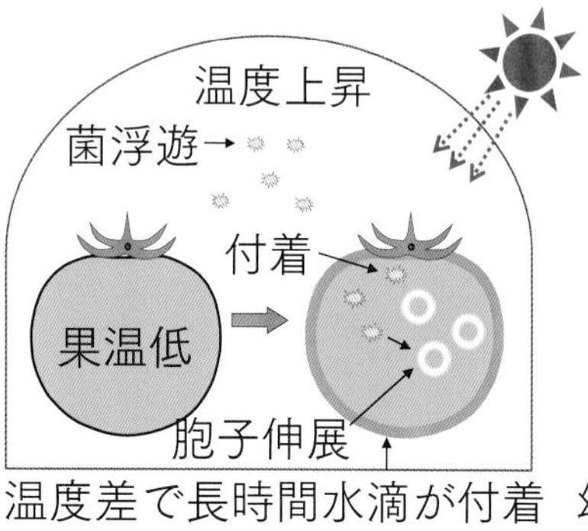

温度差で長時間水滴が付着

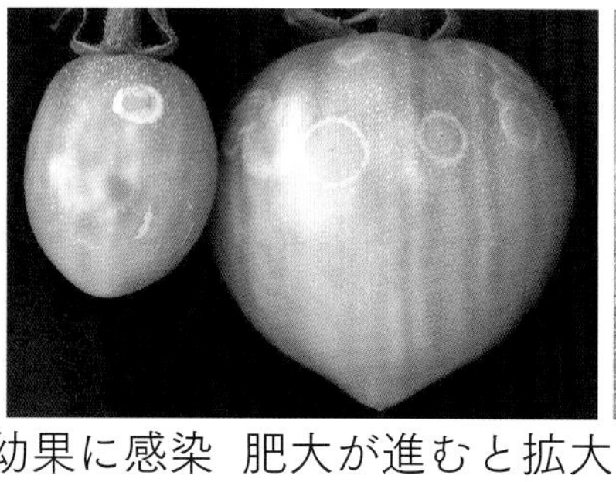

幼果に感染　肥大が進むと拡大

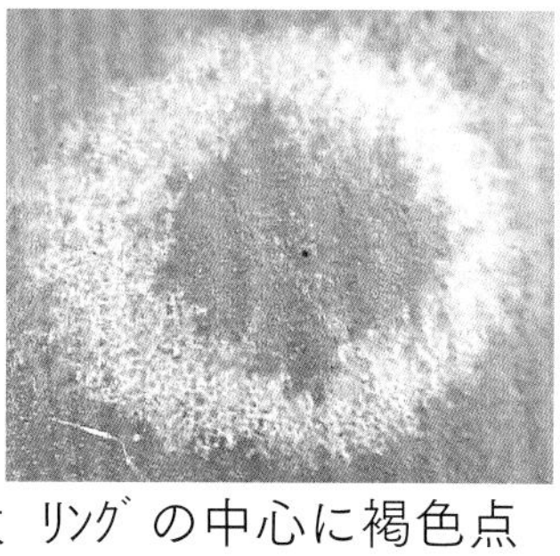

ﾘﾝｸﾞの中心に褐色点

うどんこ病

- 昼夜の温度差が大きく、葉露の付着量が多い 6月と9月以降に発生が多い。
- 発生初期に防除を徹底しないと、感染拡大の阻止は難しい。
- ｶﾞｸ片にも発生するでｶﾞｸ片と近接した発病葉は、摘み取る。

↑ｶﾞｸ片に発生↓

小麦粉をまぶしたような症状

葉かび病

- 草勢が弱いと発生が拡大。新ﾚｰｽは既存の耐病性品種にも発生。肉眼ではすすかび病と判別が難しい。
- 発病適温は20~25℃、気温が低くなる9月以降に発生が拡大。
- 葉内に菌が侵入してから約2週間後に発病。薬剤は、発生初期から7日おきの3回散布が基本。

主に葉の裏側に発生

下･中位葉から上位葉に拡大

ｶﾞｸ片に発生

すすかび病

- 病徴は葉かび病に似ている。判別が難しいので、関係機関に分生子を確認してもらう。
- 発病適温は25~30℃。気温が高い8月に急激に蔓延。
- 葉内に菌が侵入してから2~3週間後に発病。薬剤は、発生初期から7日おきの3回散布が基本。

病斑は葉かび病に似ており判別が難しい

気温が高いと急激に蔓延

青枯病

- 地温が高いと発生が多い。
- 発病株の茎を水に浸すと白く濁るので、他の土壌病害と簡単に区別できる。
- 薬剤による防除が難しいため、接ぎ木で対応。
※接ぎ木苗は深植えすると、穂木から自根が発生し、感染するので注意が必要。

畦に沿って感染が拡大

深植えで穂木から感染

発病株は白濁

かいよう病

- 最初に根や茎葉から菌が侵入し発病。その後、摘葉やわき芽取り跡などの傷口から感染が拡大。
- 葉取りに使用するﾊｻﾐなどを媒介した感染が多い。ﾊｻﾐの消毒(ｹﾐｸﾛﾝG500倍液)が必要。
- ｹﾐｸﾛﾝGは資材の消毒のみの登録で、液が直接茎葉に触れることを避ける。

全体の葉が萎れる

株元から感染

最初は葉焼け症状

茎葉が枯死

コナジラミ類①

- 卵~成虫の発育期間は23~28日。1匹あたり100~200個産卵。
- ﾊｳｽ内が30℃以上では野外で増殖。16℃以下でﾊｳｽ内に飛び込みが多くなる。
- 多発時は、卵・蛹・幼虫・成虫が混在するため、7日おきの3回防除が基本。

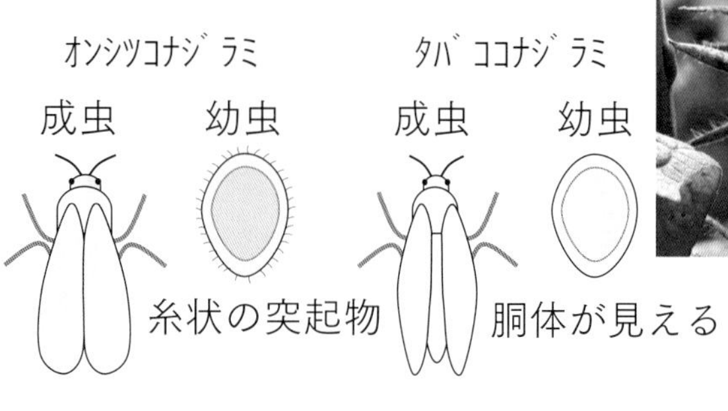

糞にすすかびが発生

コナジラミ類②

- 薬剤の散布時に、成虫が外に逃げるため、散布方法を工夫。
- 付近の家庭菜園などに、発生が確認されたら防除。

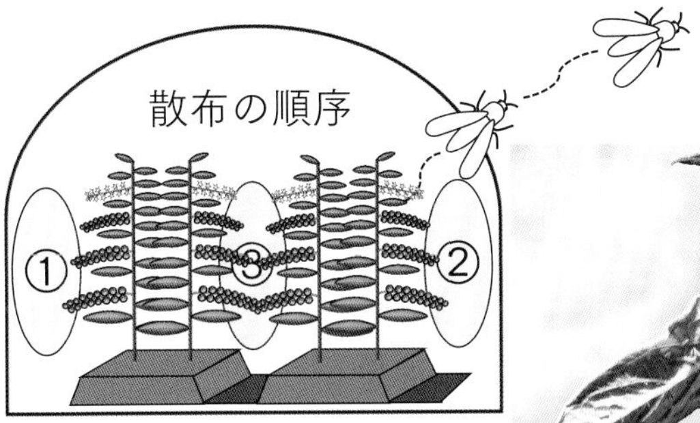

露地きゅうり

露地トマト

露地なす

ミカンキイロアザミウマ

- 両性生殖の他、雌のみでも産卵(単為生殖)。1匹あたり150~200個産卵。
- 産卵後10~20日で成虫、生存日数は約60日。
- 花に侵入した虫は、防除効果が劣るため、開花花房を中心に防除。

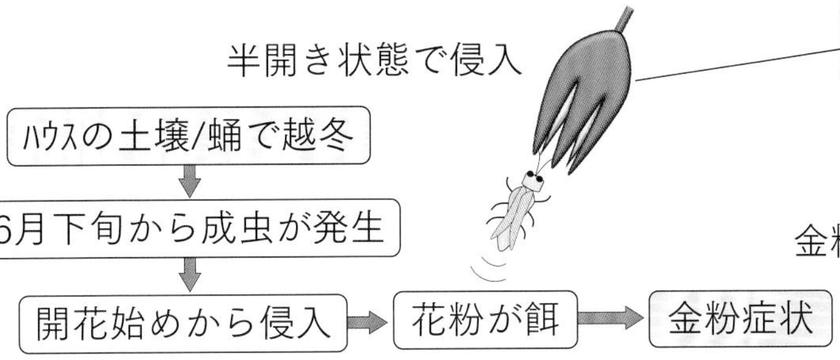

金粉症状→

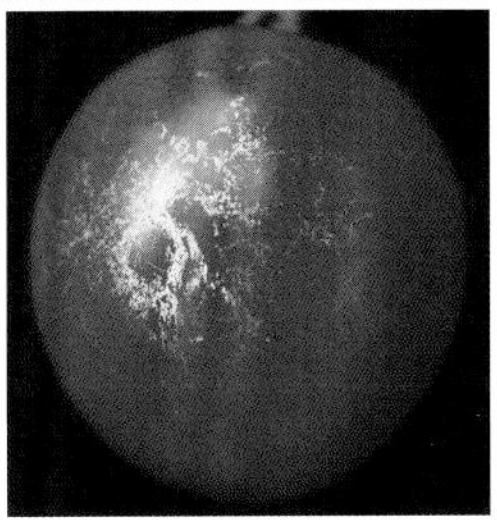

オオタバコガ

- 老齢幼虫には防除効果が劣るので、幼虫や食害痕を確認次第、早期に防除。

重点散布場所

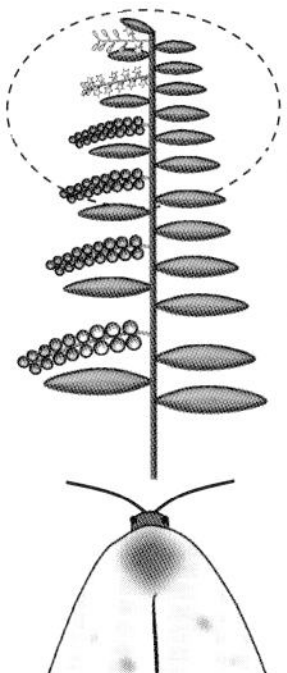

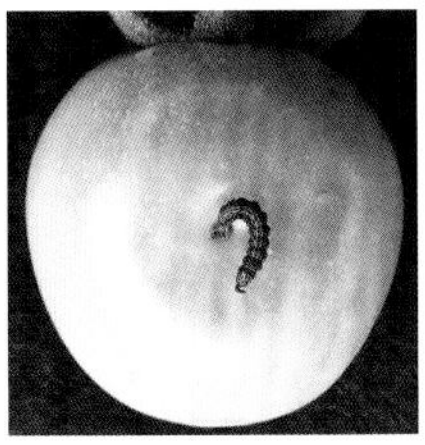

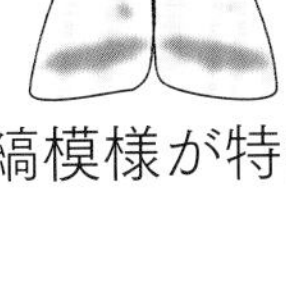
縞模様が特徴

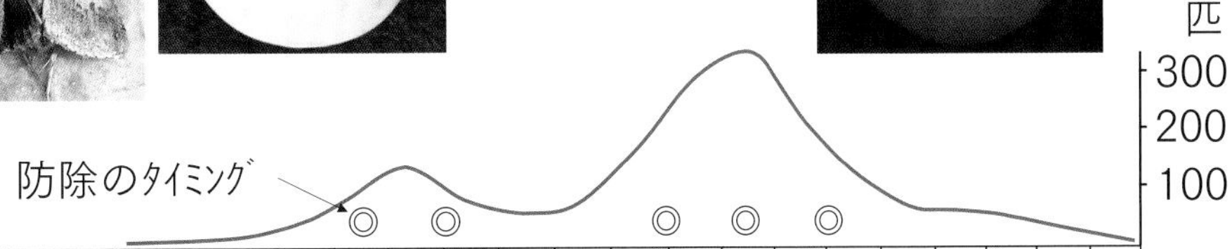

半旬	4	5	6	1	2	3	4	5	6	1	2	3	4	5	6	1	2	3	4
月	7			8						9						10			

※青森県農林総合研究所、試験成績概要集(平成23~25年度)を参考に作成。

ハモグリバエ類

- 1匹あたり約50個産卵。卵から成虫までの期間は15~30日。
- 蛹の期間は長いが、幼虫期間は5~7日と短い。発生が多いと、適期防除が難しい。

ﾏﾒﾊﾓｸﾞﾘﾊﾞｴ

食害痕

トマトサビダニ・ハダニ類

- ﾄﾏﾄｻﾋﾞﾀﾞﾆは、高温乾燥で発生。最初に下葉が黄化。被害が拡大すると茎がｻﾋﾞ状の茶褐色。ﾀﾞﾆは肉眼での確認は難しい。
- ﾊﾀﾞﾆ類は、乾燥すると発生。葉にｶｽﾘ症状が見られ、葉裏を観察すると、ﾀﾞﾆが確認できる。

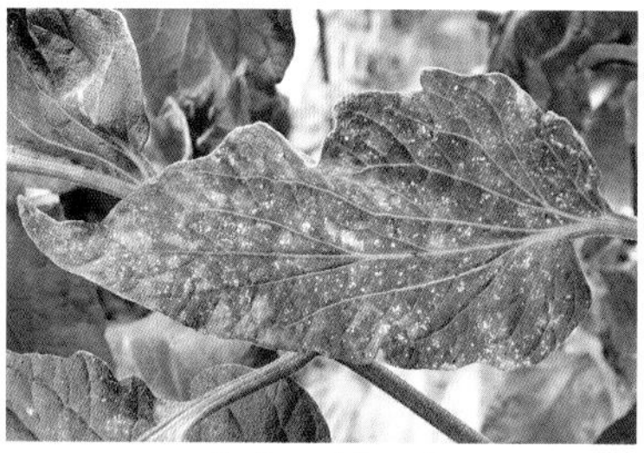

↑ﾅﾐﾊﾀﾞﾆ↓

吸汁痕が白斑点症状

ﾄﾏﾄｻﾋﾞﾀﾞﾆ→最初は下葉が黄化、その後茎が茶褐色

カメムシ類

- 野外の雑草で発生が多い。ﾊｳｽに侵入して被害を及ぼす。
- 8~9月に発生が多く、幼果期に吸汁。
- 吸汁部分は、着色が始まると白濁状になって軟化。
- ﾊｳｽ内の除草を徹底。虫を確認したら防除。

ｵｵﾄｹﾞｼﾗﾎｼｶﾒﾑｼ

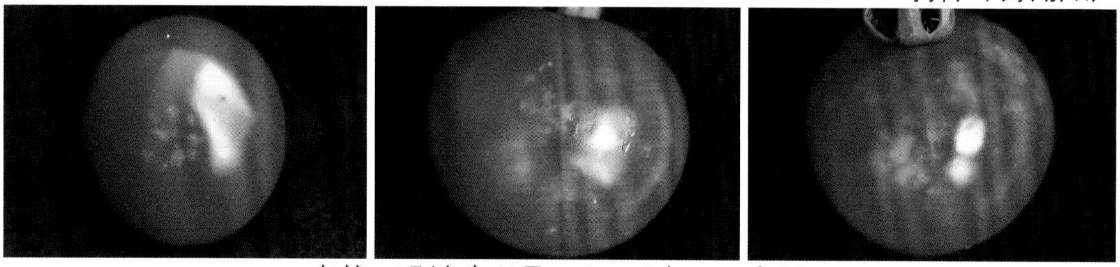

点状の吸汁痕が見られ、果皮下が白濁

農薬の混用と果実の汚れ

- ﾐﾆﾄﾏﾄは、果実の汚れを拭き取るのに時間を要する。汚れは主に農薬や葉面散布剤の使用で発生。
- 農薬同士の混用は薬効に影響はないが、増量剤が濃くなるため、汚れが発生。
- 混用する場合、汚れない倍数や混用数で。(ﾄﾏﾄの薬害と使用農薬参照)

A殺菌剤1,000倍
B殺虫剤1,000倍　増量剤500倍 ➡ 汚れ

A殺菌剤2,000倍
B殺虫剤2,000倍　増量剤1,000倍 ➡ 汚れなし

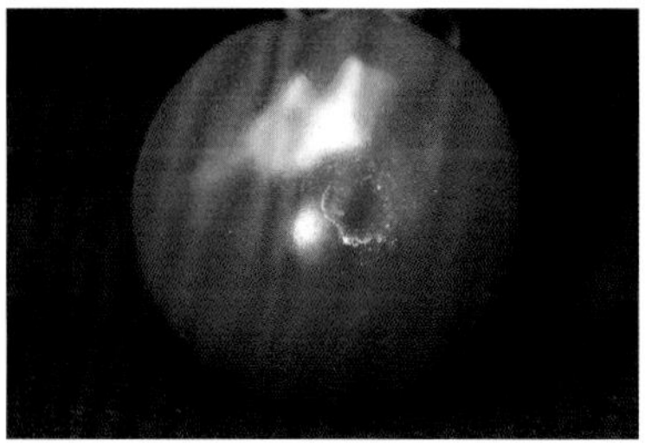
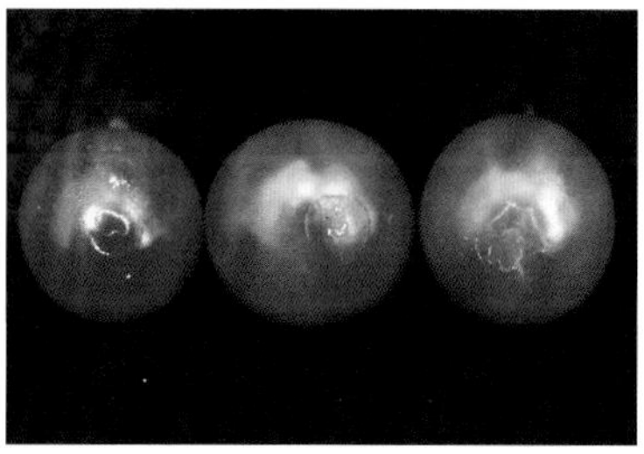

農薬の散布時間帯と主な散布場所

- 散布の基本は午前中。午後の散布は、日暮れ前までに、薬液が乾く時間帯。
- 展着剤は、基準倍数の薄いほうで使用。
- 病害虫の発生場所を重点に散布。
- 夕方散布は、果実の温度が高いため、花房を軽く握って、冷えを確認してから散布。

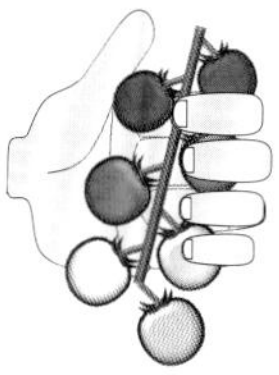

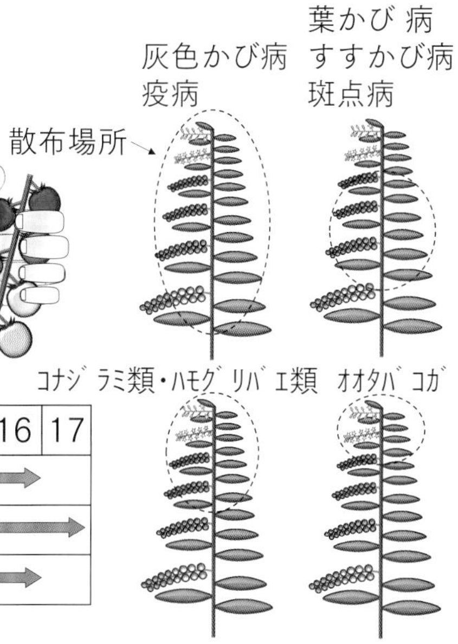

農薬散布の時間帯

時間	6	7	8	9	10	11	12	13	14	15	16	17
4~6月		⟷	⟷	⟷	⟷				⟷	⟷	⟷	
7~8月	⟷	⟷	⟷	⟷						⟷	⟷	⟷
9月~		⟷	⟷	⟷					⟷	⟷	⟷	

主な病害虫の発生時期

□ 発生少　▨ 発生中　■ 発生多

- 発生の時期や程度は、生育や気象条件によって変わる。

作型 定植5/上 収穫6/中	5 中	5 下	6 上	6 中	6 下	7 上	7 中	7 下	8 上	8 中	8 下	9 上	9 中	9 下	10 上	10 中
灰色かび病			中	中	多	多	多	少	少	少	中	中	中	中	中	
葉かび病			少	少	少	中	中	少	少	中	中	多	多	多	多	
すすかび病					少	少	中	中	多	多	多	中	少	少		
うどんこ病			中	中	中	少	少	少	少	少	少	多	多	多	多	
疫病				少	中	中	中	少	少	少	少	多	多	多	多	
斑点病			中	中	多	多	多	少	少	少	中	中	中	中	中	
コナジラミ類		少	少	少	多	多	多	多	少	少	少	中	中	中	中	中
オオタバコガ					少	少	少	中	中	中	多	多	多	多		
ハモグリバエ		少	中	中	中	中	中	少	少	少	少	少	少	少		

殺菌剤(例) RACｺｰﾄﾞの違う 薬剤を交互に使用	RACコード	総使用回数	灰色かび病	葉かび病	すすかび病	うどんこ病	斑点病	疫病	予防・治療	記載年月日 2021.2.9 使用時は登録 情報を確認
アフェットフロアブル	7	3	○	○	○	○	○		治	散布方法 発生前/予防剤 発生後/治療剤 予防剤 発生を抑制 耐性菌少 治療剤 発生初期 殺菌効果高い
ダコニール1000	M05	2	○	○	○	○	○	○	予	
パレード20フロアブル	7	3	○	○	○	○			治	
パンチョTF顆粒水和剤	U06/3	2				○			治・治	
ファンタジスタ顆粒水和剤	11	3	○	○	○		○		治	
プロパティフロアブル	50	2				○			治	
ベルクートフロアブル	M07	2	○	○	○	○	○		治	
ライメイフロアブル	21	4						○	治	
レーバスフロアブル	40	3						○	治	

殺虫剤(例) RACｺｰﾄﾞの違う 薬剤を交互に使用	RACコード	総使用回数	アザミウマ	コナジラミ	ｵｵタバコガ	ﾊﾓグリバエ	サビダニ	記載年月日 2021.2.9 使用時は登録 情報を確認
アファーム乳剤	6	5		○	○	○	○	
ウララDF	29	3	○	○				ﾐｶﾝｷｲﾛｱｻﾞﾐｳﾏ
コテツフロアブル	13	3	○		○		○	ﾐｶﾝｷｲﾛｱｻﾞﾐｳﾏ
ディアナSC	5	2	○	○	○	○		
トランスフォームﾌﾛｱﾌﾞﾙ	4C	2		○			○	
フェニックス顆粒水和剤	28	2			○			
ベネピアOD	28	3	○	○	○	○		
モベントフロアブル	23	3	○	○			○	

散布方法	細菌・土壌病害虫 防除の薬剤(例)	総使用回数	かいよう病	茎えそ細菌病	青枯病	褐色根腐れ病	半身・萎凋病	センチュウ類	記載年月日 2021.2.9 使用時は登録 情報を確認
茎葉散布	銅剤	–							ﾄﾞｲﾂﾎﾞﾙﾄﾞｰA他
	クプロシールド	–							ﾌﾛｱﾌﾞﾙ銅剤/汚れ少
	ﾏｽﾀｰﾋﾟｰｽ水和剤	–		○					微生物農薬
土壌施用	キルパー	1					○	○	ﾈｺﾌﾞｾﾝﾁｭｳ
	クロールピクリン	1			○		○	○	ほ場1回
	ネマキック粒剤	1						○	ﾈｺﾌﾞｾﾝﾁｭｳ
	バスアミド微粒剤	1			○	○	○	○	同剤/ｶﾞｽﾀｰﾄﾞ微粒剤